石榴贮藏与综合加工技术

SHILIU ZHUCANG YU ZONGHE JIAGONG JISHU

涂 勇 姚 昕 张 忠 / 著

U0216844

中国纺织出版社有限公司

图书在版编目（CIP）数据

石榴贮藏与综合加工技术 / 涂勇，姚昕，张忠著
. -- 北京：中国纺织出版社有限公司，2024.1
　ISBN 978-7-5229-1259-2

Ⅰ.①石… Ⅱ.①涂… ②姚… ③张… Ⅲ.①石榴－
贮藏②石榴－加工 Ⅳ.①S665.4

中国国家版本馆 CIP 数据核字（2023）第 237904 号

责任编辑：毕仕林　国帅　　责任校对：王花妮　　责任印制：王艳丽

中国纺织出版社有限公司出版发行
地址：北京市朝阳区百子湾东里 A407 号楼　邮政编码：100124
销售电话：010—67004422　传真：010—87155801
http://www.c-textilep.com
中国纺织出版社天猫旗舰店
官方微博 http://weibo.com/2119887771
三河市宏盛印务有限公司印刷　各地新华书店经销
2024 年 1 月第 1 版第 1 次印刷
开本：710×1000　1/16　印张：15.25
字数：272 千字　定价：98.00 元

前　言

　　早在 200 多年前，石榴被引入我国，具有悠久的栽培历史，目前在 20 多个省、市、区均有种植，全国范围内已经形成了以四川会理、云南蒙自、陕西临潼、河南荥阳、山东枣庄、安徽怀远、新疆叶城、河北石家庄为中心的八大石榴产区，种植面积和产量均居世界首位，总体上看呈现"南方快增、北方慢减"的发展趋势，其中四川、云南等南方产区发展迅猛。由于石榴生产的季节性和地域性强，果实含水量高、易腐烂变质，在贮运、销售过程中的损失可达 40%～50%，加工技术方法不当易发生褐变、变色、沉淀、营养等方面的劣变，且残次果及加工副产物利用率低、技术研发落后，以上问题一直以来都是困扰石榴产业健康发展的瓶颈。因此，加强对石榴采后成熟衰老的生物学基础、生鲜石榴品质劣变腐烂发生机理及对外源因子生理应答机制等方面的研究，完善采后物流配送体系的标准化，提高采后石榴贮运保鲜和精深加工水平，使石榴产品多样化和市场竞争力增强，对石榴产业的健康、稳步、快速发展具有十分重要的意义。

　　近年来，四川南亚作物创新团队石榴贮藏与加工岗位研究人员在石榴贮藏与加工领域展开了深入的研究，取得了一批科研成果，积极推进成果的转化。在此基础上本书汇集了本团队及相关领域的最新成果，旨在为石榴贮藏与加工提供有益的参考与指导。本书编写分工如下：第 1 章由张忠编写（8.3 千字），第 2 章、第 5 章、第 6 章和第 8 章由涂勇编写（118.1 千字），第 3 章由罗帮洲编写（13.0 千字），第 4 章和第 7 章由姚昕编写（132.1 千字）。

　　本书的科学性、实用性、可读性强，可作为石榴产地、石榴加工企业、食品科研机构有关人员的参考用书，也可作为各大专院校相关专业师生的参考书。在编写过程中，编者参考了国内外众多著作和文献资料，在此向这些著作和文献的作者表示衷心的感谢。

　　鉴于石榴贮藏与综合加工利用研究领域的快速发展，且编写者水平和经验有限，书中难免有偏颇或疏漏之处，恳请同行、专家和广大读者予以批评指正。

著者

2024 年 1 月

目　录

第1章　概述 ……………………………………………………………… 1

1.1　我国石榴生产发展现状 ……………………………………………… 1

1.2　我国石榴贮藏技术发展现状 ………………………………………… 4

1.3　我国石榴加工技术发展现状 ………………………………………… 5

参考文献 …………………………………………………………………… 6

第2章　石榴的营养与保健价值 ………………………………………… 8

2.1　石榴的营养价值 ……………………………………………………… 8

2.2　石榴的保健价值 ……………………………………………………… 9

　　2.2.1　石榴的功能性成分 …………………………………………… 9

　　2.2.2　石榴的保健功效 ……………………………………………… 11

参考文献 …………………………………………………………………… 12

第3章　石榴的生物学特性 ……………………………………………… 15

3.1　石榴的形态特征 ……………………………………………………… 15

3.2　石榴的生长习性 ……………………………………………………… 16

　　3.2.1　根 ……………………………………………………………… 16

　　3.2.2　干与枝 ………………………………………………………… 17

　　3.2.3　叶 ……………………………………………………………… 18

　　3.2.4　开花习性 ……………………………………………………… 18

　　3.2.5　结果习性 ……………………………………………………… 19

3.3　石榴的物候期 ………………………………………………………… 20

　　3.3.1　萌芽期 ………………………………………………………… 20

3.3.2 新梢生长与显蕾期 ································· 20

3.3.3 开花期 ····································· 21

3.3.4 果实发育与花芽分化期 ····················· 21

3.3.5 休眠期 ····································· 21

3.4 石榴的环境适应性 ····························· 21

3.4.1 温度 ····································· 21

3.4.2 水分 ····································· 22

3.4.3 光照 ····································· 22

3.4.4 土壤 ····································· 23

3.4.5 地势、坡度和坡向 ························· 24

3.4.6 风 ······································· 24

参考文献 ··· 25

第4章 石榴贮藏基础理论 ····························· 26

4.1 石榴采收前的农业生产管理 ····················· 26

4.1.1 园地选择与规划 ························· 26

4.1.2 品种选择 ······························· 26

4.1.3 栽植 ································· 26

4.1.4 土肥水管理 ····························· 27

4.1.5 整形修剪 ······························· 27

4.1.6 花果管理 ······························· 28

4.1.7 病虫害防治 ····························· 29

4.2 石榴采后生理特性及品质变化 ··················· 31

4.2.1 石榴采后呼吸强度和乙烯释放率的变化 ······· 31

4.2.2 石榴采后果皮的劣变 ····················· 31

4.2.3 石榴采后籽粒的劣变 ····················· 42

4.3 石榴采后品质劣变的主要原因 ··················· 59

4.3.1 自然衰老 ······························· 59

4.3.2 蒸腾失水 ······························· 60

4.3.3　气体伤害 ·· 61

4.3.4　冷害 ··· 61

4.3.5　微生物侵染 ·· 68

4.3.6　机械损伤 ·· 69

4.4　石榴采后主要侵染性真菌病害 ···························· 70

4.4.1　石榴采后病害的侵染途径 ·························· 70

4.4.2　石榴采后几种真菌病原菌的分离与鉴定 ······ 70

4.4.3　石榴采后几种真菌病原菌的生物学特性 ······ 77

4.4.4　两种主要病原菌对石榴采后生理特性及品质的影响 ······· 83

参考文献 ··· 89

第5章　石榴贮藏的影响因素 ······································ 94

5.1　影响石榴贮藏的采前因素 ································· 94

5.1.1　品种 ··· 94

5.1.2　生态条件 ··· 95

5.2　石榴的采收 ·· 95

5.2.1　采前准备 ··· 95

5.2.2　采收期的确定 ··· 95

5.2.3　采收技术 ··· 96

5.3　影响石榴贮藏的采后因素 ································· 97

5.3.1　温度 ··· 97

5.3.2　相对湿度 ··· 99

5.3.3　气体成分 ·· 100

5.3.4　机械伤 ··· 100

5.3.5　环境净度 ·· 100

参考文献 ·· 100

第6章　石榴采后物流管理 ··· 103

6.1　石榴的采后处理 ··· 103

6.1.1 田间处理 ···································· 103

6.1.2 分级 ·· 103

6.1.3 包装 ·· 107

6.1.4 预冷 ·· 108

6.2 石榴的物流运输 ································ 110

6.2.1 物流运输的环境条件及控制 ··········· 110

6.2.2 物流运输的基本要求 ···················· 112

6.2.3 物流运输方式 ···························· 112

6.2.4 冷链物流 ································ 114

参考文献 ·· 116

第7章 石榴贮藏技术 ································ 119

7.1 简易贮藏 ·· 119

7.1.1 室内贮藏 ································ 119

7.1.2 堆藏 ·· 120

7.1.3 沟藏 ·· 120

7.1.4 井窖贮藏 ································ 120

7.2 机械冷藏 ·· 121

7.2.1 机械冷藏库库体 ························ 121

7.2.2 制冷系统 ································ 122

7.2.3 机械冷藏库的管理 ···················· 123

7.3 气调贮藏 ·· 125

7.3.1 可控气调贮藏 ·························· 125

7.3.2 自发气调贮藏 ·························· 129

7.4 物理保鲜 ·· 134

7.4.1 减压贮藏 ································ 134

7.4.2 变温处理 ································ 135

7.4.3 热激处理 ································ 135

7.4.4 臭氧处理 ································ 135

　7.5　化学保鲜 ……………………………………………………… 137

　　　7.5.1　食品防腐剂 ………………………………………… 138

　　　7.5.2　植物精油 …………………………………………… 143

　7.6　涂膜保鲜 ……………………………………………………… 147

　7.7　留树保鲜 ……………………………………………………… 147

　7.8　复合方法 ……………………………………………………… 148

　　参考文献 …………………………………………………………… 158

第8章　石榴综合加工技术 ……………………………………………… 163

　8.1　石榴的加工特性 ……………………………………………… 163

　　　8.1.1　可食率 ……………………………………………… 163

　　　8.1.2　出汁率 ……………………………………………… 163

　　　8.1.3　总糖含量和总酸含量 ……………………………… 163

　　　8.1.4　糖酸比 ……………………………………………… 164

　　　8.1.5　单宁含量 …………………………………………… 164

　8.2　石榴汁加工 …………………………………………………… 164

　　　8.2.1　工艺流程 …………………………………………… 164

　　　8.2.2　产品质量 …………………………………………… 166

　8.3　石榴酒加工 …………………………………………………… 167

　　　8.3.1　石榴发酵酒 ………………………………………… 167

　　　8.3.2　石榴白兰地 ………………………………………… 170

　　　8.3.3　石榴泡酒 …………………………………………… 172

　　　8.3.4　石榴糯米酒 ………………………………………… 174

　　　8.3.5　玫瑰茄石榴果酒 …………………………………… 178

　8.4　石榴果醋加工 ………………………………………………… 184

　　　8.4.1　固态发酵石榴果醋 ………………………………… 185

　　　8.4.2　液态发酵石榴果醋 ………………………………… 187

　　　8.4.3　石榴调配醋 ………………………………………… 187

　8.5　石榴糖制品加工 ……………………………………………… 187

8.5.1 石榴果冻 ……………………………………………… 188

8.5.2 石榴果糕 ……………………………………………… 189

8.5.3 石榴凝胶糖果 ………………………………………… 197

8.5.4 石榴布丁 ……………………………………………… 200

8.5.5 石榴柚子果酱 ………………………………………… 204

8.6 石榴酸奶加工 …………………………………………… 207

8.6.1 搅拌型石榴酸奶 ……………………………………… 207

8.6.2 凝固型石榴酸奶 ……………………………………… 208

8.7 石榴花加工利用 ………………………………………… 211

8.7.1 素石榴花 ……………………………………………… 211

8.7.2 石榴花调味酱 ………………………………………… 212

8.8 石榴叶加工利用 ………………………………………… 218

8.8.1 石榴绿茶 ……………………………………………… 219

8.8.2 石榴红茶 ……………………………………………… 220

8.9 石榴籽加工利用 ………………………………………… 221

8.9.1 石榴籽油 ……………………………………………… 221

8.9.2 石榴籽酥性饼干 ……………………………………… 221

8.9.3 石榴籽曲奇饼干 ……………………………………… 223

8.10 石榴皮渣加工利用 ……………………………………… 225

8.11 石榴枝条利用前景 ……………………………………… 226

参考文献 …………………………………………………… 227

概述

  石榴（*Punica granatum* L.），为石榴科石榴属植物，属落叶灌木或小乔木，是人类栽培历史最早的果树之一，其起源中心为伊朗和印度，主要分布在温带和热带，在印度的北部、中国西藏三江流域海拔 1700～3000 m 察隅河两岸的干热河谷荒坡上和伊朗许多森林中均有野生石榴分布，因此国内研究学者认为中国西藏也是石榴的原产地之一。目前世界上有 70 多个国家生产石榴，其中中国、印度、伊朗、阿富汗、土耳其、美国、突尼斯、巴基斯坦等均是全球石榴的主产国，种植面积占全世界总产量的 75% 以上。石榴枝繁叶茂，花艳果美，其花有红、黄、白等色，从南至北旬平均气温高于 14℃ 时开始现蕾开花，花期长达 2 个月，多盛开于 5 月，有"五月榴花红似火""滚滚醉人波"等诗词称颂。石榴皮有红、黄、白、青、紫等色，果实"千膜同房，千子如一"，形似灯笼，缀满枝头，每年 9 月底到 10 月初成熟，处于中秋、国庆两大节日期间，花果双姝，神、态、色、香俱为上乘，历来被我国人民视为馈赠亲友的喜庆吉祥之物，象征繁荣昌盛、和睦团结，寓意子孙满堂、多子多福。民间常称石榴树为"吉祥树"，是典型的兼具食用与观赏于一体的植物。

  石榴归属于浆果类，古籍文献记载的分类主要依据果实颜色、风味等方面的差异，如《本草纲目》将石榴分为酸和淡两种，《广群芳谱》中将石榴分为甜、酸、苦 3 种。目前，石榴分类包括多种方式，如按栽培目的可分为食用品种、观赏品种和食赏兼用品种；按成熟时果皮色泽可分为红皮类、青皮类、白皮类和紫皮类；按成熟时果实的大小可分为大果型类、中果型类和小果型类；按成熟后籽粒风味可分为甜石榴类和酸石榴类；按成熟后籽粒口感可分为硬籽类、半软籽类和软籽类；按花色可分为红花、白花、黄花、粉花、花纹色花、镶嵌色花等。

1.1 我国石榴生产发展现状

  石榴在 2000 多年前传入我国，具有悠久的栽培历史，目前在 20 余个省、市、区均有种植，种植区域遍布大半个中国，跨越了热带、亚热带、温带 3 个气候带和暖温带大陆性荒漠气候、暖温带大陆性气候、暖温带季风气候、亚热带季风气候、亚热带季风湿润气候 5 个气候类型。其中，秦岭、淮河以北的石榴产区统称为北方产区，云、贵、川等石榴产区统称为南方产区。当前在全国范围内已经形成了以四川会理、云南蒙自、陕西临潼、河南荥阳、山东枣庄、安徽怀远、新疆叶城、河北石家庄为中心的八大石榴栽培区，八大栽培区的种植总面积与总产量均占据世界第一。总体上看，石榴种植面积、产量呈现"南方快增、北方慢减"的发展趋势，尤其是四川、云南等南方产区种植面积和产量增长迅猛。

据《中国果树志·石榴卷》记载，截至 2013 年，我国石榴品种有 288 个，大多为硬籽石榴或半软籽石榴品种。近年来，各地在利用优良种质资源的同时，新培育出一批软籽类品种并推广应用于生产，还从国外引进推广了一批优良品种，如突尼斯软籽等。目前依据生产目的将石榴品种划分为：①鲜食石榴品种，主导地位，占全国种植总面积的 80%以上，各地均有本地区的主栽品种，这些品种果实大、果色艳、风味甜或酸甜、产量高、经济价值高。②食赏兼用品种，占 15%以上，主要在城市郊区作为生态观光园及工厂、矿区、街道绿化，此类品种多为重瓣花，既可观花、观果，也可鲜食，但其坐果率相对较低，果实较小。普通优良鲜食品种集观赏、鲜食于一体，在观光果园以赏食兼用为目的，在发展中更受青睐。③酸石榴品种，有少量规模种植，由于其味酸或酸涩不能直接食用，多作为加工品种发展，主要为石榴加工企业的原料基地，面积较小。④观赏类品种，株型小，花期长，有些花果同树，有些有花无果，纯以观赏为目的，适于盆景栽培，数量较少。

当前，我国石榴产业以发展软籽石榴为主流，设施栽培为方向，"南果北卖"为常态，发展重心向南移。我国石榴种植区域南北跨越了 3 个气候带，各种植区地理条件和气候因子千差万别，种植过程面临的主要自然灾害为南方多雨、北方严寒、中部高温高湿。因此，除了选择抗性强、品质优的石榴品种和不断提高管理水平外，还应发展保护地设施栽培。设施种植石榴可以解决避雨、防冻、防日灼果等问题，对自然灾害多发的北方石榴产区更为重要。我国石榴"南果北卖"的大格局已经形成，是市场经济规律对全国石榴果品资源合理配置的结果，决了南方石榴产能过剩、卖果难等问题，带动了石榴采后的商品化处理，包括果品分级、智能包装、低温冷藏和冷链系统建设等行业的发展，推动了全国石榴产业布局的合理调整，不仅继续拉动南方产区的鲜果销售，同时也会对北方各产区产生冲击，倒逼北方生产调整发展思路和发展战略，对石榴产业全局发展产生积极的影响作用。目前，四川、云南两省石榴总产量接近全国的 60%，预计今后不仅石榴种植面积会南增北减，随着石榴加工贸易快速提高，加工业和外贸出口的发展重心也将会随之南移。四川、云南等南方地区将发展成为石榴饮品、石榴保健品、石榴化妆品等生产加工和营销集散中心，逐步实现由石榴鲜果生产大省（县）向石榴加工贸易强省（县）的转变，石榴鲜果的资源优势将转变为商品优势和经济优势。

石榴生产目前虽然进入了一个快速发展的阶段，但长期以来仍然存在一些问题，主要包括：

（1）成熟期过于集中。我国石榴种植品种的成熟期大都集中在中秋节与国庆节前后，两节的节庆消费量固然大，但大量集中上市常常会导致很多产区鲜果积压和短期滞销。因此，选育出成熟期跨度达3~5个月的早、中、晚熟石榴新品种，实现错开时间上市，将是今后石榴新品种选育的重要方向之一。

（2）盲目引种发展、扩大面积，重栽轻管。有的地区盲目引种，但由于品种的缺陷或环境条件的限制，常出现冻害、病害、开花结果不良、品质低劣等问题，导致一些栽培地区市场价格下降，甚至出现产品滞销。此外，盲目扩种，管理能力跟不上，致使种植密度过大、重栽轻管现象严重，单位面积产量和质量效益不高，给产业后续发展带来一定的负面影响。

（3）农业装备落后，机械化水平低。石榴生产既是劳动密集型领域，也是技术密集型行业。在土壤深翻、果园除草、喷药、采摘、运输、开沟施肥等重要生产环节仍以人工为主，农业装备差、机械化水平低、劳动强度大、生产成本高、效率低。夯实石榴产区设施装备条件、创新应用新型智能装备、提高生产效率是做大做强石榴产业的必由之路。

（4）缺乏标准化体系建设。石榴产业目前已制定了相应的种植标准，但在实际种植过程中，部分企业和农户为了追求更大的经济效益和个人利益，未能严格遵循种植标准，使种植标准推广难度较大。目前一些种植地区缺少规模大、服务功能齐全、管理规范的专业交易市场，现有的专业合作社不能对石榴种植过程进行全程监管，进入市场的果品质量标准、质量检测技术监管也存在不足。石榴销售主要以外观及大小在市场上予以定价，食品安全、内在品质监管等存在风险。在产品包装上，多以初级产品出售，包装简陋，尚未标明石榴品种、规格、重量、出产地址、等级标准等内容。

（5）品牌培育不够，市场竞争力弱。对绿色、有机等高品质石榴品牌培育不够，缺乏与国际接轨的生产加工标准、产品标准及有关质量认证，产品类型与消费者对高品质农产品的需求存在一定差距，缺乏市场竞争力。面对日益严格的市场准入制度，产品被无情地挡在市场大门之外，导致石榴产销脱节等现象时有发生。

（6）石榴产业链发展延展不够。石榴除了直接食用外，还有更为广泛的用途，比如作为石榴酒、石榴汁的加工原料，但现阶段市场中销售的石榴相关产品较少。此外，围绕石榴所展开的旅游文化活动推动不够。应以石榴园为基础，做活"大旅游、大文化、大景区"文章，打造以石榴为主题的乡村全域游，深度融合一二三产业发展，满足游客不断增长的多样化、多元化、多层次的旅游需求，积极探索"石榴+体验""石榴+文化""景区+娱乐""景区+演艺"等旅游新模式，最大程度彰显石榴特色。制订全域旅游发展总体规划，以"石榴人家"为主题，积极开发赏石榴花、摘石榴果、品石榴茶、吃农家饭等乡村旅游产品，逐步将景区打造成集园林、休闲、度假、户外运动等为一体的综合景区，能引得来客、留得住人。

1.2　我国石榴贮藏技术发展现状

石榴因其营养丰富、药用价值高、保健功能强，越来越受到人们的重视，消费群体也在不断增加，产业得到迅猛发展。石榴果实采后果皮极易褐变、失水，籽粒中的花青素发生降解，风味变差，降低了果实的商品价值。现阶段由于石榴采收、分级、贮藏阶段处理的不规范、不细化，贮藏保鲜技术普及性不够广泛及时，造成其采后难以实现更高的商业价值。因此，鲜食石榴的贮藏保鲜技术一直以来都是困扰石榴产业健康发展的瓶颈。新鲜石榴大多集中在每年的9～10月集中上市，以目前的贮藏保鲜技术水平难以实现周年供应，具有较大的发展空间。在一些偏远、经济相对落后地区，现行的石榴贮藏保鲜技术还比较粗放，给石榴的品质保障和效益提升埋下了不少的隐患。传统的石榴贮藏保鲜方法包括堆藏、挂藏、袋藏、罐藏、沟藏和井窖贮藏等，此类方法简便易行，但贮藏保鲜效果有限，且果实的品质也难以得到保障。

近年来，国内外不少学者对石榴果实采后褐变、腐烂、病害和冷害等发生机制进行了一系列的研究，在此基础上，进一步探索了低温冷藏、变温贮藏、气调贮藏、涂膜保鲜、二氧化硫熏蒸、茉莉酸甲酯处理等贮藏保鲜手段在石榴上的应用，这些方法在一定程度上显著提高了石榴贮藏保鲜的效果。当前石榴贮运保鲜所面临的主要问题是对与石榴品质相关成熟、衰老的关键基础理论缺乏深层次的认识，对于其采后营养品质和生物活性物质变化规律及影响因素了解较少，极大地限制了石榴贮藏保鲜和减损关键新技术的研发，尚未从根本上解决石榴的贮藏保鲜和远销问题。

　　此外，目前缺乏针对鲜食石榴在采后物流配送的标准规程，配送体系还不完善。从石榴产区分布来看，我国石榴主产地多集中在偏远地区，以四川凉山为例，从凉山将新鲜石榴运输到人口相对集中的中部或东部经济较发达地区，直线运输距离均在 3000 km 以上，而低温物流产业在我国起步较晚，现行的物流配送技术体系远不能满足特色石榴产业发展需求，目前大部分石榴长途运输仍处于常温状态，而运输途中由于振动造成的机械损伤和高温密闭环境均会引起果实一定程度上的生理伤害。因此，全程的冷链物流、规范的贮运规程、充足的资金保障、稳固的政策支持将是解决石榴贮运问题的主要方向。

　　加强石榴采后成熟衰老的生物学基础研究、新鲜石榴品质劣变和腐烂发生的机理及对外源因子的生理应答机制研究，完善采后物流配送体系的标准化，真正意义上为石榴贮藏保鲜和运输技术的研发与革新提供理论依据，对保证石榴产业持续健康发展具有重要意义。无论从石榴贮运保鲜基础研究方面，还是市场供应技术集成和应用示范方面，我国石榴贮运保鲜产业都必将走上现代绿色、高效发展之路，并且任重而道远。

1.3　我国石榴加工技术发展现状

　　目前我国的石榴生产已从零星分散转向大规模商品化生产基地的发展，鲜食、加工与观赏相结合的生产格局已经初步形成。随着产量逐年递增，为了解决丰产年份滞销和次果浪费严重的产业问题，提高产业收益，需要加强加工新技术在石榴产品开发上的应用，推动石榴产业的全面发展升级。根据加工程度的不同，可以将石榴生产划分为 3 个层次：一是产地初加工，即以石榴某一器官或部位为原料进行初步的简单加工，如石榴汁、石榴茶等；二是产地深加工，是对初加工的产品或副产品进一步进行加工处理，如石榴酒、石榴醋、石榴籽油等；三是高附加值精深加工，如从石榴果实、皮渣或石榴籽中提取、纯化高活性的功能性成分或中间体来进一步制成化妆品、药品和保健食品等，从而显著提高产品附加值。石榴的综合加工利用和深度开发能极大地推动我国石榴产业的规模化发展，因此当前应当因地制宜加大对石榴高附加值产品的研制开发力度。

　　从目前发展情况来看，我国对石榴资源的开发利用还远远不够，加工形式主要集中在鲜榨果汁、发酵酒和果醋等方面；从技术创新性角度分析，产业发展规模创新性不足，产品形式单一，无法满足市场和消费者的需求。当前石榴加工产业发展中存在的主要问题包括：①用于加工的品种及专用原料基地较少，我国主要栽培的石榴品种多为鲜食品种，无法满足特定产品的需求，有待进一步建设加强品种培育。②加工企业规模相对较小，一些技术仍然需要进口。当前我国石榴加工行业，一些产品虽已形成了一定的发展规模，但生产企业规模相对较小，加工技术和设备仍需要依靠引进、仿效。③石榴产地初加工水平相对较低，受工艺水平、设备等条件所限，原料采后品质的损失相对较高。④加工副产物综合利用率较低。

我国是石榴生产的大国，近些年来虽然石榴生产得到了快速发展，但仍需要促进产业的多元化发展，充分发挥我国石榴资源的优势，进行有效合理的开发利用，实现果农增收、企业增效和产业升级，从而有效地推动我国石榴产业全面升级，使之成为富民工程和品牌农业，因此应该重点做好以下几个方面的工作：产前，积极开展石榴种质资源、新品种培育工作，大幅度提高优质品种生产比例；产中，集成、示范、推广优质石榴高效省力栽培技术，不断提高石榴产量与质量；产后，突破石榴采后贮运和精深加工关键技术，改变石榴加工产品单一的局面，重视综合加工利用，实现商品化生产，大力研发相关新技术及新设备，优化生产工艺，提高石榴采后保鲜和加工技术水平，增加产品附加值和市场竞争力，满足人们日益增长的物质需求，并重视降低环境污染，发展循环经济。总之，只有不断自主创新，不断提高石榴加工高新产品数量与质量、采后石榴贮运保鲜与精深加工水平、石榴产品品质及市场竞争力，才能使石榴产业结构更为合理，产品更加多样化，从而实现石榴产业健康、稳步、快速的发展。

◆ 参考文献 ◆

[1] 陈颖，魏士省，褚莉，等．山东枣庄峄城区石榴产业发展优势、存在的问题和建议 [J]．果树实用技术与信息，2023（1）：33-36.

[2] 陈燕，高小峰，雷梦瑶，等．南阳市石榴产业发展现状及对策思考 [J]．南方农业，2022，16（12）：161-164.

[3] 刘婷，谢彦明，唐金朝，等．石榴产业融合的模式、瓶颈与对策研究 [J]．中国林业经济，2022（2）：44-48.

[4] 牛永浩，张碧玲，吴亮亮，等．礼泉县石榴产业发展现状研究 [J]．陕西农业科学，2021，67（8）：91-94.

[5] 牛江溶，商艳光．乡村产业振兴驱动因素研究——以凉山州会理县石榴产业为例 [J]．湖北农业科学，2021，60（12）：192-196.

[6] 许艺严，樊荣清．促进蒙自石榴产业健康可持续发展的措施 [J]．云南农业，2020（11）：13-15.

［7］孟健，马敏，褚衍，等. 成山东峄城石榴产业发展优势与发展方向［J］. 北方果树，2020
　　（4）：51-52，55.

［8］陈延惠，史江莉，万然，等. 中国软籽石榴产业发展现状与发展建议［J］. 落叶果树，
　　2020，52（3）：1-4，79-80.

［9］余爽，晋一棠，张平，等. 四川攀西地区石榴产业发展关键技术［J］. 中国热带农业，
　　2020（2）：69-71.

［10］余兴华，沈朝银. 我国石榴产业发展现状与推广图景［J］. 乡村科技，2019（22）：
　　36-37.

［11］陶华云，黄敏，王秀兰. 我国石榴产业发展趋势分析与对策建议［J］. 中国果业信息，
　　2019，36（7）：13-16.

［12］曾雪梅，杨帆，裴敬. 我国石榴产业发展现状及其战略选择［J］. 农业研究与应用，
　　2015（2）：45-52.

［13］马寅斐，赵岩，朱风涛，等. 我国石榴产业的现状及发展趋势［J］. 中国果菜，2013
　　（10）：31-33.

［14］铁万祝，罗关兴，王军. 四川攀西石榴产业发展中存在的问题与对策建议［J］. 果树实
　　用技术与信息，2013（7）：39-40.

［15］李贵利，潘宏兵，杜邦，等. 四川攀西石榴产业现状与对策［J］. 中国园艺文摘，2010，
　　26（11）：59-60.

［16］孟创鸽，赵伟，曹红霞，等. 石榴贮藏保鲜技术研究综述［J］. 农业科技与信息，2020
　　（24）：65-67，70.

［17］梁琪琪. "突尼斯"软籽石榴复合贮藏保鲜技术研究［D］. 西安：陕西师范大学，2020.

［18］刘程宏，郑华魁，柴丽娜. 鲜食石榴贮藏保鲜技术研究进展［J］. 食品安全质量检测学
　　报，2018，9（18）：4822-4827.

［19］张润光，郭晓成. 石榴贮藏保鲜技术［J］. 西北园艺（果树），2017（3）：14-15.

［20］王旭琳，张润光，吴倩，等. 石榴采后病害及贮藏保鲜技术研究进展［J］. 食品工业科
　　技，2016，37（2）：389-393.

［21］孙波，王子夏，韩璐. 影响石榴贮藏保鲜的关键因素及其控制技术［J］. 中国园艺文摘，
　　2010，26（12）：174-175.

［22］陆晓雨，周慧丽. 我国石榴加工产业发展现状及问题对策研究［J］. 农村经济与科技，
　　2020，31（7）：16-17.

第2章

石榴的营养与保健价值

2.1 石榴的营养价值

石榴的营养十分丰富，果实各组成部分均含有多种人体所需的营养成分，每百克石榴中所含营养成分见表2-1。石榴汁中含有丰富的有机酸、糖类、蛋白质、脂肪、维生素C和B族维生素以及钙、磷、钾等矿物质，其中维生素C的含量比苹果高1~2倍，对人体非常有益；石榴汁中含有17种游离氨基酸和17种水解氨基酸，见表2-2；矿质元素K、Na、Ca、Mg、Cu等含量较高，这些元素被人体吸收后，在人体生长发育中起到重要的作用。石榴籽中含有丰富的脂肪酸，主要有棕榈酸、硬脂酸、花生四烯酸、油酸、亚油酸和二十碳烯酸等，其脂肪酸中饱和脂肪酸占4.43%，其余95.57%均为不饱和脂肪酸。新鲜石榴果皮中主要含鞣质类成分，占10.4%~21.3%，还含有甘露醇、糖、树胶、果胶、草酸钙、异槲皮苷和石榴皮碱等。

表2-1　石榴营养成分（100g含量）

成分名称	含量	成分名称	含量	成分名称	含量
可食部分/%	57.0	硫胺素/μg	0.05	镁/mg	16.0
水分/%	78.7	核黄素/mg	0.03	锌/mg	0.19
灰分/g	0.6	维生素E/mg	4.91	铁/mg	0.20
脂肪/g	0.2	维生素C/mg	9.0	铜/mg	0.17
蛋白质/g	1.4	钾/mg	231	磷/mg	71.0
碳水化合物/g	18.7	钙/mg	16.0	锰/mg	0.17
膳食纤维/g	4.9	钠/mg	0.9	能量/kJ	268

表 2-2　石榴中氨基酸成分及含量

氨基酸类别	含量/（mg/100g）		氨基酸类别	含量/（mg/100g）	
	甜石榴	酸石榴		甜石榴	酸石榴
天门冬氨酸	21.16	14.30	亮氨酸	8.79	6.20
苏氨酸	5.76	3.90	酪氨酸	2.35	1.30
丝氨酸	13.50	8.60	苯氨酸	5.14	11.7
谷氨酸	7.57	35.1	赖氨酸	9.04	6.70
甘氨酸	11.89	7.70	组氨酸	5.73	4.00
丙氨酸	9.53	7.00	精氨酸	6.91	7.00
缬氨酸	8.20	5.80	胱氨酸	痕量	—
蛋氨酸	3.96	2.30	脯氨酸	—	2.30
异亮氨酸	5.65	4.10			

2.2　石榴的保健价值

2.2.1　石榴的功能性成分

石榴树的各部位（包括叶、花、籽、皮等）含有多种功能性成分（见表2-3），其含量及组成受到品种、栽培区、气候、成熟期、栽培措施、贮藏条件及提取条件等因素的影响，已发现了多种功能性成分，主要包括多酚类、黄酮类、鞣质类、生物碱类、脂肪酸类等。

表 2-3　石榴不同部位化学成分

石榴部位	主要化学成分
石榴花	鞣花酸、三甲氧基鞣花酸、短叶苏木酚酸乙酯、石榴酸、安石榴苷、石榴皮葡萄糖酸鞣质、天竺葵苷、天竺葵二苷、胡萝卜甾醇、齐墩果酸、熊果酸、山楂酸、积雪草酸等
石榴皮	鞣质、蜡、树脂、甘露醇、糖、树胶、菊糖、黏质、没食子酸、苹果酸、果胶、草酸钙、异槲皮苷、石榴皮碱等
石榴籽	鞣花酸、二甲氧基鞣花酸、三甲氧基鞣花酸、石榴皮鞣素、安石榴苷、石榴酸、亚油酸、油酸、雌激素酮、睾丸激素、雌二醇、雌三醇等
石榴叶	没食子酸、鞣花酸、石榴皮鞣素、安石榴苷、柯里拉苷、石榴叶鞣质、芹菜黄酮、芹菜酮苷、儿茶酚等

2.2.1.1　多酚类

多酚类物质存在于石榴的各个部位，是石榴重要的生物活性成分之一。天然多酚类物质既有简单分子形式（如酚酸、苯丙脂类等），也有高聚物形式（如木质素、黑色素、鞣酸类）。从化学角度来讲，多酚是一类由一个苯环连接一个或多个氢化取代基而成的物质，同时也包括了它们的功能性衍生物。石榴皮中多酚类物质含量占干重的 10.4%~21.3%，包括安石榴苷、石榴皮亭 A、石榴皮亭 B、鞣花酸、没食子酸、英国栎鞣花酸等；石榴汁中约含多酚 2.1 g/L，主要有绿原酸、咖啡酸、儿茶素、鞣花酸、香豆酸、没食子酸等，含量较高的为儿茶素和没食子酸；石榴籽中多酚含量占 0.70%~0.12%，主要包括黄酮类、单宁类、鞣花酸和花色素等。多酚是石榴中主要的抗氧化活性物质之一，具有清除自由基的作用，可以预防与自由基损伤氧化相关的多种疾病。

2.2.1.2　黄酮类

黄酮类物质是指由 3 个碳原子链连接两个有酚羟基的苯环而构成的化合物，主要包括黄酮、黄酮醇及其苷、花色素等，具有抗氧化、保护心脑血管等生物活性，因此黄酮类物质可以作为抗氧化剂、自由基清除剂、脂质过氧化抑制剂等，石榴花、皮、籽和叶中均含有这类化合物。石榴花中含有 12 种黄酮类化合物，包括芦丁、芹菜素、儿茶素、天竺色素-3-葡萄糖苷、天竺色素-3,5-葡萄糖苷等；在石榴皮中现已分离出山奈酚-3-O-β-D-吡喃木糖苷、柚皮素-7-O-β-D-吡喃葡萄糖苷、山奈酚-3-O-β-D-吡喃葡萄糖苷等；石榴籽中发现了 5,7,4′-三羟基异黄酮和 7,4′-二羟基异黄酮等；石榴叶中发现了芹菜素、芹菜素-4′-O-葡萄糖苷、木犀草素-3′-O-β-吡喃葡萄糖苷、木犀草素-4′-O-β-葡萄糖苷、木犀草素-3′-O-β-吡喃木糖苷、木犀草素-3′-O-β-D-葡萄糖苷、槲皮素-3-O-β-D-葡萄糖苷等。

2.2.1.3　鞣质类

鞣质作为一种拥有多元酚类复杂结构的化合物，又名单宁，在自然界中广泛存在，从生物和化学角度目前分成 3 种，分别为缩合鞣质或原花青素、可水解的鞣质或鞣花鞣质和没食子鞣质。石榴花中主要含有鞣花酸类和没食子类水解鞣质，具有抑制病毒和细菌生长、抵抗癌症等功效；石榴皮中存在 10.4%~21.3% 鞣质，主要富含可水解鞣质，包括石榴皮鞣素、英国栎鞣花酸和安石榴苷，还含有羟基苯甲酸，如鞣花酸、鞣花酸苷等。

2.2.1.4　生物碱类

生物碱主要存在于石榴树皮（茎）、根部、果汁中，已有报道的生物碱主要包括哌啶生物碱和吡咯烷生物碱两类。哌啶生物碱通常含有六元环的骨架，而吡咯烷类含有五元环骨架。相对来说，哌啶生物碱的种类和含量均比吡咯烷生物碱类要多。其中，异石榴皮碱、假石榴皮碱、N-甲基石榴碱是茎和树皮中主要的生物碱，而 2-（2′-羟丙基）-1-哌啶、2-（2′-丙烯基）-1-哌啶、去甲-假石榴皮碱在根皮中大量存在。

2.2.1.5　脂肪酸类

石榴所含脂肪酸集中在种子里，主要为石榴酸 86.8%，其次为亚油酸 5.14%、油酸 3.81%、棕榈酸 2.91%、硬脂酸 1.52%、亚麻酸 0.61%、α-酮酸 0.15%、β-酮酸 0.06%。石榴籽脂肪酸中，饱和脂肪酸占 4.43%，其余 95.67% 为不饱和脂肪酸。在不同品种的石榴籽中，饱和脂肪酸和不饱和脂肪酸的比率非常低，最高约为 0.35%，最低约为 0.04%。

2.2.2　石榴的保健功效

石榴不仅含有丰富的营养物质，而且全身是宝，含有大量的生物活性物质，具有良好的营养保健功效，素有"天下奇果""九州名果"等美称。石榴皮、根、花、籽皆可入药，是集药、食、补三大功能于一体的食物。

石榴根含异石榴皮碱、伪石榴皮碱、甲基异石榴皮碱等生物碱，有驱虫、抗菌、抗病毒等作用。石榴花具有多种化学成分，如多酚类、黄酮类、三萜类、糖类、皂苷等多种。中医认为石榴花具有清肺泄热、养阴生津、解毒、健胃、润肺、涩肠、止血等功效。现代药理研究认为，石榴花提取物在抗氧化、收敛止泻、护肝、抗糖尿病及止血消炎等方面功效较好。在民间，石榴花还被用于治疗早生白发和外用治疗中耳炎，用石榴花泡水洗眼还有明目的效果。

石榴皮占果实总重量的 20%~35%，石榴皮中含有丰富的苹果酸、鞣质、生物碱等成分，其性酸、温、涩，能使肠黏膜收敛、分泌物减少，可用于治疗久泻、久痢、便血、脱肛、崩漏、带下等，对痢疾杆菌、大肠杆菌具有较好的抑制作用。此外，现代体外研究初步证实，石榴皮具有抑菌抗炎、抗感染、降脂、降糖、抗动脉硬化、防止肝纤维化等多种药理学活性。

石榴汁占果实总重量的 60%~80%，富含维生素 C、B 族维生素、类黄酮、氨基酸、脂肪酸等营养物质，具有促进消化、降低血糖、软化血管、改善视力以及预防心脏病等功效，还可以帮助消除自由基，有抗氧化、防皱纹、延缓衰老、美容护肤的作用，民间还有喝石榴汁解酒醒脑的说法。此外，鲜榨石榴汁和发酵后的石榴酒，类黄酮物质的含量均超过红葡萄酒，近年来研究表明类黄酮可中和人体内诱发疾病与衰老的氧自由基，特别是作为植物雌激素，对女性更年期综合征、骨质疏松症等疾病的功效备受关注。

石榴籽占果实总重量的2%~3%，纤维素含量最多，其次是脂肪酸，占石榴籽总重量20%左右。石榴籽榨取的石榴籽油具有促使表皮再生的功效，含有的不饱和脂肪酸是一种强效的抗氧化剂，对动脉粥样硬化、衰老有预防作用，还能减缓癌变。石榴籽还是藏药中经常使用的药材来源，可用来治疗消化不良等胃肠道疾病。石榴籽油也是某些化妆品原材料。

◆ 参考文献 ◆

［1］Rahmani Arshad Husain, Alsahli Mohamed Ali, Almatroodi Saleh Abdulrahman. Active Constituents of Pomegranates（Punica granatum）as Potential Candidates in the Management of Health through Modulation of Biological Activities［J］. Pharmacognosy Journal, 2017, 5（9）: 689-695.

［2］Yin Yantao, Martínez Remigio, Zhang Wangang, et al. Crosstalk between dietary pomegranate and gut microbiota: evidence of health benefits［J］. Critical reviews in food science and nutrition, 2023, 2: 21-27.

［3］Shabbir Muhmmad Asim, Khan Moazzam Rafiq, Saeed Muhammad, et al. Punicic acid: A striking health substance to combat metabolic syndromes in humans［J］. Lipids in health and disease, 2017, 1（16）: 99.

［4］杨雪梅，张锦超，邓光华，等. 不同石榴品种籽粒矿质营养元素含量综合评价［J］. 山东农业科学，2022，54（2）：63-68.

［5］徐佳亨，张佳蒙，李远鹏，等. 石榴籽营养成分提取及其功能和应用研究进展［J］. 山东化工，2021，50（9）：61-63，65.

［6］贾晓辉，张鑫楠，刘艳，等. 石榴的营养、功效及应用［J］. 果树实用技术与信息，2021（4）：46-47.

［7］傅航，韩磊. 石榴的营养保健功能及其食品加工技术［J］. 黑龙江科技信息，2017（15）：1.

［8］王萍，梁娇，李述刚，等. 不同产地石榴营养成分差异研究［J］. 食品工业，2017，38（4）：297-301.

［9］闫生辉，李兴奎，高玉，等. 红河阴软子石榴的营养价值分析［J］. 湖北农业科学，2015，54（24）：6376-6378，6382.

［10］朱雁青，胡花丽，胡博然，等. 薄膜包装对石榴采后生理及营养物质含量的影响［J］. 江苏农业学报，2015，31（5）：1154-1160.

［11］王舒. 石榴营养成分和保健功能的研究进展［J］. 海峡药学，2015，27（4）：37-39.

［12］杨文渊，谢红江，易言郁，等. 会理石榴果实品质及不同部位矿质营养研究［J］. 安徽农业科学，2012，40（35）：17287-17290.

［13］热娜古丽·克热木．加工中石榴汁营养成分及抗氧化活性的变化［D］．乌鲁木齐：新疆农业大学，2012．

［14］袁丽，高瑞昌，田永．全石榴营养保健功能及开发利用［J］．农业工程技术（农产品加工），2007（10）：38－40．

［15］马齐，秦涛，王丽娥，等．石榴的营养成分及应用研究现状［J］．食品工业科技，2007（2）：237－238，241．

［16］布日古德，娜布其．简述石榴的药用及保健功效［J］．中国民族医药杂志，2014，20（5）：66－68．

［17］毕晓菲，李勇．石榴化学成分及其保健功能的研究进展［J］．现代农业科技，2010（22）：356－357，360．

［18］苑兆和，尹燕雷，朱丽琴，等．石榴保健功能的研究进展［J］．山东林业科技，2008（1）：91－93，59．

［19］高翔．石榴的营养保健功能及其食品加工技术［J］．中国食物与营养，2005（7）：40－42．

［20］刘慧，赵文恩，康保珊．石榴抗糖尿病生物活性的研究进展［J］．食品工业科技，2012，33（23）：370－373．

［21］李白存，李沐慈，王国良，等．石榴籽多酚的体外抗氧化活性［J］．食品工业科技，2018，39（4）：17－20．

［22］陈业高，卢艳，刘莹，等．石榴籽油脂肪酸成分的分析［J］．食品科学，2003，24（11）：111－112．

［23］Pantiora Panagiota D., Balaouras Alexandros I., Mina Ioanna K., et al. The Therapeutic Alliance between Pomegranate and Health Emphasizing on Anticancer Properties［J］. Antioxidants, 2023, 1（12）：187.

［24］Fahmy Heba A, Farag Mohamed A. Ongoing and potential novel trends ofpomegranate fruit peel：a comprehensive review of its health benefits and future perspectives as nutraceutical［J］. Journal of food biochemistry, 2021, 1（46）：14024.

［25］Giménez － Bastida Juan Antonio, Ávila － Gálvez María Ángeles, Espín Juan Carlos, et al. Evidence for health properties of pomegranate juices and extracts beyond nutrition：A critical systematic review of human studies［J］. Trends in Food Science & Technology, 2021, 114：410－423.

［26］Fatemah Bahman, Gabriele Ballistreri, Giuseppe Carota, et al. Potential Health Benefits of a Pomegranate Extract, Rich in Phenolic Compounds, in Intestinal Inflammation［J］. Current Nutrition & Food Science, 2021, 8（17）：833－843.

［27］Panagiotis Kandylis, Evangelos Kokkinomagoulos. Food Applications and Potential Health Benefits of Pomegranate and its Derivatives［J］. Foods, 2020, 2（9）：122.

［28］Cano-Lamadrid Marina, Turkiewicz Igor Piotr, Tkacz Karolina, et al. A Critical Overview of Labeling Information of Pomegranate Juice – Based Drinks: Phytochemicals Content and Health Claims [J]. Journal of food science, 2019, 4 (84): 886–894.

[29] Singh Meera Chandradatt, N Gujar Kishore. Preparation and Evaluation of Nutraceutical Product Mixture of Seeds of Cucumis melo, Punica granatum, Linum usitatissimum, for Antioxidant, Prebiotic and Nutraceutical Potential [J]. Pharmacognosy Journal, 2019, 2 (11): 383–387.

第3章

石榴的生物学特性

3.1 石榴的形态特征

石榴属落叶灌木或小乔木，在热带则变为常绿树，树冠丛状自然圆头形，生长强健，根际易生根蘖，树高可达 5~7 m，一般多为 3~4 m，但矮生石榴树仅高约 1 m 或更矮。

石榴树树干呈灰褐色，上有瘤状突起，多向左侧扭转。树冠内分枝较多，嫩枝有棱，多呈方形。小枝柔韧，不易折断。一次枝在生长旺盛的小枝上交错对生、具小刺，刺的长短与品种、生长情况等有关，旺树多刺，老树少刺。枝顶常有尖锐长刺，幼枝有棱角但无毛，老枝近圆柱形。树根呈黄褐色。

石榴叶对生或簇生，呈长披针形至长圆形，或椭圆状披针形，长 2~8 cm，宽 1~2cm，顶端尖，表面有光泽，背面中脉凸起，有短叶柄。芽色随季节而变化，有紫、绿、橙三色。

石榴花为两性，依子房发达与否，分为钟状花和筒状花，前者子房发达易受精结果，后者常凋落不实。石榴花一般 1 朵至数朵着生在当年新梢顶端及顶端以下的叶腋间；萼片硬，肉质，管状，5~7 裂，与子房连生，宿存；花瓣呈倒卵形，与萼片同数而互生，覆瓦状排列，有单瓣、重瓣之分。重瓣品种，雌雄蕊多瓣化而不孕，花瓣多达数十枚，多为红色，也有白、黄、粉红、玛瑙等色。雄蕊多数花丝无毛，雌蕊具花柱 1 个，长度超过雄蕊，心皮 4~8 个，子房下位，成熟后变成大型且多室、多子的果实。果实为近球形，通常呈淡黄褐或淡黄绿色，有时白色，稀有暗紫色；种子多数，肉质外种皮为淡红色至乳白色，甜而带酸，即为可食用的部分；内种皮为角质，也有退化变软的，即软籽石榴。石榴花期多为 5~7 月，果期 9~10 月。

3.2 石榴的生长习性

3.2.1 根

3.2.1.1 根系特征及分布

石榴根系发达，呈扭曲状，有瘤状突起，根皮黄褐色，分为骨干根、须根和吸收根3部分。骨干根是指寿命长、较粗大的根，粗度在铅笔粗细以上，相当于地上部的骨干枝。须根是指粗度在铅笔粗细以下、多分枝的细根，相当于地上部1~2年生的小枝和新梢。吸收根是指长在须根（小根）上的白色根，分为永久性吸收根和暂时性吸收根。永久性吸收根，大小长短形如豆芽，可继续生长成为骨干根。暂时性吸收根，细小，形如棉线，数量非常大，吸收面积广，相当于地上部的叶片，寿命不超过1年，是暂时性存在的根，是主要的吸收器官。除了吸收营养、水分外，暂时性吸收根还可大量合成氨基酸和多种激素，其中主要是细胞分裂素，其被输送到地上部可促进细胞分裂和分化，如花芽、叶芽、嫩枝、叶片、树皮部形成层及幼果细胞的分裂分化等。总之，吸收根的吸收合成功能与地上部叶片的光合功能，均是石榴树赖以生长发育的最主要功能。

石榴树根系分布深浅与土层厚度相关。土层深厚的地方，石榴树垂直根系地下较深，而在土层薄、多砾石的地方，垂直根系地下较浅。一般情况，8年生石榴树骨干根和须根主要分布在0~80 cm深土层中，其中0~60 cm深土层中分布最为集中，占总根量80.0%以上。垂直根深度可达180 cm，树冠高：根深为3：2，冠幅：根深也为3：2。石榴根系在土壤中水平分布范围较小，骨干根主要分布在冠径0~100 cm范围内，而须根分布范围在20~120 cm处，累计根量分布范围为0~120 cm，占总根量的90%以上，冠幅：根幅为1.3：1，冠高：根幅为1.25：1，即根系主要分布在树冠内土壤中。

3.2.1.2 根系在年周期内生长动态

石榴根系在1年内有3次生长高峰，分别在5月中旬、6月下旬和9月上旬。5月中旬，地上部开始进入初花期，枝条生长高峰期刚过，处于叶片增大期，需要消耗大量的养分，根系的高峰生长有利于扩大吸收营养面以供地上部所需，为大量开花坐果做好物质准备，以防地上部大量开花、坐果，造成养分的大量消耗，从而抑制了地下生长。6月下旬，大量开花结束后进入幼果期，又出现1次根的生长高峰，当第2次峰值过后，根系生长趋于平缓，吸收营养主要用于供给果实生长。第 3 次生长高峰的出现正值果实成熟前期，与保证果实成熟及果实采收后树体积累更多养分、安全越冬有关。随着落叶和地温下降，根系生长越来越慢，至 12 月上旬被迫进入休眠，直到翌年春季的 3 月中上旬温度适宜时又重新开始第二个生长季活动。在年周期生长中，根系活动明显早于地上部活动，即先发根后萌芽。

3.2.1.3　根蘖

石榴根基部易发生不定芽，形成根蘖。根蘖主要发生在石榴树基部距地表 5~20 cm 处的入土树干和靠近树干的大根基部。单株多者可达 50 个以上甚至上百个，并可在一次根蘖上发生多个二次、三次及四次根蘖。一次根蘖较旺盛、粗壮，根系较多，1 年生长度可达 2.5 m 以上，径粗 1 cm 以上；二次、三次根蘖生长依次减弱，根系较少。石榴枝条生根能力较强，将树干基部裸露的新生枝条培土后，基部即可生出新根。根蘖苗可作为繁殖材料直接定植到果园中。生产上大量根蘖苗丛生在树基周围，不但会造成通风不良，还会耗损较多树体营养，对石榴树生长结果不利。

3.2.2　干与枝

石榴树主干不明显，树干及大枝多向一侧扭曲，有散生瘤状突起，夏、秋季节老皮呈斑块状、纵向翘裂并剥落。石榴树干径粗生长从 4 月下旬开始，直至 9 月中旬一直为增长状态，大致有 3 个生长高峰期，即 5 月初、6 月初和 7 月初，进入 9 月后生长明显减缓，直至 9 月底，径粗生长基本停止。

石榴是多枝树种，冠内枝条繁多，交错互生，主侧枝之分不明显。嫩枝柔韧有棱，多呈四棱形或六棱形，尖端浅红色或黄绿色，随着枝条的生长发育，老熟后棱角消失近似圆形，逐渐变成灰褐色。自然生长的树形有近圆形、椭圆形、纺锤形等，枝条抱头生长，扩冠速度慢，内膛枝衰老快，易枯死，坐果性差。石榴枝的年长度生长高峰值出现在 4 月下旬至 5 月上旬，5 月中旬后生长明显减缓，至 6 月上旬春梢基本停止生长，即进入盛花期。小部分徒长枝会在夏秋继续生长，夏梢和秋梢生长的比例会因不同品种、同品种不同载果量而有所不同，若载果量小、树体生长健壮则生长多且量大。夏梢生长始于 7 月上旬，秋梢生长始于 8 月中下旬。值得注意的是，春梢停止生长后，少部分顶端形成花蕾，而在基部多形成刺枝，而秋梢停止生长后，顶部多形成针刺、刺枝或针刺枝端两侧各有一个侧芽，条件适合时生长发育可以扩大树冠和增加树高，二者的形成有利于枝条的安全越冬。

3.2.3 叶

石榴叶片质厚，叶脉网状，叶片的颜色因季节和生长条件而变化。幼嫩叶片的颜色因品种不同而分为浅紫红、浅红、黄绿3色，也与生长季节有关系，如春季气温低，幼叶颜色一般较重，而夏、秋季相对较浅。成龄叶呈深绿色，叶面光滑，叶背面颜色较浅且不及正面光滑，衰老的叶片为黄色。肥水充足、长势旺盛的石榴树，叶片大、呈深绿；反之，土壤瘠薄、肥料不足、树势衰弱的石榴树，叶片小而薄，叶色发黄。

叶片大小和叶形因品种、树龄、枝龄、栽培条件的不同而有所差别。同一枝条上，一般基部叶片较小，呈倒卵形；中上部叶片较大，呈披针形或长椭圆形。枝条中部的叶片最大、最厚，光合效果也最强。树冠外围的叶较重，树冠内部的叶较轻；1年生枝条的叶较重，2年生枝条的叶较轻；坐果大的叶较重，坐果小的叶较轻；坐果枝叶重，坐果枝对生的未坐果枝叶轻。

石榴1年生枝条叶片多对生，徒长枝可见3片叶多轮生，大小基本相同，有时会见9片叶轮生，每3片叶一组包围1个芽，其中，中间位叶较大，两侧叶较小。2年生及多年生枝条上的叶片生长不规则，多3~4片叶包围1芽轮生，芽较饱满。叶片的生长速度受树体营养状况、水肥条件、叶片着生部位及生长季节影响较大。正常情况下，春梢叶片的功能期可达180天左右，夏、秋梢叶片的功能期相对较短。

3.2.4 开花习性

石榴花为两性花，子房下位，花萼内壁上方着生花瓣，中下部排列着雄蕊，中间是雌蕊，萼片一般5~8片，多数为5~6片，联生于子房，肥厚宿存。石榴成熟时萼片有圆筒状、闭合状、喇叭状或反卷紧贴果顶等几种方式，色泽与果色相近。

花芽主要由上年生短枝的顶芽发育而成，多年生短枝的顶芽甚至老茎上的隐芽也能发育成花芽。石榴花芽的形态分化历时2~10个月不等，表现出3个高峰期。头批花蕾由较早停止生长的春梢顶芽中心花蕾组成，翌年5月中上旬开花；第二批花蕾由夏梢顶芽的中心花蕾和头批花芽腋花蕾组成，翌年5月下旬至6月上旬开花，这两批花结实较可靠，能直接决定石榴的产量和质量；第三批花主要由秋梢于翌年4月中上旬开始形态分化的顶生花蕾及头批花芽的侧花蕾和第二批花芽的腋花蕾组成，于6月中下旬，迟则到7月中旬开完最后一批花，这批花因发育时间短、完全花比例低、果实小，在生产上应加以适当控制。花芽分化要求较高的温湿条件，其最适温度为月均温 15~25℃，低温会限制花芽的分化，月均温低于 10℃时，花芽分化逐渐减弱直至停止。

3.2.5　结果习性

3.2.5.1　结果母枝与结果枝

结果母枝一般为上年形成的营养枝，也有 3~5 年生的营养枝，结果枝条多一强一弱对生。营养枝向结果枝转化的过程，实质上也就是芽的转化过程，即由叶芽状态向花芽方面转化。营养枝向结果枝转化的时间因营养枝的状态而有所不同，通常需 1~2 年。石榴在结果枝的顶端结果，结果枝在结果母枝上抽生，结果枝长 1~30 cm，叶片 2~20 个，顶端形成花蕾 1~9 个。结果枝坐果后，果实高居枝顶，但开花后无论坐果与否，均不再延长。结果枝叶片由于养分消耗多、衰老快，落叶也较早。果枝芽在冬春季比较饱满，春季抽生顶端开花坐果后，由于养分向花果集中，使结果枝比对位营养枝粗壮，其在强（长）结果母枝和弱（短）结果母枝上抽生的结果枝数量比例不同。强（长）结果母枝上的结果枝比率明显高于弱（短）结果母枝上的结果枝。

3.2.5.2　坐果

石榴花期较长，花量大，坐果率较低，坐果率与品种、树体营养、整形修剪和管理水平等诸多因素关系密切。头花果生长期长、成熟早、籽粒味甜；二花果果大、籽粒大、味甜；三花果发育时间较短，果小、籽粒小、味淡，品质一般。

3.2.5.3　果实发育

石榴果实由下位子房发育而成，成熟果实球形或扁圆形；皮为青、黄、红、黄白等色，有些品种果面有点状或块状果锈，而有些品种果面光洁；果底平坦或尖尾状、环状突起，萼片肥厚宿存；果皮厚 1~3 mm，富含单宁，不具食用价值，内包裹的籽粒分别聚居于多心室子房的胎座上，室与室之间以竖膜相隔；每果内有种子 100~900 粒。

石榴从受精坐果到果实成熟采收的生长发育需要 110~120 天，大致可以分为幼果速生期（前期）、果实缓长期（中期）和采前稳长期（后期）3 个阶段。幼果期出现在坐果后的 5~6 周内，此期果实膨大最快，体积增长迅速。果实缓长期出现在坐果后的 6~9 周，历时 20 天左右，此期果实膨大较慢，体积增长速度放缓。采前稳长期，亦是果实生长后期、着色期，出现在采收前 6~7 周内，此时期果实膨大再次转快，体积增长稳定，较果实生长前期慢、中期快，果皮和籽粒颜色由浅变深达到本品种固有的颜色。

3.3 石榴的物候期

石榴树 1 年中随气候更迭而变化的生命过程，称为石榴树年生长周期，或物候期。石榴物候期因栽培地区、栽培年份及品种习性的差异而有所不同，其中气温是影响物候期的主要因素。石榴地上部年生长在旬平均气温稳定通过 11℃ 时开始或停止，年生长期为 210 天左右，休眠期为 150 天左右。我国南方种植的石榴萌芽早、果实成熟早、落叶迟，而在北方则正好相反，因此各产地物候期也不同。石榴树物候期具有顺序性、重叠性和重演性 3 个明显特点，大体可分为萌芽期、新梢生长与显蕾期、开花期、果实发育与花芽分化期和休眠期 5 个时期。

3.3.1 萌芽期

萌芽是石榴树由休眠转入生长的一个标志。该期在形态上的标志是鳞片开裂到幼叶展开转色为止。萌芽期的开始与持续时间长短因湿度、坡向、光照及土壤条件不同而有所差异。一般温度达到 10℃ 以上时开始萌芽。云南蒙自和四川会理的石榴树 2 月中下旬萌芽；河南开封 3 月下旬至 4 月上旬萌芽；山东峄城 4 月上旬萌芽；河北巨鹿红石榴 4 月下旬才萌芽。就石榴树个体来讲，近地面的根蘖先萌芽，依次向树冠上推进；就坡向来讲，阳坡早于平地，平地早于阴坡；就土壤条件来讲，砂土早于黏土。

石榴树的发芽势与上年营养的积累水平和萌芽时光照、温度有关，凡营养充足、树体健壮、萌芽期天气晴朗少风，3 天内即可结束，否则萌芽物候期需 7 天左右才能完成。在一个枝上的各类芽，萌芽次序为顶芽、侧芽、潜伏芽、不定芽。生产上萌芽水和萌芽肥十分重要，可促使萌芽整齐，保证抽枝、显蕾、开花。

3.3.2 新梢生长与显蕾期

叶片在转色之后，接着就是新梢旺盛生长，直至开花基本结束，此时期需 30~45 天，其长短与结果枝长度有关，一般结束生长的顺序为叶丛枝、短果枝、中果枝、长果枝、徒长枝或强旺的发育枝，在花期可做显著的停顿后又继续生长。这段时期若天气晴朗、光照充足、温度适宜，将十分有利于枝条的生长。此时期管理上的主要任务包括：加强肥水，促生枝叶，促进花芽分化，对弱树应及时根外追肥，以追氮肥为主，显蕾后增施磷、钾肥，花前应增喷硼肥补充营养；

在初萌时及时除去，减少消耗，不旺长，新梢长度超过 20 cm 后不可尽数疏去，可采用扭梢、摘心、拿枝、变向等措施予以控制。

3.3.3 开花期

此时期从始花到坐果为止，约 45 天，生产上的主要任务是保花。我国南方石榴产区，4 月下旬现蕾期，5 月上旬到 7 月中旬花期基本结束，北方产区花期一般在 5 月下旬至 6 月中上旬，期间有 3 次开花高峰，即头茬花（头花）、二茬花（中花）、三茬花（末花）。花朵开放时间在上午 8 时前后，散粉时间在花瓣展开第 2 天，杂交或人工辅助授粉时要注意掌握采粉时间。

3.3.4 果实发育与花芽分化期

此时期是指从坐果到第二批花芽分化高峰之后的一段时间，果实发育和花芽分化是此时期的两大中心。果实发育分为幼果期、硬核期、转色成熟期 3 个主要时期。石榴自开花坐果后，幼果从 5 月下旬至 6 月下旬出现一次快速生长；6 月下旬至 7 月底为一段缓慢的生长期；8 月上旬为硬核期，8 月下旬至 9 月上旬为转色期，又有一次旺盛生长。此时期管理上的主要任务包括：花后追肥，促进果实细胞分裂，加速第一次生长高峰，为提高果实品质奠定基础；结合灌水施入肥料，促进籽粒的发育，施肥种类以磷、钾肥为主，若树势偏弱，应适当追施氮肥。花芽分化期始于 7 月上旬，至落叶时停止。

3.3.5 休眠期

落叶之后，石榴树进入休眠期，但休眠只是相对的，此时期石榴树体生命活动仍在进行，如落叶前积累的营养物质转化与贮藏、贮藏物质的水解等。在北方产区，冬季防寒是石榴树休眠期管理的主要任务。

3.4 石榴的环境适应性

3.4.1 温度

影响石榴树生长发育的温度，主要表现在空气温度和土壤温度两个方面，直接影响着石榴树的水平和垂直分布。石榴属喜温畏寒树种，旬平均气温 10℃时树液流动，11℃时萌芽、抽枝、展叶；昼气温 24~26℃时授粉受精良好；昼气温

18~26℃时适合果实生长和种子发育；昼气温18~21℃且昼夜温差较大时，有助于籽粒糖分积累；当旬平均气温11℃时落叶，地上部进入休眠期。气候正常年份地上部可忍耐-13℃的低温，而反常年份，-9℃即可导致地上部干枝部分出现冻害。

地温周年变化幅度较小，表现为冬季降温晚、春季升温早，所以在北方落叶果树区，石榴树根系活动周期比地上器官更久，春季早于地上部，而秋季则晚于地上部。生长在亚热带生态条件下的石榴树，不同于落叶果树的习性，落叶和萌芽在年生长期内无明显的界限，地上部和地下部基本无停止生长期。石榴从现蕾至果实成熟需≥10℃的有效积温在2000℃以上，年生长期内需≥10℃的有效积温在3000℃以上。

3.4.2　水分

水是植物体的组成部分，直接参与石榴树体内各种物质的合成和转化，也是维持细胞膨压、溶解土壤矿质营养、平衡树体温度不可替代的重要因子。石榴树根、茎、叶、花、果的发育均离不开水分，各器官含水量为：果实80%~90%，籽粒66.5%~83.0%，叶片65.9%~66.8%，嫩枝65.4%，硬枝53.0%。

水分对石榴树的影响较大，研究显示当土壤含水量为12%~20%时有利于花芽形成、开花坐果、控制幼树秋季旺长、促进枝条成熟；当土壤含水量为20.9%~28.0%时有利于营养生长；当土壤含水量为23%~28%时有利于石榴树安全越冬。石榴树属于抗旱能力较强的树种，但干旱仍会影响其生长发育。若水分不足，空气干燥，会抑制光合作用，叶片会因细胞失水而凋萎，影响树体营养生长，对花芽分化、现蕾开花及坐果和果实膨大均具有明显的不利影响。反之，水分过多，日照不足，光合作用效率也会显著降低，特别是当花期遇雨或连续阴雨天气，树体自身开花散粉受影响、昆虫活动受阻、花粉被雨水淋湿、风力无法传播，对坐果产生明显的影响。石榴树在受水涝之后，由于土壤氧气减少，根系的呼吸作用受到抑制，会导致叶片变色枯萎、根系腐烂、树枝干枯、树皮变黑，乃至全树干枯死亡。此外，水分还对土壤温度、大气温度、土壤酸碱度、有害盐类浓度、微生物活动状况产生影响，从而间接影响石榴树生长。石榴生长后期如遇阴雨天气会使果实膨大、着色变差，或在生长后期天气晴好、光照充足、土壤含水量相对较低时，突然的降水和灌水极易造成裂果。

3.4.3　光照

石榴树是喜光植物，适合日照充足、时间长的环境，在年生长发育过程中，特别是果实生长中后期和着色期，光照尤为重要。石榴树利用光进行光合作用来制造有机养分，主要场所在富含叶绿素的石榴叶片中，还包括枝、茎、裸露的根、花果等绿色部分，因此生产上保证石榴树的绿色面积十分重要。光照条件的好坏决定了光合作用积累的产物多少，直接影响石榴树各器官生长的情况和产量的高低。光照条件因地区、海拔高度和坡向的不同而异，也与树体结构、叶幕层厚薄、栽植距离、修剪水平有关。我国光照量一般由南向北随纬度的增加而逐渐递增，在山地从山下往山上随海拔高度的增加而加强，并且紫外线增强，有利于石榴的着色。阳坡果实着色好于阴坡，树冠南边向阳面及树冠外围果实着色更好。

石榴树栽培需要充分考虑其对光照的需求，选择适宜地区进行栽植，做好合理的密植、适当整形修剪、防治病虫害、培养健壮树体。我国石榴栽培区年日照时数的分布从东南向西北增加。大致上，秦岭淮河以北和青藏、云贵高原东坡以西的高原地区年日照时数均能达到 2200~2700 h；银川、西宁、拉萨一线西北地区，年日照时数普遍在 3000 h 以上，其中南疆东部、甘肃西北部和柴达木盆地在 3200 h 以上，局部地区甚至可以达到 3300~3500 h，是日照最多的产区；除了台湾中西部、海南岛年日照时数尚可达 2000~2600 h 外，淮河秦岭以南、昆明以东地区均少于 2200 h，是日照较少的产区，其中西起云南、青藏高原东坡，东至东经 115°左右，广州、南宁一线以北，西安、武汉一线以南地区，年日照时数少于 1800 h；四川盆地、贵州北部和东部是少日照区的中心，年日照时数不到 1400 h；渝东南、黔西北、鄂西南交界地区年日照时数少于 1000h。全国各地石榴产区的年日照时数基本可以满足石榴年生长发育对光照的需求。

3.4.4　土壤

土壤是石榴树生长的基础，其质地、厚度、温度、透气性、水分、酸碱度、有机质、微生物系统等均对石榴树地下和地上生长发育有着直接的影响。石榴树对自然的适应能力较强，能够在沙土、黏土、盐碱土等多种类型的土壤上生长，对土壤选择要求不严，以砂壤土最佳。砂壤土由于土壤疏松、透气性好、微生物活跃，故生长在其上的石榴树根系发达，植株健壮，根深、枝壮、叶茂、花期长、结果多。生长在黏重土壤、下层有砾石层分布而上层土层浅薄、河道沙滩土壤肥力贫瘠处的石榴树，由于土壤透气性不好，保水肥、供水肥能力较差，导致其生长缓慢、矮小，根幅、冠幅小，结果量少、果实小、产量低、抗逆能力差。石榴树对土壤酸碱度的要求不高，pH 值在 4.0~8.5 均可正常生长，但以 pH 值为 7.0±0.5 土壤最为适宜。此外，土壤含盐量与石榴树冻害的发生有一定关联，重盐碱区的石榴树应特别注意防冻。

3.4.5 地势、坡度和坡向

石榴树垂直分布范围较广，从海拔一二十米的平原地区到海拔两千米的山地均可。通常随着海拔高度的增高，温度规律下降，空气中 CO_2 浓度变稀薄，光照强度和紫外线强度增强，降雨量在一定范围内随高度上升而增加，从而影响石榴树的生长。一般情况下，石榴树在山地没有平原生长得好，但在一定范围内随着海拔高度的递增，果实着色、籽粒品质会优于低海拔地区。另外，坡度的增加会导致土壤含水量减少、冲刷程度严重、肥力降低、干旱，植物覆盖程度会逐渐变差，易形成"小老树"，石榴产量、品质不佳。另外，南坡日照时间长，所获得的散射辐射比水平面要多，小气候温暖，物候期开始较早，石榴果实品质较好，但南坡温度较高，融雪和解冻较早，蒸发量更大，易发生干旱。

在四川攀枝花、会理，云南蒙自、巧家等处山地，石榴分布在柑橘、梨、苹果等落叶果树之间。云南蒙自在海拔 1300～1400 m 处栽培石榴最多；四川攀枝花石榴最适宜栽培区在海拔 1500 m 处；四川会理、云南会泽在海拔 1800～2000 m 地带均有石榴分布；重庆市巫山和奉节地区石榴多分布在海拔 600～1000 m 处；陕西临潼石榴分布在海拔 150～800 m，以 400～600 m 的骊山北麓坡、台地和山前洪积扇区的沙石滩最多；山东峄城石榴多分布在海拔 200 m 左右的山坡上；安徽怀远石榴生长在海拔 50～150 m 处；河南开封石榴生长的平原区，海拔只有 70 m；华东平原的吴县海拔仅有 15 m 左右。

3.4.6 风

通风可促进空气的流动，从而维持石榴园内 CO_2 和 O_2 的正常浓度，有利于光合作用和呼吸作用的进行，与果实生长关系密切。一般情况下，微风和小风可改变林间温湿度，调节园内小气候，提高光合作用和蒸腾效率，解除辐射、霜冻的威胁，有利于生长、开花、授粉和果实发育，而风级过大易造成灾害，不利于石榴树的生长。

自然环境条件对石榴树生长发育的影响，是各种因子综合作用的结果，它们相互联系、相互影响，在不同条件下，起主导作用的因子也可能存在差异，这些需要联系实际进行具体分析。因此，在建园前必须充分调研当地自然环境条件，有针对性地制定相应技术措施，使外界自然条件的综合影响有利于石榴树的生长和结果。

◆ 参考文献 ◆

[1] 李好先, 陈利娜. 现代软籽石榴栽培技术 [M]. 北京: 中国林业出版社, 2022.

[2] 冯玉增, 吕慧娟, 王运钢, 等. 软籽石榴提质增效栽培技术图谱 [M]. 郑州: 河南科学技术出版社, 2021.

[3] 候乐峰. 有机石榴高效生产技术手册 [M]. 北京: 中国农业科学技术出版社, 2019.

[4] 苗卫东. 石榴丰产栽培新技术 [M]. 北京: 中国科学技术出版社, 2017.

[5] 苑兆和, 曲健禄. 中国石榴病虫害综合管理 [M]. 北京: 中国林业出版社, 2019.

[6] 冯玉增, 李玉英, 邓旭先. 石榴病虫草害诊治生态图谱 [M]. 北京: 中国林业出版社, 2020.

[7] 孟树标, 温素卿. 石榴丰产栽培技术研究进展 [J]. 东北农业科学, 2020, 45 (5): 82-87.

[8] 刘威, 刘博, 蔡卫佳, 等. 国内软籽石榴栽培品种及研究进展 [J]. 北方农业学报, 2020, 48 (4): 75-82.

[9] 尹德岚. 凉山州石榴栽培技术 [J]. 现代农业科技, 2020 (2): 72, 74.

[10] 周芬. 气象因子对石榴生长的影响 [J]. 实用技术与信息, 2023 (7): 14-17.

[11] 王兆东. 软籽石榴高产高效种植管理 [J]. 云南农业, 2023 (7): 54-56.

[12] 王庆军. 石榴冻害研究进展及防控技术 [J]. 农学学报, 2023, 13 (7): 70-74.

[13] 杨培玲, 苑红霞, 朱奇云. 石榴优质丰产栽培技术 [J]. 园艺与种苗, 2023, 43 (3): 23-24, 56.

[14] 张睿, 段志成, 李杰, 等. 蒙自石榴果园农药施用对传粉蜜蜂种群结构的影响 [J]. 安徽农学通报, 2023, 29 (5): 82-85, 121.

[15] 梁静, 舒秀阁, 唐贵敏, 等. 不同石榴品种在河南的生长势观测及果实品质分析 [J]. 生物灾害科学, 2022, 45 (4): 480-484.

[16] 张鑫楠, 沈秋吉, 倪忠泽, 等. 不同花期甜绿籽石榴适宜采收成熟度研究 [J]. 中国果树, 2022 (11): 30-33.

第4章

石榴贮藏基础理论

4.1 石榴采收前的农业生产管理

4.1.1 园地选择与规划

环境要求符合 NY/T 5010—2016 的规定。选择背风、向阳、坡度 25°以下的山地或丘陵地；土壤以土层深厚、疏松肥沃、pH 值 6.0~7.5、地下水位最高不超过 0.8 m 的砂壤土或壤土为好；年平均气温 15℃、绝对最低温度不低于−3℃、1 月平均气温不低于 8℃ 或 10℃ 且有效积温 3800℃ 以上的地区；年日照 1800 h 以上，年降雨量 1000 mm 以下。此外，园地应相对集中连片，交通便利。

平地或坡度在 6°以下的缓坡地，南北走向、长方形栽植；坡度在 6°~25° 的山地或丘陵地，应修筑水平梯地，与梯地走向相同、等高线栽植。

4.1.2 品种选择

品种选择要求多样化，选择适合本地条件、品质优良的抗病品种，注意授粉品种的安排和不同成熟期品种的搭配。

4.1.3 栽植

采用符合植物检疫要求的 1~2 年生健壮苗，可作为扦插苗或嫁接苗。1 年生苗，地径 0.8 cm 以上，侧根 4 条以上；2 年生苗，地径 1.0 cm 以上，侧根 6 条以上。一般从秋季苗木自然落叶后至翌年春季萌芽前进行。根据园地土壤条件，株行距应控制在 (3~4) m×(4~5) m 范围。肥沃、深厚的土壤适当稀植，坡地适当密植。

挖长、宽、深各为 80~100 cm 定植穴，或宽、深均为 100 cm 定植沟，表土与底土分放。栽植实行"三封两踩一提苗"法，即表土拌入肥料，取一半填入穴中，堆成丘状，将苗木的根系和枝叶适当修剪后放入穴中央，舒展根系扶正主干，边填土边轻轻向上提苗、分层踏实，使根系与土壤充分接触。栽植深度以土壤沉实后苗木根基与地表相平或略低于地表为宜。回填后在树苗周围起垄，垄宽 100 cm、垄高 30 cm。栽植后立即浇透定根水，待水渗下后及时覆土保湿。

4.1.4　土肥水管理

4.1.4.1　土壤管理

采果后结合秋施基肥，在定植穴或沟外挖环状沟或平行沟，沟宽、深为 30～40 cm。将挖出的表土与腐熟的有机肥混合后分层填入，底土放在上层，然后灌足水分。在清耕制果园，每年耕除草 3～4 次，中耕深度 10～15 cm，树盘内土壤应浅耕，以保持土壤疏松、无杂草，在春、夏、秋季均可进行。冬季用肥土加厚瘠薄果园的土层，培土时要露出根颈。土壤黏重的果园加沙土，而土质太沙的果园加黏壤土。

4.1.4.2　施肥管理

肥料的施用应符合 NY/T 394—2013 标准。以有机肥为主，化学肥料为辅，适当增施微量元素肥料，逐步增加钾、钙的施用量。基肥一般在果实采收后施用，以农家有机肥为主，混加少量化肥，占全年总施肥量 50%～60%。第 1 次花前追肥，在花前 5～10 天施用，以氮肥为主，占全年总施肥量 20%～25%；第 2 次膨果追肥，在 5 月中旬至 6 月中旬果实迅速膨大期施用，以磷钾肥为主，占全年总施肥量 20%～30%。其余时间根据具体情况进行施肥。

开条状沟施肥法和环状沟施肥法适用于施基肥，放射状沟施肥法和多点穴施肥法适用于生长期追肥。在花期、果实膨大期、采果前和采果后选择适宜的肥料种类，各喷 2～3 次叶面肥。一般生长前期 2 次，以氮肥为主；后期 2～3 次，以磷、钾肥为主。

4.1.4.3　水分管理

灌溉水质应符合 NY/T 391—2021 的规定。灌水时间一般在萌芽期、开花前、果实膨大期和采果后，可采取树盘灌溉、沟灌、喷灌、渗灌等方法，保持土壤湿度为田间最大持水量 60%～80%。果实接近成熟前，土壤水分适中，一般不需浇水，田间持水量稳定在 60% 左右，以提高果实品质。石榴园设置排水系统，多雨季节要及时排除园内积水，避免发生涝害。

4.1.5　整形修剪

整形修剪可造就合理的树形，有利于树体的通风和光能的利用，协调营养生长与生殖生长的矛盾。以"冬剪为主，夏剪为辅"为原则，通过抹芽、扭梢、摘心等方法实现早成形、早成花、早丰产、延长经济结果年限。

4.1.5.1 整形

（1）自然开心形。一般在主干 60~80 cm 处短截定干，成形后主干高 30~60 cm，选方位合理的 3~4 个分枝作为主枝培养，枝条停止生长后调整与主干的夹角在 60°~65°。各主枝上在距主干 50~60 cm 处选留第 1 侧枝，距第 1 侧枝 40~50 cm 处选留第 2 侧枝，全树选留 6~9 个侧枝，在主、侧枝上合理配备 20~30 个中型结果枝组。

（2）双主枝"V"字形。全树无主干，只有 2 个顺行间相对着生且与地面呈 45°夹角的主枝。每个主枝分别有 2~3 个大侧枝，第 1 侧枝距地面 60~70 cm，第 2、3 侧枝相距 50~60 cm，同侧侧枝相距 1.0~1.2 m。全树共配置 4~6 个侧枝，30~40 个结果枝组，树高控制在 2.5~3.0 m。

4.1.5.2 修剪

冬季修剪在石榴落叶后至萌芽前进行，以疏剪为主，短截回缩为辅。疏除交叉枝、重叠枝、密生枝、病虫枝、枯枝、徒长枝，在壮枝上短截 20~30 cm，培养延长枝和枝组。夏季修剪在萌芽后、落叶前的生长季节内进行，主要是抹芽、摘心、扭梢和拉枝等。及时疏除病虫枝、密生枝、下垂枝，对徒长枝应根据树冠空间大小酌情处理。

定植后第 1 年，夏季抹芽、摘心，冬季拉枝，可以不剪裁，第 2 年开始对幼树进行整形。生长期可采取抹芽、摘心来抑制夏梢和秋梢的生长，促进枝条的加粗生长和顶芽、侧芽的形成。结果初期，采用"去强留中，去直留斜"和"多疏枝，少短截，缩放结合"的方法培养结果枝组。石榴树 5 年后逐渐进入盛果期，修剪工作主要是除去多余的徒长枝、过密枝、交叉枝、病虫枝和瘦弱枝等，使树冠呈现"三稀三密"状态，即上稀下密、外稀内密、大枝稀小枝密。结果盛期，防止内膛密闭，注意结果枝组更新；冬季回缩衰弱枝、下垂枝，去除病虫枝、病僵果。剪除衰老主、侧枝后，次年在萌发的旺枝或主干上发出的徒长枝中选留新枝，采取"回缩更新、去弱留强"方法，恢复树势。对树势难以恢复的植株，可利用靠近主干萌蘖的直立旺枝，更新树冠。

4.1.6 花果管理

石榴花蕾期，对花量少的旺树在主干中下部或大枝组基部向上进行环割 1~2 圈，宽度以枝干直径 1/10 以内为宜；花期可进行人工授粉，或放蜂授粉；初花期喷施 0.3%~0.5% 硼砂和 0.3% 尿素，隔 7~10 天再喷施一次，或盛花期喷洒

10~200 mg/kg 赤霉素和 0.5% 尿素混合液，均可提高坐果率。

现蕾后，分清筒状花和钟状花，及时疏去钟状花，2 朵以上并生的筒状花去小留大，多留头茬花，及时疏除后期开的晚花。谢花后 3~4 周内疏除畸形果、病虫果，将双生果疏为单果，多留头茬果，选留二茬果，疏除三茬果，若一、二茬果很少时，可适当留一部分三茬果。一般树冠内膛和中下层要多留少疏，树冠外围和上层要多疏少留；大中型结果枝组多留，小型结果枝组少留。

疏果后选用专用果袋及时套袋。套袋前，防治一次病虫害，待药液干后立即套袋。在采果前 10~15 天去除果袋，并将盖在果面上的叶片摘除。

4.1.7　病虫害防治

石榴生长期主要病害包括枯萎病、麻皮病、根腐病、干腐病、褐斑病、太阳果病等；主要害虫包括桃蛀螟、蚜虫、木蠹蛾、巾夜蛾、黄刺蛾、蓟马、绒粉蚧、盾蚧、龟蜡蚧、草履蚧壳虫等。主要病虫害的综合防治见表 4-1。

表 4-1　石榴病虫害周年管理

防治时期	防治对象	防治方法
休眠期 （11 月至翌年 3 月）	桃蛀螟、龟蜡蚧、绒蚧、蚜虫、蓟马等 麻皮病、干腐病、褐斑病、冻害等	1. 结合冬季修剪，清扫落叶杂草，刷枝干翘皮，剪除病虫枝，摘虫茧、虫袋，摘拾树上地下僵虫果、病果，集中烧毁或深埋处理，减少果园越冬病虫害数量 2. 树干用石灰水进行刷白，12 中旬至 1 月下旬喷施 3~5°Bé 石硫合剂 1~2 次
萌芽期至花期 （4~5 月）	桃蛀螟、蓟马、蚜虫、咖啡木蠹蛾、黄刺蛾、绒蚧、粉蚧、盾蚧等 麻皮病、干腐病、褐斑病	1. 剪虫梢，保护和利用天敌，进行生物防治 2. 叶喷 2.5% 大康乳油 2000 倍液、20% 杀灭菊酯 2000 倍液、BT 乳剂 + 氯氰菊酯防治桃蛀螟；用抗蚜威 3000 倍液或 20% 好年冬乳油 1000~2000 倍液防治蚜虫；用 70% 吡虫啉 1500~2000 倍液或 3% 啶虫脒乳油 1000~1500 倍液防治蓟马；用 2.5% 溴氰菊酯乳油 3000 倍液、乐斯本 1500 倍液或速扑杀 1500 倍液防治蚧壳虫 3. 防病主要用 80% 代森锰锌 M-45 可湿性粉剂和 10% 苯醚甲环唑（世高）水分散性粒剂、50% 甲基硫菌灵可湿性粉剂、50% 新万生可湿性粉剂 1000~1500 倍液

续表

防治时期	防治对象	防治方法
落花至幼果期 （6~7月）	桃蛀螟、蓟马、蚜虫、咖啡木蠹蛾、黄刺蛾、绒蚧、粉蚧、盾蚧等 麻皮病、干腐病、褐斑病	1. 剪除病虫梢并烧毁，用频振式杀虫灯或黑光灯诱杀成虫 2. 石榴坐果后20天左右，喷杀虫剂和杀菌剂后用专用果袋套袋保护 3. 防虫用70%吡虫啉1500~2000倍液、1%阿维菌素3000~4000倍液、2.5%大康乳油2000倍液、2.5%功夫乳油2000~3000倍液、3%啶虫脒乳油1000~1500倍液等药剂，隔15~20天一次，喷2~3次 4. 防病用75%百菌清（达科宁）800倍液、80%代森锰锌（新万生）600倍液、65%代森锌（锌而浦）600倍液、10%苯醚甲环唑（世高）1500~2000倍液、5%亚胺唑（霉能灵）600倍液、20%丙环唑2000倍液等药剂进行防治，隔7~10天一次，喷2~3次
果实膨大期 （7~8月）	桃蛀螟、蓟马、蚜虫、咖啡木蠹蛾、黄刺蛾、绒蚧、粉蚧、盾蚧等 麻皮病、干腐病、褐斑病、太阳果病	1. 摘除虫果，碾轧或深埋，消灭果内害虫 2. 保护和利用天敌，用频振式杀虫灯或黑光灯诱杀成虫 3. 每月上旬选用高效低毒的农药进行防治
果实成熟至落叶期 （9~11月）	桃蛀螟、蓟马、蚜虫、咖啡木蠹蛾、黄刺蛾、绒蚧、粉蚧、盾蚧等 麻皮病、干腐病、褐斑病、太阳果病	1. 剪除病虫梢、清除落叶、摘除虫果，集中烧毁或深埋处理；采取刮、刷等人工措施，或绑草诱卵等方法防治蚧壳虫 2. 采收前20天停止用药 3. 贮藏果用40%代森锰锌500倍液或800倍液或40%多菌灵胶悬剂500倍液加入50%敌百虫1000倍液浸果杀菌、杀虫处理，晾干水分后装箱（袋）入库贮藏。即时上市果品不用杀虫剂处理

病虫防治贯彻"预防为主，综合防治"的植保方针，以农业防治和物理防治为基础，提倡生物防治，合理地减少化学防治的使用，有效地控制病虫危害，可采用农业防治、物理防治、生物防治、化学防治等多种方法。农业防治应因地制宜，选择抗性品种；通过加强肥水管理、控制负载量、合理整形修剪等措施增强树势；清除果园内杂草、落果、枯枝、枯叶，刮除干枯的翘皮，剪除病虫枝果，深翻树盘，减少病虫发生基数；冬季清扫落叶、落果，集中烧毁或深埋，深翻树盘，消灭越冬的害虫和病原菌；不与桃、苹果等其他果树混栽。物理防治要依据害虫的生物学习性，利用黑光灯、频振式杀虫灯、糖醋液、调色板、防虫网、树干缠草等方法诱杀害虫。农药使用应符合GB/T 8321—2018规定。加强病

虫监测，掌握病虫害发生规律；提倡使用生物源农药；轮换使用不同作用机理的农药，每种农药在同一生长周期只能用一次；严格执行农药安全间隔期。此外，还可以保护和利用天敌，以虫治虫；利用生物源农药防治病虫害；利用昆虫性外激素诱杀或干扰成虫交配。

4.2　石榴采后生理特性及品质变化

石榴采收后脱离母体，成为了一个独立的生命个体，仍然进行着一系列的生理活动，生物化学变化从以合成代谢为主转变为分解代谢，但来自母体的营养物质和水分被切断，光合作用停止，从而导致其品质劣变。研究石榴采后的生理特性，是保证其生命活动的正常进行、做好石榴贮藏保鲜工作的前提，只有活着的有机体才具有耐贮性和抗病性。石榴采后品质的劣变是伴随着贮藏时间的延长而必然发生的过程，其症状表现因品种不同而有所差别。一般而言，石榴果皮易发生褐变干缩、失水萎蔫、软化腐烂，而籽粒易出现变色、变味等现象。本项目组对凉山本地的两个主栽石榴品种的生理生化特性、贮藏期品质劣变及影响因素进行了系统的研究，以期为本地石榴贮藏保鲜技术的完善提供理论支撑。

4.2.1　石榴采后呼吸强度和乙烯释放率的变化

本项目组在不同温度下，测定了"会理青皮软籽"和"突尼斯 1 号"石榴贮藏期间果实呼吸强度和乙烯释放率，结果见图 4-1。由图 4-1 可知，两个石榴品种果实的呼吸强度在贮藏期间一直呈下降的趋势，前期降低较快，此后变化缓慢，可见石榴属于非呼吸跃变型果实；乙烯释放率在贮藏期始终维持在相对较低的水平，贮藏后期可能由于果实的腐烂而使呼吸强度和乙烯释放率有所增加。低温可以一定程度上抑制果实的呼吸作用和乙烯释放，在 6℃ 和 0℃ 下，"会理青皮软籽"石榴果实呼吸强度和乙烯释放率在贮藏中期和后期一直处于相对较低的水平，在贮藏 120 天时均显著低于 12℃ 组（$P<0.05$）。

4.2.2　石榴采后果皮的劣变

石榴采后果皮易发生褐变干缩、失水萎蔫、软化腐烂等问题，目前对石榴果皮劣变的研究相对较少，且主要集中在石榴果皮褐变上。一般认为果皮的褐变是由冷害、热胁迫、机械损伤、辐射伤害及其他生理损伤等外部因素所诱发，不适宜的贮藏条件也会加剧细胞膜脂过氧化反应，导致细胞中丙二醛积累过多，增大

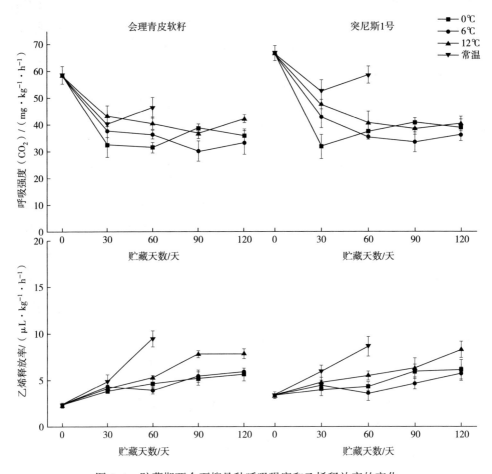

图 4-1 贮藏期两个石榴品种呼吸强度和乙烯释放率的变化

了细胞膜的通透性，破坏了褐变底物与多酚氧化酶（PPO）的区域化，从而促使底物和酶相结合并发生褐变反应。1981 年，Segal 首次提出了石榴采后果皮褐变问题，发现将"Wonderful"石榴在低于 14℃ 下贮藏时，果皮上会出现明显的褐变现象。石榴果皮发生较严重褐变时，内部籽粒仍可能晶莹通透，但外部感官品质严重受损会大大降低其商品价值，故而研究者对贮藏期石榴果皮褐变现象关注较多，对其发生机理及控制方法展开了较为深入的研究。国内外大多数研究者认为，PPO 是影响石榴果皮发生褐变的主要因素。Zhang 等发现，贮藏期石榴果皮 PPO 活性与其褐变程度具有高度正相关关系。雷鸣等研究表明，石榴果皮褐变与多酚氧化酶活性、总酚及单宁含量之间存在显著的相关性，主要底物和作用酶分别为单宁类物质和 PPO。除酶促褐变外，石榴遭受低温伤害、蒸腾失水、热胁迫、机械损伤、辐射伤害等也可能引起果皮褐变。前期的研究均从某一方面揭示了果皮褐变的发生机理，但石榴果皮褐变是一个复杂的变化过程，包括酚类物质、花青素、丙二醛（MAD）等内部成分的改变，这些因素在石榴果皮褐变过程中的相互关系和作用目前未见系统报道。项目组的研究发现，0℃和3℃下贮藏石榴发生冷害，其果皮主要的表现症状即为出现凹陷斑，转至室温下更为严重，凹陷斑连成较大的褐色斑，褐变会进一步加剧；在非冷害温度条件下，石榴果皮也发生褐变，且温度越高褐变程度越严重。由此可见，适当的低温在一定程度上可抑制果皮褐变的发生。

4.2.2.1　石榴贮藏期果皮色泽和褐变指数的变化

不同温度下，两个石榴品种贮藏期果皮色泽和褐变指数的测定结果如表 4-2 所示。由表 4-2 可知，"会理青皮软籽"石榴果皮 L^* 值和 $h°$ 总体呈下降趋势，a^* 值和 b^* 值先升高后降低，果皮褐变指数呈递增变化，而低温能延缓其果皮色泽劣变与褐变。"会理青皮软籽"石榴在室温下贮藏 60 d 时，其果皮褐变指数已达 0.56，显著高于各低温组（$P<0.05$）；贮藏 120 天时，6℃下果皮褐变指数最低，且 L^* 值相对较高。此外，"会理青皮软籽"石榴在贮藏过程中，$h°$ 在贮藏后期略有回升，贮藏 120 天时 6℃下石榴果皮 $h°$ 显著低于 12℃组，说明 6℃低温可使其色度更偏向于红橙色。与"会理青皮软籽"相比，"突尼斯 1 号"石榴果皮 $h°$ 更小，说明其更偏向于红色，在贮藏期一直呈递增的趋势，而 L^* 值和 a^* 值呈递减的趋势，6℃低温更有利于其色泽的保持和褐变的控制。

表 4-2　贮藏期两个石榴品种果皮色泽和褐变指数的变化

品种	贮藏时间/天	贮藏温度/℃	L^*	a^*	b^*	$h°$	褐变指数
	0		64.54±5.96	5.51±0.58	38.42±2.19	84.37±4.47	0.00±0.00
	30	0	60.28±3.01a	6.81±0.79b	39.15±4.02a	81.38±9.63a	0.05±4.03a
		6	63.52±4.55a	5.89±0.44b	39.78±1.93a	82.12±7.08a	0.16±4.01a
		12	64.84±7.06a	6.12±0.83b	39.13±3.02a	80.55±2.85a	0.12±1.08a
会理青皮软籽		室温	53.61±5.52b	13.83±1.03a	37.13±2.39a	81.94±2.36a	0.33±4.03a
	60	0	57.56±1.97b	8.59±1.36a	40.15±4.71a	81.98±6.60ab	0.19±0.02b
		6	67.31±2.27a	9.16±1.20a	41.89±2.87a	83.24±4.29a	0.32±0.00c
		12	58.41±4.91b	8.89±1.20a	41.36±1.19a	79.31±9.10 b	0.21±0.01c
		室温	41.53±4.58c	7.75±0.94a	30.78±3.72b	85.51±6.57a	0.56±0.08a

品种	贮藏时间/天	贮藏温度/℃	L^*	a^*	b^*	$h°$	褐变指数
会理青皮软籽	90	0	59.61±6.22b	9.85±1.07a	40.69±2.88a	83.02±1.84a	0.36±0.02 a
		6	68.31±6.01a	12.56±2.04a	42.00±2.07a	86.91±7.26a	0.38±0.03 a
		12	56.16±5.29b	11.15±1.83a	43.15±4.61a	85.22±3.38a	0.49±0.05 a
	120	0	53.60±4.03a	7.76±0.52a	39.60±5.15a	89.17±3.09ab	0.49±0.04 a
		6	55.19±4.01a	10.43±1.18a	40.56±0.29a	87.87±5.52b	0.42±0.02 a
		12	50.12±1.08a	8.75±0.59a	37.54±4.02a	92.66±10.30a	0.53±0.04 a
突尼斯1号	0		70.33±2.85	30.27±1.68	27.55±1.36	52.92±4.21	0.00±0.00
	30	0	72.59±9.05a	30.16±5.57a	27.30±2.28a	51.51±3.38a	0.12±0.01b
		6	64.26±4.48b	29.27±3.30a	27.61±1.04a	54.28±8.15a	0.18±0.02b
		12	65.11±4.72b	30.31±3.86a	28.05±4.20a	53.11±2.49a	0.20±0.01b
		室温	60.52±5.39c	28.02±2.25a	27.77±0.94a	53.47±5.50b	0.29±0.06a
	60	0	67.45±2.38a	28.18±4.79a	26.85±2.37a	53.35±1.95b	0.31±0.02b
		6	64.38±8.66ab	29.14±1.12a	28.21±2.58a	53.30±7.26b	0.22±0.03b
		12	60.01±1.07b	26.78±4.07a	27.62±1.26a	58.54±1.29a	0.28±0.03b
		室温	47.27±3.80c	26.47±1.46a	28.04±1.08a	55.41±6.44a	0.45±0.10a
	90	0	66.31±7.79a	29.03±3.40a	27.13±3.82a	52.04±3.82a	0.39±0.04a
		6	61.71±5.52b	28.75±2.52a	26.20±1.45a	53.11±7.06a	0.33±0.03a
		12	62.35±4.47b	27.36±2.84a	26.13±3.30a	55.49±2.91a	0.41±0.02a
	120	0	56.32±6.61ab	27.30±1.85a	26.98±2.38a	56.37±2.28ab	0.47±0.05b
		6	59.82±4.85a	26.81±4.51a	25.75±0.88a	54.13±5.77b	0.42±0.03b
		12	52.67±6.37b	25.80±0.79a	24.33±3.61a	58.91±7.03a	0.50±0.04a

注　用 Duncan 法进行多重比较，同列中标有不同小写字母者表示组间差异显著（$P<0.05$），标有相同小写字母者表示组间差异不显著（$P>0.05$）。

4.2.2.2　石榴贮藏期果皮硬度和水分含量的变化

由图 4-2 可知，两个石榴品种果皮硬度和水分含量均呈递减的趋势，低温能一定程度上延缓其变化的速度。"会理青皮软籽"石榴在贮藏 60 天时，室温下果皮硬度已降到 70.89 N，递减了初始值的 52.06%，水分含量也减少到 50.89%，均与各低温组差异显著（$P<0.05$）；当贮藏 120 天时，6℃和 0℃下果皮的硬度和水分含量均高于 12℃组。此外，6℃下贮藏 120 天时，"会理青皮软籽"和"突

尼斯 1 号"石榴果皮硬度递减幅度分别为 41.01% 和 46.39%，水分含量递减幅度分别为 8.25% 和 12.11%，可见在相同贮藏条件下"突尼斯 1 号"石榴果皮硬度和水分含量递减得更多，更容易失水皱缩。

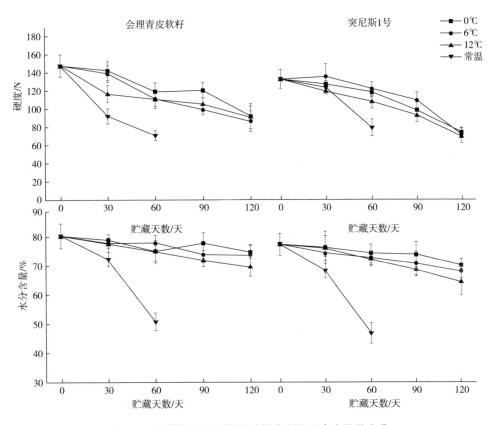

图 4-2　贮藏期两个石榴品种果皮硬度和水含量的变化

4.2.2.3　石榴贮藏期果皮 MAD 含量和细胞膜透性的变化

不同温度下，两个石榴品种贮藏期果皮 MAD 含量和细胞膜透性的测定结果如图 4-3 所示。由图 4-3 可知，石榴果皮 MAD 含量和细胞膜透性在贮藏期一直呈递增趋势，低温能一定程度上延缓其变化的速度。室温下贮藏的"会理青皮软籽"石榴，其果皮 MAD 含量和细胞膜透性递增幅度相对较大，60 天时 MAD 含量和细胞膜透性分别为 18.73 μg/g 和 52.15%，显著高于其他组（$P<0.05$）；6℃下果皮 MAD 含量和细胞膜透性递增较慢，贮藏 120 天时显著低于其他组（$P<0.05$）。0℃下"会理青皮软籽"石榴果皮 MAD 含量和细胞膜透性在贮藏 60 天时开始明显递增，可能是由于 0℃低温造成了组织细胞的损伤，贮藏 90 天和

120 天时其果皮 MAD 含量和细胞膜透性均显著高于6℃组（$P<0.05$）。"突尼斯1号"石榴果皮 MAD 含量和细胞膜透性的变化情况基本与"会理青皮软籽"石榴相一致。

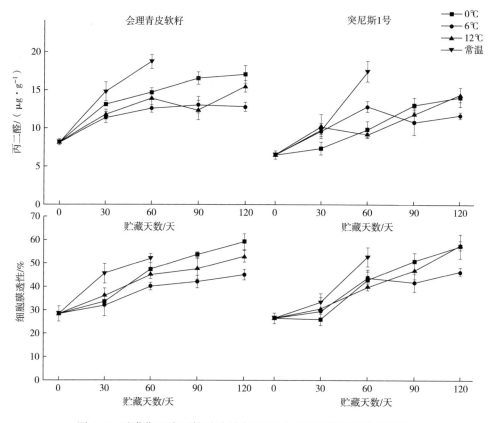

图 4-3　贮藏期两个石榴品种果皮 MAD 含量和细胞膜透性的变化

4.2.2.4　石榴贮藏期果皮 pH 值和酚类物质含量的变化

石榴果皮中酚类物质含量丰富，而安石榴苷是其酚类物质的主要成分。由表 4-3 可知，两个石榴品种果皮 pH 值在贮藏过程中略有下降，但变化不明显，总酚、安石榴苷和花青素含量均呈递减趋势，低温可有效延缓其下降速率。室温下贮藏 60 天时，"会理青皮软籽"石榴果皮总酚、安石榴苷和花青素含量大幅度下降，分别降低了 38.23%、42.23% 和 70.96%，均显著低于各低温组（$P<0.05$）；此外，贮藏 120 天时，12℃下果皮总酚和安石榴苷含量显著低于 6℃ 和 0℃组（$P<0.05$）。"突尼斯 1 号"石榴果皮总酚、安石榴苷和花青素含量均高于"会理青皮软籽"石榴，且各指标在不同贮藏温度下的变化情况与其基本一致。

表 4-3　贮藏期两个石榴品种果皮 pH 值和酚类物质含量的变化

品种	贮藏时间/天	贮藏温度/℃	pH	总酚/（mg·g^{-1}）	安石榴苷/（mg·g^{-1}）	花青素/（mg·g^{-1}）
会理青皮软籽	0		4.11±0.02	221.64±18.32a	110.53±8.66	4.58±0.30
	30	0	3.97±0.15a	201.36±23.66a	95.05±6.36 a	3.76±0.44a
		6	3.92±0.08a	206.31±22.39a	101.82±11.52a	4.78±0.38a
		12	3.90±0.17a	208.38±5.91a	99.06±4.47a	4.03±0.58a
		室温	4.01±0.18a	161.82±25.38b	85.30±5.81b	3.65±0.33a
	60	0	4.09±0.08a	182.32±15.36a	98.44±9.32a	4.02±0.58a
		6	3.95±0.12a	197.33±13.27a	96.02±10.55a	3.96±0.17a
		12	3.82±0.22a	192.68±15.36a	92.80±3.92a	2.31±0.26b
		室温	3.88±0.13a	136.90±16.31b	63.86±2.49b	1.33±0.48c
	90	0	3.85±0.05a	186.42±14.41b	83.77±10.40b	3.84±0.18a
		6	4.02±0.15a	195.56±5.58a	97.04±6.06a	3.72±0.20a
		12	3.81±0.07a	185.74±20.40b	89.66±11.22ab	2.06±0.22b
	120	0	3.83±0.19a	183.52±18.85a	87.50±7.37a	1.83±0.11a
		6	3.91±0.08a	188.62±9.75a	84.60±5.58a	2.13±0.10a
		12	3.90±0.18a	163.15±10.05b	75.83±4.77b	1.76±0.08a
突尼斯1号	0		3.56±0.15	265.46±20.57	125.70±5.04	5.28±0.41
	30	0	3.51±0.23a	268.81±16.63a	127.29±10.55a	5.50±0.27a
		6	3.72±0.18a	257.32±9.35ab	119.82±8.27a	5.12±0.18a
		12	3.60±0.09a	240.34±12.80c	115.73±5.33a	4.61±0.30a
		室温	3.55±0.10a	238.50±22.74c	111.85±13.25a	4.17±0.29a
	60	0	3.58±0.16a	225.80±17.48b	103.80±9.48a	4.36±0.22a
		6	3.43±0.11a	242.55±7.71a	108.78±7.50a	5.03±0.46a
		12	3.70±0.13a	229.63±23.59b	105.63±3.71a	4.81±0.37a
		室温	3.36±0.09a	183.60±12.50c	83.71±8.66b	2.46±0.31b
	90	0	3.58±0.07a	212.56±14.40ab	98.50±10.59ab	4.07±0.26a
		6	3.50±0.15a	220.38±9.46a	105.22±4.94a	4.48±0.14a
		12	3.52±0.18a	200.84±12.55b	91.92±11.37b	3.95±0.50a
	120	0	3.50±0.05a	216.72±20.07a	95.95±6.75a	3.75±0.22a
		6	3.41±0.09a	209.30±18.85a	100.28±8.08a	3.80±0.18a
		12	3.39±0.15a	194.85±10.30b	85.07±11.29b	1.96±0.45b

　　注　用 Duncan 法进行多重比较，同列中标有不同小写字母者表示组间差异显著（$P<0.05$），标有相同小写字母者表示组间差异不显著（$P>0.05$）。

4.2.2.5 石榴贮藏期果皮主要酶活性的变化

多酚氧化酶（PPO）和过氧化物酶（POD）均是降解酚类物质的主要酶，与植物器官或组织褐变密切相关。如图4-4所示，两个石榴品种果皮PPO活性在贮藏期总体上呈先增加后略有下降的趋势，可能由于贮藏后期果实细胞内自由基、MAD等有毒物质的积累，进一步与其结合破坏了PPO的结构与功能，而POD活性则一直表现出缓慢递增的趋势。0℃下贮藏的"会理青皮软籽"石榴，贮藏前期果皮PPO活性相对较低，在贮藏60天时最先达到峰值，为18.24 U/g鲜重，可能是由于0℃诱发组织细胞损伤而引起生理异常所致，而6℃组一直递增缓慢。"会理青皮软籽"石榴果皮POD活性贮藏期递增缓慢，不同温度间差异不明显，贮藏后期0℃组石榴果皮POD活性略高于6℃组，在贮藏120天时分别为8.02 U/g鲜重和7.53 U/g鲜重。

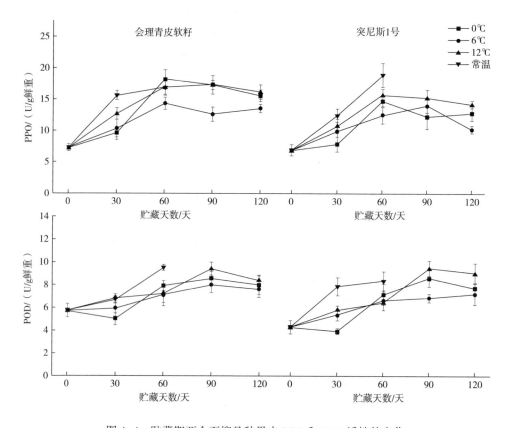

图4-4 贮藏期两个石榴品种果皮PPO和POD活性的变化

过氧化氢酶（CAT）和超氧化物歧化酶（SOD）均是植物组织中重要的活性

氧清除酶，可通过防御活性氧或其他自由基对细胞系统的伤害而防止衰老。由图 4-5 可以看出，贮藏期石榴果皮 CAT 活性总体表现为降低的趋势，贮藏温度越高下降得越快，低温能一定程度上延缓其活性下降。室温下贮藏的"会理青皮软籽"石榴，60 天时其果皮 CAT 活性降为 3.07 $H_2O_2 mg/(g$ 鲜重·min），低于各低温组；贮藏 120 天时，12℃下果皮 CAT 活性降低了 55.46%，而 6℃ 和 0℃ 组仅分别降低了 40.43% 和 45.41%。石榴果皮 SOD 活性贮藏前期表现为缓慢上升的趋势，其中 0℃ 下贮藏的"会理青皮软籽"石榴，果皮 SOD 活性在贮藏 60 天时达到最大值，此后随着贮藏时间的延长而又恢复到较低的水平，其活性在贮藏前期的快速递增表明了 SOD 在逆境胁迫下的保护功能，而后期其活性又受到了抑制；6℃ 和 12℃ 组果皮 SOD 活性变化趋势与 0℃ 组基本一致，且在贮藏后期显著高于 0℃ 组（$P<0.05$）。

"突尼斯 1 号"石榴果皮贮藏期 4 种酶活性的变化规律与"会理青皮软籽"石榴基本一致。

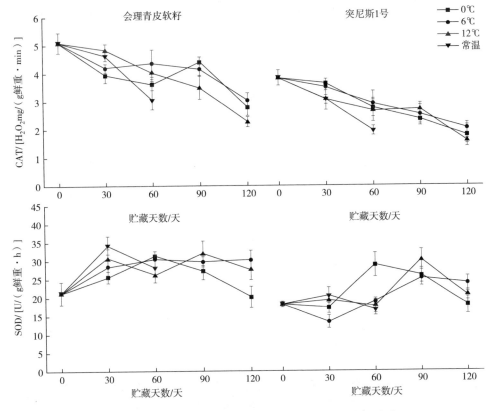

图 4-5　贮藏期两个石榴品种果皮 CAT 和 SOD 活性的变化

4.2.2.6　石榴果皮褐变相关指标的相关性分析

（1）偏最小二乘回归分析。为了分析各指标对果皮褐变的影响，以果皮褐变指数为因变量（Y），其他相关指标为自变量（X），建立偏最小二乘回归分析模型，两个石榴品种的分析结果分别见图4-6和图4-7。

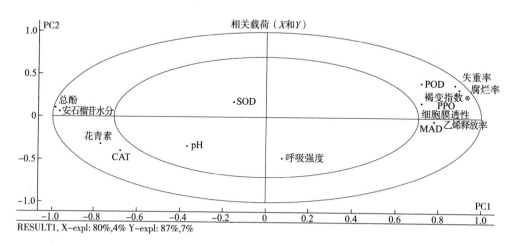

图4-6　以"会理青皮软籽"石榴果皮褐变指数为因变量的偏最小二乘回归模型相关载荷图
（内圈解释变量的50%；外圈解释变量的100%）

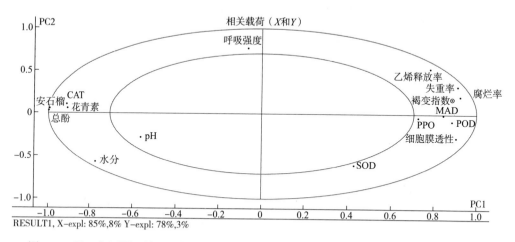

图4-7　以"突尼斯1号"石榴果皮褐变指数为因变量的偏最小二乘回归模型相关载荷图
（内圈解释变量的50%；外圈解释变量的100%）

由图4-6可知，因子1和因子2解释了 X 变量的84%以及 Y 变量的94%。"会理青皮软籽"石榴果皮褐变指数与腐烂率、失重率、水分含量、总酚含量、安石榴苷含量、细胞膜透性、PPO 和 POD 活性位于因子2的相同方向，表现为正相关性，而与乙烯释放率、CAT 活性、花青素和 MAD 含量位于因子 2 的相反方向，存在负相关关系。此外，"会理青皮软籽"石榴果皮褐变指数位于因子 1 正坐标处，与腐烂率、失重率、细胞膜透性、POD 和 PPO 活性正相关性较强，而与花青素含量和 CAT 活性的负相关性较强。

由图 4-7 可知，因子 1 和因子 2 解释了 X 变量的 93% 以及 Y 变量的 81%。"突尼斯 1 号"石榴果皮褐变指数与腐烂率、失重率、乙烯释放率、MAD 含量、细胞膜透性、SOD、PPO 和 POD 活性位于因子 1 的相同方向，表现为正相关性，而与水分含量、总酚含量、安石榴苷含量、花青素含量和 CAT 活性位于因子 1 的相反方向，存在负相关关系。此外，"突尼斯 1 号"石榴果皮褐变指数位于因子 2 正坐标处，与失重率、腐烂率、MAD 含量和乙烯释放率正相关性较强，而与水分含量负相关性较强。

（2）通径分析。以"会理青皮软籽"和"突尼斯 1 号"石榴果皮褐变指数为因变量、其他指标为自变量，经逐步引入剔除法，并进行显著性检验，剔除未达到显著水平的性状（$P>0.05$），分析保留的指标对果皮褐变指数的直接作用和间接作用，建立多元回归方程，分析结果见表 4-4 和表 4-5。

表 4-4　以"会理青皮软籽"石榴果皮褐变指数为因变量的通径分析结果

因子	直接作用	间接作用					
		腐烂率	细胞膜透性	安石榴苷	CAT	SOD	总和
腐烂率	0.8671	—	0.1089	0.2267	−0.2188	−0.0844	0.0324
细胞膜透性	0.1615	0.5847	—	0.1775	−0.1567	−0.0909	0.5146
安石榴苷	−0.2658	−0.7393	−0.1078	—	0.1563	0.0587	−0.6321
CAT	0.2591	−0.7323	−0.0977	−0.1603	—	0.1233	−0.8670
SOD	0.2858	−0.2560	−0.0513	−0.0546	0.1118		−0.2501

表 4-5　以"突尼斯 1 号"石榴果皮褐变指数为因变量的通径分析结果

因子	直接作用	间接作用				
		失重率	总酚	花青素	POD	总和
失重率	0.4510	—	−0.2888	0.5209	0.1470	0.3791
总酚	0.3778	−0.3448	—	−0.6834	−0.2175	−1.2457
花青素	−0.7479	−0.3141	0.3452	—	−0.2229	−0.1918
POD	0.2489	0.2663	−0.3301	0.6697	—	0.6059

以"会理青皮软籽"石榴褐变相关指标对果皮褐变指数做逐步线性回归，得到回归方程 $Y = -0.3529 + 0.0166X_4 + 0.0036X_8 - 0.0046X_{10} + 0.0682X_{14} + 0.0146X_{15}$。式中 X_4、X_8、X_{10}、X_{14} 和 X_{15} 分别为腐烂率、细胞膜透性、安石榴苷含量、CAT 和 SOD 活性，并进行显著性检验，$F = 90.3616$，$P = 0.0001$，说明该方程具有极显著意义。由表 4-4 可以看出，直接作用中较为突出的为腐烂率，直接系数为 0.8671，说明果实腐烂对"会理青皮软籽"石榴果皮褐变指数具有较大的正直接作用，CAT 活性的间接作用较强，主要通过果皮细胞膜透性增加、安石榴苷含量降低对果皮褐变指数产生较高的负间接作用。

以"突尼斯 1 号"石榴果皮褐变指数为因变量、其他指标为自变量，做逐步回归分析，得到逐步回归方程为 $Y = 0.1269 + 0.0293X_3 + 0.0026X_9 - 0.1659X_{11} + 0.0255X_{13}$，其中 X_3、X_9、X_{11} 和 X_{13} 分别为失重率、总酚、花青素含量和 POD 活性，进行显著性检验，$F = 63.4285$，$P = 0.0001$，说明该方程有极显著意义，进一步做通径分析。由表 4-5 可知，直接作用中较为突出的为花青素含量，其次为失重率，说明果皮花青素含量变化和果实蒸腾作用对"突尼斯 1 号"果皮褐变指数具有较强的正直接作用，而果皮总酚含量通过失重率、花青素含量和 POD 对果皮褐变指数产生较高的负间接作用。

4.2.3 石榴采后籽粒的劣变

石榴果实由于外皮较厚且硬度较大，对其籽粒起到一定的保护作用，因此籽粒品质劣变的速度要慢于果皮。然而，石榴籽粒仍会随着贮藏时间的延长而出现色泽暗淡、风味寡淡、异味、营养物质损失等问题。石榴籽粒的色泽主要受到花青素种类、含量、相对比例等影响。赵迎丽等对"净皮甜"石榴研究发现，贮藏期间籽粒中花青素含量呈递增的趋势，后期其色泽由初始的艳红色变为深红色，且光泽度损失严重。张丽婷等对"冬艳"和"豫大籽"两个石榴品种籽粒色泽劣变进行了研究，发现贮藏期间籽粒中乙醇大量积累，单宁含量递减，SOD 活性先上升后减弱，细胞膜透性急剧增加，造成细胞膜系统结构和功能被破坏，促进了酶促褐变，最终导致籽粒色泽的劣变。Ghasemnezhad 研究发现，石榴籽粒褐变受到 PPO 的影响，且 PPO 活性越高，籽粒褐变情况越严重。此外，石榴的呼吸代谢作用可能会导致籽粒总酸含量的降低，进而使其色泽变暗。除了色泽劣变外，石榴籽粒贮藏期风味物质和营养物质含量也会发生较大的变化。石榴成熟后，其可食用部分占整果重的 45%~65%，可溶性固形物（TSS）含量为 11%~17%，可滴定酸（TA）为 0.317%~2.725%。赵迎丽等对"新疆大籽""泰山红""蒙阳红" 3 个石榴品种进行研究，发现不同品种籽粒中 TA 和 TSS 含量在贮藏期均呈递减的趋势，"蒙阳红"石榴由于后期可溶性固形物含量变化最大而使其总体风味变化最明显。此外，贮藏过程中石榴籽粒中维生素 C、可溶性蛋白、氨基酸等物质含量也会发生较大的变化。

4.2.3.1　石榴贮藏期籽粒色泽的变化

不同温度下，"会理青皮软籽"和"突尼斯 1 号"石榴贮藏期籽粒色泽变化的测定结果如表 4-6 所示。由表 4-6 可知，贮藏过程中，石榴籽粒色泽的各指标总体上均表现为递减趋势，低温能一定程度上延缓石榴籽粒色泽的劣变。6℃ 和 0℃ 下贮藏的"会理青皮软籽"石榴，贮藏 60 天时其籽粒 L^* 值和 a^* 值均显著高于室温组（$P < 0.05$）；贮藏 120 天时，6℃ 组石榴籽粒 L^* 值和 h° 均好于 0℃ 和 12℃ 组，表明其更有光泽，色度比其他组更偏向红色。与"会理青皮软籽"石榴相比，"突尼斯 1 号"石榴籽粒 h° 更小，说明其色度更偏向紫红色，且 6℃ 也对其籽粒色泽保持相对较好。

表 4-6　贮藏期两个石榴品种籽粒色泽变化

品种	贮藏时间/天	贮藏温度/℃	L^*	a^*	b^*	h°
会理青皮软籽	0		31.07±4.12	23.08±1.35	13.70±0.93	32.54±2.69
	30	0	32.51±2.27a	22.23±3.02a	12.56±1.78a	32.22±4.18a
		6	28.12±0.56a	20.06±1.38a	11.63±0.95a	31.38±1.84a
		12	30.44±3.28a	19.02±0.94a	9.97±0.72a	30.20±2.36a
		室温	25.98±1.36b	17.24±1.57a	9.64±0.83a	32.21±2.05a
	60	0	28.44±3.30a	20.21±2.90a	8.01±1.22a	28.18±3.42a
		6	30.50±1.17a	21.05±0.80a	10.20±1.60a	29.80±4.16a
		12	26.27±3.55ab	17.06±1.42b	9.05±0.52a	30.23±1.33a
		室温	23.05±0.88b	16.83±1.02b	9.31±0.77a	33.40±0.58a
	90	0	22.02±1.06a	17.07±3.37a	9.78±1.30a	32.49±4.30
		6	24.78±3.39a	18.93±1.15a	9.27±0.61a	31.22±1.94b
		12	23.60±2.66a	18.30±0.75a	8.84±1.83a	29.16±1.30b
	120	0	22.37±1.70a	15.38±1.66a	11.92±0.59a	34.19±5.37a
		6	24.88±0.94a	17.42±2.53a	9.53±1.30a	29.42±1.22b
		12	20.92±2.03a	17.62±0.82a	10.82±0.37a	35.11±3.51a

品种	贮藏时间/天	贮藏温度/℃	L^*	a^*	b^*	$h°$
	0		29.05±3.79	28.73±1.55	8.56±0.91	23.04±1.74
	30	0	28.54±1.80a	29.85±3.12a	7.76±0.33a	21.53±0.85a
		6	31.12±1.05a	30.61±1.70a	6.55±0.27a	19.15±2.88a
		12	29.48±2.16a	26.38±2.52a	6.10±0.48a	20.14±2.25a
		室温	28.77±3.37a	26.20±2.92a	5.81±0.62a	19.42±1.60a
突尼斯1号	60	0	27.33±0.95a	25.98±3.15ab	7.03±0.80a	22.30±2.51a
		6	28.05±4.16a	28.59±3.27a	6.88±0.30a	20.47±1.44a
		12	25.85±2.29ab	27.40±1.61a	6.30±0.55a	20.10±0.82a
		室温	22.51±1.20b	22.55±0.86b	8.15±0.41a	22.22±2.50a
	90	0	24.49±1.77ab	22.82±2.29b	6.27±0.18a	22.44±0.91a
		6	26.56±0.82a	26.70±3.82a	6.59±0.50a	21.08±1.16a
		12	22.40±1.73b	23.56±1.80b	6.92±0.80a	23.49±1.83a
	120	0	20.16±2.20a	22.33±0.64a	6.55±0.44a	24.17±0.72a
		6	22.56±1.41a	24.05±1.40a	7.32±0.63a	20.49±2.59b
		12	19.80±0.94a	22.81±0.72a	7.84±1.04a	23.82±1.40a

注 用 Duncan 法进行多重比较，同列中标有不同小写字母者表示组间差异显著（$P<0.05$），标有相同小写字母者表示组间差异不显著（$P>0.05$）。

4.2.3.2 石榴贮藏期籽粒主要成分、细胞膜透性和感官评分的变化

石榴籽粒的 TSS 和 TA 含量是影响其口感及风味的重要指标。由表 4-7 可知，籽粒 TSS 和 TA 含量在贮藏过程中均呈递减的趋势，且 TA 含量下降幅度更大，从而造成 TSS/TA 值表现为递增的趋势，低温能一定程度上延缓 TSS 含量、TA 含量和 TSS/TA 值的变化，且温度越低效果越好。贮藏 60 天时，室温下"会理青皮软籽"石榴籽粒 TSS 和 TA 含量分别降低了 16.99% 和 62.07%，均显著低于各低温组（$P<0.05$）；不同低温组间比较，贮藏 120 天时，6℃ 和 0℃ 组籽粒 TSS 和 TA 含量均显著高于 12℃ 组（$P<0.05$）。此外，两个品种籽粒 TSS 含量接近，而"突尼斯 1 号"石榴籽粒 TA 含量更低，其 TSS/TA 值更大，各值在不同温度下变化的情况基本与"会理青皮软籽"石榴相一致。维生素 C 含量是衡量果品营养及品质的重要指标之一，维生素 C 具有清除呼吸代谢过程中所产生的自由基、延缓果实衰老等作用。如表 4-7 所示，石榴籽粒维生素 C 含量在贮藏过程中呈递减的趋势，

低温能一定程度上延缓其下降。贮藏 60 天时，室温下贮藏的两个品种籽粒维生素 C 含量分别降低了 44.94%和 53.89%，均显著低于各低温组（$P<0.05$）。

表 4-7　贮藏期两个石榴品种籽粒理化指标和感官评分变化

品种	贮藏时间/天	贮藏温度/℃	TSS/%	TA/%	维生素 C/($mg \cdot 100g^{-1}$)	细胞膜透性/%	感官评分
会理青皮软籽	0		15.30±0.31	0.58±0.05	10.57±1.30	5.36±0.28	9.50±0.30
	30	0	14.90±0.57a	0.52±0.03a	9.13±0.95a	5.98±0.47b	9.40±0.27a
		6	14.00±0.22a	0.45±0.06b	8.27±0.47a	7.90±0.92a	9.30±0.44a
		12	15.50±0.55a	0.49±0.06a	8.66±0.55a	8.42±0.55a	9.30±0.20a
		室温	15.20±0.18a	0.43±0.02b	8.03±0.82a	8.77±0.38a	8.70±0.46a
	60	0	14.30±0.30a	0.46±0.04a	9.22±1.05a	7.30±0.71b	8.80±0.73a
		6	15.30±0.42a	0.40±0.05ab	8.79±0.68a	8.16±0.60b	9.00±0.55a
		12	14.70±0.28a	0.32±0.02b	8.90±0.94a	8.38±0.96b	7.80±0.48a
		室温	12.70±0.44b	0.22±0.01c	5.82±0.33b	15.51±1.31a	6.30±0.26b
	90	0	14.40±0.73a	0.38±0.02a	7.60±0.80a	9.55±1.04b	7.20±0.83a
		6	12.40±0.55a	0.41±0.05a	7.04±0.57a	8.36±0.59b	7.37±0.55a
		12	12.50±0.30a	0.29±0.03b	6.60±0.49a	12.02±1.27a	6.80±0.37a
	120	0	13.30±0.26a	0.28±0.02a	6.38±0.61a	13.89±0.85b	5.50±0.66a
		6	12.70±0.60a	0.30±0.07a	6.87±0.37a	10.73±0.77c	5.70±0.50a
		12	12.50±0.36a	0.22±0.02b	5.75±0.37a	15.91±0.77a	5.20±0.50a
突尼斯1号	0		15.80±1.08	0.41±0.00	8.61±1.15	7.15±0.62	9.60±0.53
	30	0	15.60±1.36a	0.34±0.04a	8.90±0.90a	9.24±0.37b	9.20±1.15a
		6	16.10±0.77a	0.38±0.07a	8.33±0.58a	9.87±0.33b	9.40±0.87a
		12	15.80±0.39a	0.30±0.05a	7.40±0.33b	10.75±1.05ab	8.80±0.55a
		室温	14.90±1.18a	0.22±0.01b	6.20±0.27b	12.37±1.40a	7.80±0.36a
	60	0	15.70±0.95a	0.40±0.02a	7.86±0.42a	9.03±0.85c	8.30±0.90a
		6	15.20±1.22a	0.26±0.02b	7.30±1.20a	8.66±1.25c	8.60±0.58a
		12	16.00±1.20a	0.28±0.03b	5.80±0.75ab	13.44±0.84b	7.60±0.60a
		室温	13.00±0.58b	0.17±0.01c	3.97±0.21b	20.42±1.72a	5.20±0.52b
	90	0	15.00±1.73a	0.28±0.02ab	5.82±0.66a	12.06±1.36a	7.50±0.77a
		6	14.40±0.66a	0.33±0.05a	5.11±0.42a	10.50±0.80b	7.30±0.30a
		12	14.60±1.80a	0.24±0.03b	4.50±0.38a	13.57±0.59a	5.20±0.63b

续表

品种	贮藏时间/天	贮藏温度/℃	TSS/%	TA/%	维生素 C/（mg·100g^{-1}）	细胞膜透性/%	感官评分
突尼斯1号	120	0	13.40±1.19a	0.21±0.05a	4.78±0.74a	19.33±1.33a	6.00±0.20a
		6	13.20±0.88a	0.19±0.03a	5.25±0.39a	13.79±0.89b	6.30±0.31a
		12	12.50±0.61a	0.16±0.01a	3.20±0.40b	18.48±2.27a	5.50±0.22b

注 用 Duncan 法进行多重比较，同列中标有不同小写字母者表示组间差异显著（$P<0.05$），标有相同小写字母者表示组间差异不显著（$P>0.05$）。

由表 4-7 可以看出，随着贮藏时间的延长，室温下贮藏的石榴籽粒相对电导率递增较快，贮藏 60 天时两个品种籽粒细胞膜透性已达到 15.51% 和 20.42%，显著高于各低温组（$P<0.05$），可见室温下籽粒细胞衰老较快。0℃ 下贮藏的"会理青皮软籽"石榴，其籽粒在 60 天后相对电导率变化较快，贮藏后期与 12℃ 组接近，而 6℃ 下籽粒相对电导率始终维持在相对较低的水平，可见 6℃ 能够较好地延缓籽粒的衰老速率。

石榴籽粒的感官评分是从口感、颜色、气味 3 个方面进行综合评定。由表 4-7 可见，随贮藏时间的延长，两个石榴品种籽粒感官品质均不断下降。在室温下贮藏的石榴籽粒感官品质劣变最快，60 天时表现为风味寡淡，部分发生了褐变腐烂，产生异味，失去食用价值，"会理青皮软籽"石榴籽粒会逐渐变白、透明化，而"突尼斯 1 号"石榴籽粒色泽逐渐变得暗淡，总体感官评分均显著低于各低温组（$P<0.05$）。低温下贮藏的石榴，其籽粒感官品质变化缓慢，贮藏 120 天时，6℃ 下贮藏的石榴籽粒感官评分最高。

4.2.3.3　石榴籽粒感官相关指标相关性的分析

（1）偏最小二乘回归分析。为了分析各指标对籽粒感官品质的影响，以籽粒感官评分为因变量（Y），其他指标为自变量（X），建立偏最小二乘回归分析模型，两个石榴品种的分析结果分别见图 4-8 和图 4-9。

由图 4-8 可知，因子 1 和因子 2 解释了 X 变量的 91% 以及 Y 变量的 87%。"会理青皮软籽"石榴籽粒感官评分与 L^* 值、a^* 值、TSS、TA 和维生素 C 含量位于因子 1 的相同方向，表现为正相关性，而与失重率、腐烂率、TSS/TA、细胞膜透性和乙烯释放率位于因子 1 的相反方向，存在负相关关系。此外，籽粒感官评分位于因子 2 正坐标处，与 L^* 值、a^* 值、TA、TSS 和维生素 C 含量正相关性较强。

从图 4-9 可知以看出，因子 1 和因子 2 解释了 X 变量的 87% 以及 Y 变量的 90%。"突尼斯 1 号"石榴籽粒感官评分与 L^* 值、a^* 值、TSS、TSS/TA、维生素 C 含量、乙烯释放率和细胞膜透性位于因子 2 的相同方向，表现为正相关性，而

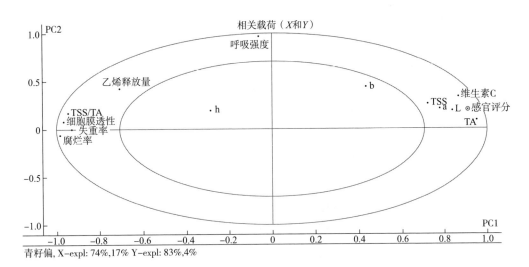

图 4-8　"会理青皮软籽"石榴以籽粒感官评分为因变量的偏最小二乘回归模型相关载荷图
（内圈解释变量的 50%；外圈解释变量的 100%）

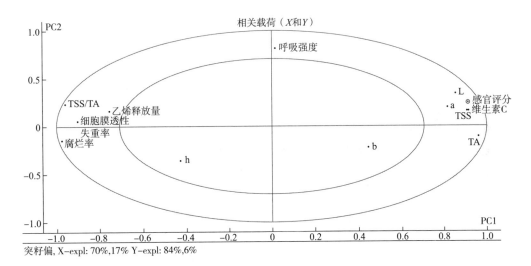

图 4-9　"突尼斯 1 号"石榴以籽粒感官评分为因变量的偏最小二乘回归模型相关载荷图
（内圈解释变量的 50%；外圈解释变量的 100%）

与腐烂率、失重率和 TA 含量位于因子 2 的相反方向，存在负相关关系。此外，籽粒感官评分位于因子 1 正坐标处，与 L^* 值、a^* 值、TSS 和维生素 C 含量正相关性较强，而与失重率和腐烂率负相关性较强。

（2）通径分析。以两个石榴品种籽粒的感官评分为因变量、其他指标为自变量，做逐步回归分析，并进行显著性检验，分析保留的指标对籽粒感官评分的直接作用和间接作用，分析结果见表4-8和表4-9。

以"会理青皮软籽"石榴相关指标对其籽粒感官评分做逐步线性回归，得到回归方程 $Y = 8.3306 - 0.2347X_4 - 0.0736X_8 + 6.9125X_{10}$，其中 X_4、X_8 和 X_{10} 分别为腐烂率、$h°$ 和 TA 含量，并进行显著性检验，$F = 94.0196$，$P = 0.0001$，说明该方程有极显著意义，进一步做通径分析。由分析结果表4-8可知，直接作用中较为突出的为 TA 含量，直接系数为 0.5853，说明籽粒 TA 含量对其感官品质具有较大的直接作用，而失重率主要通过籽粒 $h°$ 和 TA 含量对籽粒感官品质产生较强的负间接影响。

表4-8 以"会理青皮软籽"石榴籽粒感官评分为因变量的通径分析结果

因子	直接作用	间接作用			
		腐烂率	$h°$	TA	总和
腐烂率	−0.3975	—	−0.0200	−0.5217	−0.5417
$h°$	−0.1166	−0.0681		−0.0753	−0.1434
TA	0.5853	0.3543	0.015	—	0.3693

以"突尼斯1号"石榴相关指标对其籽粒感官评分作逐步线性回归，得到回归方程 $Y = 1.2327 - 0.1512X_4 + 0.1880X_5 + 0.3029X_{11}$，其中 X_4、X_5 和 X_{11} 分别为腐烂率、L^* 值和维生素 C 含量，并进行显著性检验，$F = 96.7166$，$P = 0.0001$，说明该方程有极显著意义，进一步做通径分析。由分析结果表4-9可知，直接作用中较为突出的为 L^* 值，直接系数为 0.4125，说明籽粒 L^* 值对其感官品质具有较强的正直接作用，而腐烂率的间接作用较强，且主要通过籽粒 L^* 值和维生素 C 含量对其感官品质产生负间接影响。

表4-9 以"突尼斯1号"石榴籽粒感官评分为因变量的通径分析结果

因子	直接作用	间接作用			
		腐烂率	L^* 值	维生素 C	总和
腐烂率	−0.2469	—	−0.3600	−0.3449	−0.7049
L^* 值	0.4125	0.2155	—	0.3092	0.5247
维生素 C	0.3594	0.2370	0.3549	—	0.5919

4.2.3.4 石榴贮藏期籽粒氨基酸含量的变化

（1）石榴贮藏期籽粒氨基酸总量和必需氨基酸含量的变化。两个石榴品种在 6℃和室温下贮藏，其籽粒 17 种氨基酸的变化情况见表 4-10。由表 4-10 可知，石榴籽粒中至少含有 16 种氨基酸，种类较为齐全，其中含量最高的均为天门冬氨酸和谷氨酸。从氨基酸总量来看，"会理青皮软籽"石榴高于"突尼斯 1 号"石榴，且贮藏期间总体呈递减趋势。贮藏 60 天时，6℃和室温贮藏的"会理青皮软籽"石榴籽粒氨基酸总量分别递减了 11.27%和 41.23%，120 天时 6℃下只递减了 33.58%，可见低温能一定程度上延缓其含量降低。"突尼斯 1 号"石榴籽粒氨基酸总量变化的情况基本上与"会理青皮软籽"石榴相一致。

表 4-10　两个石榴品种贮藏期籽粒氨基酸含量的变化/（mg/100g）

品种	氨基酸种类	室温			低温	
		0 天	30 天	60 天	60 天	120 天
会理青皮软籽	天门冬氨酸（Asp）	44.33	38.51	26.42	40.50	27.86
	谷氨酸（Glu）	63.15	52.20	34.00	48.33	40.22
	胱氨酸（Cys）	—	—	—	—	—
	丝氨酸（Ser）	20.63	15.75	9.21	23.05	11.89
	苷氨酸（Gly）	5.80	5.10	4.04	6.28	3.61
	组氨酸（His）	3.15	2.66	2.20	2.46	2.65
	精氨酸（Arg）	7.33	5.31	3.17	6.00	4.08
	苏氨酸（Thr）	2.28	2.66	1.53	2.08	1.14
	丙氨酸（Ala）	9.38	8.14	8.52	9.07	7.90
	脯氨酸（Pro）	3.82	4.02	3.05	3.53	3.73
	酪氨酸（Tyr）	3.22	2.62	2.21	2.41	2.68
	缬氨酸（Val）	4.87	4.28	3.30	4.64	4.04
	甲硫氨酸（Met）	3.40	2.78	2.11	3.02	2.51
	异亮氨酸（Ile）	2.63	2.83	2.06	2.57	2.12
	亮氨酸（Leu）	6.15	5.50	4.48	6.09	5.07
	苯丙氨酸（Phe）	3.04	2.77	2.40	2.54	2.73
	赖氨酸（Lys）	5.59	4.64	2.25	4.92	3.15
	TAA	188.77	159.77	110.95	167.49	125.38

续表

品种	氨基酸种类	室温			低温	
		0 天	30 天	60 天	60 天	120 天
	天门冬氨酸（Asp）	37.74	33.30	31.92	35.07	34.22
	谷氨酸（Glu）	45.52	43.61	41.05	42.05	38.50
	胱氨酸（Cys）	—	—	—	—	—
	丝氨酸（Ser）	18.05	16.25	14.66	17.25	15.57
	甘氨酸（Gly）	7.53	6.46	4.82	7.24	4.42
	组氨酸（His）	3.22	2.72	1.37	2.57	2.26
	精氨酸（Arg）	3.11	2.40	2.26	3.03	2.04
	苏氨酸（Thr）	1.34	1.66	1.15	1.40	1.20
突尼斯 1 号	丙氨酸（Ala）	15.26	11.33	10.50	13.77	11.93
	脯氨酸（Pro）	3.03	3.25	2.85	2.50	2.77
	酪氨酸（Tyr）	2.74	2.27	2.44	3.05	2.50
	缬氨酸（Val）	4.15	4.06	3.39	4.58	4.09
	甲硫氨酸（Met）	2.48	2.14	2.25	2.01	2.31
	异亮氨酸（Ile）	2.07	2.38	2.06	2.17	2.36
	亮氨酸（Leu）	5.16	4.40	3.55	5.03	4.12
	苯丙氨酸（Phe）	2.12	2.41	2.03	1.80	2.19
	赖氨酸（Lys）	5.09	4.10	3.35	4.85	3.81
	TAA	158.61	142.74	129.65	148.37	134.29

注 —表示未检出；TAA 表示氨基酸总量。

食品中必需氨基酸含量是评价蛋白质营养价值的主要指标之一。人体所需要的必需氨基酸包括苏氨酸、甲硫氨酸、缬氨酸、异亮氨酸、亮氨酸、苯丙氨酸、赖氨酸、色氨酸 8 种氨基酸。由表 4-11 可知，贮藏初始，两个石榴品种籽粒中人体必需氨基酸占氨基酸总量的比值（E/T）分别为 14.81% 和 14.13%，人体必需氨基酸与非必需氨基酸的比值（E/N）分别为 0.17 和 0.16。根据 FAO/WHO 提出，理想蛋白质的标准 E/T 在 40% 左右，E/N 在 0.60 以上，可见两个石榴品种籽粒中蛋白质未达到理想蛋白质的要求。随着贮藏时间的延长，石榴籽粒必需氨基酸含量（EAA）总体呈下降的趋势，而 E/T 和 E/N 略有上升，且适宜的低温能一定程度上抑制它们的变化。此外，7 种人体必需氨基酸中，两个石榴品种籽粒中均是亮氨酸和缬氨酸含量相对较高。除人体必需的氨基酸外，儿童生长还需要精氨酸和组氨酸。贮藏初始时，两个石榴品种籽粒中儿童必需氨基酸总量（CE）分别为 10.48 mg/100g 和 6.33 mg/100g，儿童必需氨基酸占氨基酸总量的比值（C/T）分别为 5.55% 和 3.99%，"会理青皮软籽"石榴高于"突尼斯 1 号"石榴，此后随贮藏期的延长均开始下降，且低温组下降速度较慢。

表 4-11 两个石榴品种贮藏期籽粒必需氨基酸含量的变化

品种	贮藏温度/℃	贮藏天数/天	EAA/(mg·100g^{-1})	NE/(mg·100g^{-1})	CE/(mg·100g^{-1})	TAA/(mg·100g^{-1})	E/N/%	E/T/%	C/T/%
会理青皮软籽	室温	0	27.96	160.81	10.48	188.77	0.17	14.81	5.55
		30	25.46	134.31	7.97	159.77	0.19	15.94	4.99
		60	18.13	92.82	5.37	110.95	0.19	16.34	4.84
	6℃	60	25.86	141.63	8.46	167.49	0.18	15.44	5.05
		120	20.76	104.62	6.73	125.38	0.20	16.56	5.37
突尼斯 1 号	室温	0	22.41	136.20	6.33	158.61	0.16	14.13	3.99
		30	21.15	121.59	5.12	142.74	0.17	14.82	3.59
		60	17.78	111.87	3.63	129.65	0.16	13.71	2.80
	6℃	60	21.84	126.53	5.60	148.37	0.17	14.72	3.77
		120	20.08	114.21	4.30	134.29	0.18	14.95	3.20

注 TAA 表示氨基酸总量，EAA 表示人体必需氨基酸含量之和，NE 表示非必需氨基酸含量之和，CE 表示儿童必需氨基酸含量之和；E/N 表示人体必需氨基酸含量与非必需氨基酸含量之比，E/T 表示人体必需氨基酸含量占氨基酸总量的百分比，C/T 表示儿童必需氨基酸含量占氨基酸总量的百分比。

（2）石榴贮藏期籽粒呈味氨基酸的变化。除了参与人体生命活动以外，氨基酸还在食品呈味方面起着重要作用。由表 4-12 可知，贮藏期间石榴籽粒中呈味氨基酸总量和各呈味氨基总量均表现出递减的趋势，且低温能一定程度上延缓其变化，各呈味氨基总量占氨基酸总量的百分比变化不明显。两个石榴品种籽粒中呈鲜味类的氨基酸主要为天门冬氨酸和谷氨酸，其总量高于另两种呈味氨基酸，贮藏初始时占氨基酸总量分别为 56.94% 和 52.49%；呈甜味类的氨基酸主要为丙氨酸、甘氨酸、丝氨酸、苏氨酸和脯氨酸，"突尼斯 1 号"石榴其含量和占氨基酸总量的百分比高于"会理青皮软籽"石榴；呈苦味类的氨基酸主要为缬氨酸、甲硫氨酸、异亮氨酸、亮氨酸、精氨酸和苯丙氨酸，其在"会理青皮软籽"石榴籽粒中的含量略高于"突尼斯 1 号"。

表4-12　两个石榴品种贮藏期呈味氨基酸含量的变化

品种	贮藏温度/℃	贮藏天数/天	鲜味氨基酸		甜味氨基酸		苦味氨基酸		总呈味氨基酸	
			总量/(mg·100g⁻¹)	F/T/%	总量/(mg·100g⁻¹)	F/T/%	总量/(mg·100g⁻¹)	F/T/%	总量/(mg·100g⁻¹)	F/T/%
会理青皮软籽	室温	0	107.48	56.94	41.91	22.20	27.42	14.53	176.81	93.66
		30	90.71	56.78	35.67	22.33	23.47	14.69	149.85	93.79
		60	60.42	54.67	26.35	23.84	17.52	15.85	104.29	94.36
	6℃	60	88.83	53.04	44.01	26.28	24.86	14.84	157.70	94.15
		120	68.08	54.30	28.27	22.55	20.55	16.39	116.90	93.24
突尼斯1号	室温	0	83.26	52.49	45.21	28.50	19.09	12.04	147.56	93.03
		30	76.91	53.88	38.95	27.29	17.79	12.46	133.65	93.60
		60	72.97	56.28	33.98	26.21	15.54	11.99	122.49	94.48
	6℃	60	77.12	51.98	42.16	28.42	18.62	12.55	137.90	92.94
		120	72.72	54.15	35.89	26.73	17.11	12.74	125.72	93.62

注　F/T表示对应的呈味氨基酸总量占氨基酸总量的百分比。

（3）石榴贮藏期籽粒支链氨基酸和芳香族氨基酸的变化。支链氨基酸主要包括缬氨酸、异亮氨酸和亮氨酸，而芳香族氨基酸主要包括苯丙氨酸和酪氨酸。支链氨基酸具有保肝护肝、提高免疫力、降低胆固醇、缓解疲劳等功效，而支链氨基酸/芳香族氨基酸值是经典判断肝病氨基酸代谢异常的指标。正常人和哺乳动物的支链氨基酸/芳香族氨基酸值为3.0~3.5，肝受损伤时则降为1.0~1.5。由表4-13可以看出，"会理青皮软籽"石榴籽粒中支链氨基酸含量水平高于"突尼斯1号"石榴，支链氨基酸和芳香族氨基酸含量在贮藏过程中随贮藏时间的延长而减少。贮藏60天时，室温贮藏下"会理青皮软籽"石榴支链氨基酸和芳香族氨基酸含量分别为9.80 mg/100g 和4.61 mg/100g，而6℃冷藏下分别为13.30 mg/100g 和4.95 mg/100g，可见低温能一定程度上延缓它们的变化。两个石榴品种籽粒贮藏期支链氨基酸/芳香族氨基酸值变化不明显，均在2.00~2.70范围内，接近正常人体的水平且高于人体肝脏受伤时的水平，具有一定的保肝护肝作用。

（4）石榴贮藏期籽粒药用氨基酸的变化。相关研究表明，氨基酸除了是构成蛋白质的主要成分之一，还具有某些特殊的药理功能。药用氨基酸主要包括天门冬氨酸、谷氨酸、甘氨酸、甲硫氨酸、亮氨酸、苯丙氨酸、酪氨酸、赖氨酸和

表 4-13　两个石榴品种贮藏期支链氨基酸和芳香族氨基酸含量的变化

品种	贮藏温度/℃	贮藏天数/天	支链氨基酸总量/(mg·100g⁻¹)	芳香族氨基酸总量/(mg·100g⁻¹)	支链氨基酸/总氨基酸/%	芳香族氨基酸/总氨基酸/%	支链氨基酸/芳香族氨基酸
会理青皮软籽	室温	0	13.65	6.26	7.23	3.32	2.18
		30	12.61	5.39	7.89	3.37	2.34
		60	9.80	4.61	8.87	4.17	2.13
	6℃	60	13.30	4.95	7.94	2.96	2.69
		120	11.23	5.41	8.96	4.31	2.08
突尼斯1号	室温	0	11.38	4.86	7.17	3.06	2.34
		30	10.84	4.68	7.59	3.28	2.32
		60	9.00	4.47	6.94	3.45	2.01
	6℃	60	11.78	4.85	7.94	3.27	2.43
		120	10.57	4.69	7.87	3.49	2.25

精氨酸。从表 4-14 可知，两个石榴品种籽粒中药用氨基酸以谷氨酸含量最多，其次是天门冬氨酸，且药用氨基酸占氨基酸总量百分比在 69.75%～75.23% 范围内。谷氨酸能降低血氨、治疗肝昏迷，而天门冬氨酸具有镇咳祛痰作用，这两种氨基酸均对人体具有一定的药用功效。两个石榴品种相比，"会理青皮软籽"石榴药用氨基酸含量和其占氨基酸总量的百分比相对较高。贮藏过程中，石榴籽粒中药用氨基酸含量随着贮藏时间的延长而表现出递减的趋势，室温下贮藏 60 天时，两个石榴品种籽粒分别递减了 45.72% 和 15.98%，"会理青皮软籽"石榴籽粒递减幅度相对较大，但药用氨基酸占氨基酸总量的百分比变化不明显。

表 4-14　两个品种石榴贮藏期药用氨基酸含量的变化

品种	贮藏温度/℃	贮藏天数/天	药用氨基酸总量/(mg·100g⁻¹)	药用氨基酸/氨基酸总量/%
会理青皮软籽	室温	0	142.01	75.23
		30	119.43	74.75
		60	77.08	69.75
	6℃	60	120.09	71.70
		120	91.91	73.31

续表

品种	贮藏温度/℃	贮藏天数/天	药用氨基酸总量/（mg·100g⁻¹）	药用氨基酸/氨基酸总量/%
突尼斯 1 号	室温	0	111.49	70.29
		30	101.09	70.82
		60	93.67	72.25
	6℃	60	104.13	70.18
		120	94.11	70.08

研究显示，两个石榴品种籽粒中至少含有 16 种氨基酸（胱氨酸未检出），种类较为齐全，其中含量最高的均为天门冬氨酸和谷氨酸，且二者是呈鲜味氨基酸，在石榴籽粒鲜味形成中起着重要作用。两个石榴品种籽粒中药用氨基酸含量丰富，贮藏初始时分别 142.01 mg/100g 和 111.49 mg/100g，其占氨基酸总量的百分比高于橄榄和猕猴桃，与桑葚和李果相当，且支链氨基酸/芳香族氨基酸值接近正常人体的水平，高于人体肝脏受伤时的水平，可见石榴籽粒具有较好的药用保健特性。对比两个石榴品种，"会理青皮软籽"石榴籽粒氨基酸总量、人体必需氨基酸占氨基酸总量、儿童必需氨基酸占氨基酸总量和药用氨基酸占氨基酸总量均高于"突尼斯 1 号"石榴，但其支链氨基酸/芳香族氨基酸值较低。此外，贮藏过程中，两个石榴品种籽粒中各类氨基酸含量呈递减的趋势，各类氨基酸占氨基酸总量的百分比变化不明显。

4.2.3.5 石榴贮藏期籽粒挥发性物质的变化

在室温贮藏 30 天和 60 天、6℃冷藏 60 天和 120 天时分别测定了两个石榴品种籽粒中挥发性物质含量，所鉴定出的挥发性物质相对含量总和均占总峰面积的 95.00%以上，检测结果见表 4-15。由表 4-15 可知，"会理青皮软籽"石榴籽粒贮藏期共检测出 23 种挥发性物质，其中萜类 12 种，烃类 5 种，醇类 2 种，酮类 2 种，醛类 1 种，酯类 1 种；"突尼斯 1 号"石榴籽粒共检测出 29 种挥发性物质，其中萜类 18 种，醛类 4 种，烃类 4 种，酯类 2 种，醇类 1 种。由此可见，两个石榴品种籽粒的挥发性物质主要是由萜类物质和醛类物质所构成，两种物质的相对含量之和占总相对含量的 85%以上，而烷烃类、醇类、酯类和酮类相对含量较小。"会理青皮软籽"石榴籽粒挥发性物质中，相对含量较高的主要有 β-蒎烯、柠檬烯、γ-松油烯、4-萜烯醇、石竹烯和壬醛，除壬醛是醛类物质外，其他 5 种均为萜类物质。"突尼斯 1 号"石榴籽粒挥发性物中，相对含量较高的主要有柠檬烯、桉树醇、（-）-4-萜品醇、α-香柑油烯和壬醛，为 4 种萜类物质和 1 种

表4-15　两个石榴品种籽粒贮藏期挥发性物质相对含量的变化

序号	成分名称	保留时间/min	会理青皮软籽					突尼斯1号				
			室温			6℃		室温			6℃	
			0天	30天	60天	60天	120天	0天	30天	60天	60天	120天
	萜类											
1	β-蒎烯	7.67	4.42	19.72	28.37	16.98	24.25	—	—	2.49	6.36	3.07
2	月桂烯	8.00	—	—	—	—	—	—	0.36	0.52	—	0.31
3	α-水芹烯	8.40	—	—	0.96	—	—	—	—	2.89	—	3.85
4	α-松油烯	8.70	—	3.73	7.11	4.61	6.89	—	—	—	—	—
5	柠檬烯	9.03	33.49	20.51	1.21	13.17	6.65	18.94	13.53	9.40	15.83	7.92
6	桉树醇	9.11	—	—	—	—	—	7.62	9.77	—	8.67	1.16
7	姜黄烯	9.85	4.42	—	—	—	—	—	—	—	—	—
8	γ-松油烯	9.86	—	3.58	17.09	14.35	12.59	1.29	5.95	8.66	7.05	5.83
9	萜品油烯	10.71	—	—	4.03	—	3.73	—	—	1.78	—	—
10	(-)-4-萜品醇	13.23	—	—	—	—	—	—	20.50	41.39	26.45	27.56
11	4-萜烯醇	13.27	—	18.28	21.53	10.61	15.93	—	—	—	—	—
12	松油醇	13.65	—	—	—	—	—	—	—	0.54	—	—
13	姜烯	18.96	—	—	—	—	—	—	—	1.59	1.16	—
14	香柑油烯	19.63	—	—	—	—	—	—	—	1.02	—	1.59
15	石竹烯	19.78	13.02	5.96	0.68	9.50	2.62	7.46	9.32	0.00	3.05	2.28
16	(-)-异丁香烯	19.79	—	—	—	—	—	—	—	0.99	—	—

续表

序号	成分名称	保留时间/min	合理青皮软籽					奕尼斯1号				
			室温			6℃		0天	室温		6℃	
			0天	30天	60天	60天	120天		30天	60天	60天	120天
17	α-香柑油烯	20.13	—	—	0.75	—	—	2.31	13.29	8.59	5.52	12.17
18	倍半菲兰烯	20.30	—	—	—	—	—	—	—	1.70	—	1.41
19	金合欢烯	21.87	4.65	6.05	—	—	—	—	5.62	6.27	—	8.63
20	甜没药烯	21.91	—	—	—	—	—	—	—	1.30	—	—
21	长叶蒎烯	22.1	—	—	—	—	—	—	—	0.24	—	—
总计			60.00	77.83	81.73	69.22	72.66	37.62	78.34	89.37	74.09	75.78
醛类												
22	2-甲基十一醛	10.30	—	—	—	—	—	—	—	0.40	—	—
23	壬醛	11.10	17.91	21.35	12.44	25.25	14.40	42.32	17.58	7.41	21.92	15.94
24	癸醛	13.95	—	—	—	—	—	3.08	—	—	—	—
25	3,4-二甲基苯甲醛	14.24	—	—	—	—	—	3.60	1.75	—	—	0.81
总计			17.91	21.35	12.44	25.25	14.40	49.00	19.33	7.81	21.92	16.75
烷烃												
26	顺-8,11,14-二十碳三烯	7.99	2.09	—	—	0.21	0.73	—	—	—	—	—
27	伞花烃	8.90	—	—	3.90	—	1.21	—	—	2.82	0.93	1.60
28	1-十四碳烯	18.93	3.02	—	—	0.46	—	—	—	—	—	—
29	3-十四碳烯	18.94	—	0.32	0.68	—	—	3.08	—	—	—	—

序号	成分名称	保留时间/min	会理青皮软籽					突尼斯 1 号				
			室温			6℃			室温		6℃	
			0 天	30 天	60 天	60 天	120 天	0 天	30 天	60 天	60 天	120 天
30	1-十六烯	23.81	—	—	0.27	—	0.37	1.29	—	—	—	—
31	1-十四烯	26.07	—	—	—	—	—	2.83	—	2.82	—	2.48
	总计		5.11	0.32	4.85	0.67	2.31	7.20	0.00	2.82	0.93	4.08
	酮类											
32	5-壬酮	10.24	9.30	—	—	0.62	—	—	—	—	—	—
33	2-壬酮	10.75	4.19	—	—	—	1.27	—	—	—	—	—
	总计		13.49	0.00	0.00	0.62	1.27	0.00	0.00	0.00	0.00	0.00
	醇类											
34	3-辛烯醇	15.91	1.40	—	—	—	—	—	—	—	—	—
35	十六醇	20.37	—	—	0.75	—	0.68	3.86	—	—	1.65	2.37
	总计		1.40	0.00	0.75	0.00	0.68	3.86	0.00	0.00	1.65	2.37
	酯类											
	肉豆蔻酸异丙酯	28.87	—	—	—	—	—	1.29	0.37	—	—	—
	十四酸异丙酯	28.89	2.09	—	—	—	2.63	1.03	—	—	—	—
	棕榈酸甲酯	30.9	—	—	—	—	—	—	—	—	1.36	—
	总计		2.09	0.00	0.00	0.00	2.63	2.32	0.37	0.00	1.36	0.00

注 一表示未检出。

醛类物质。鉴定结果与其他人的研究基本一致，如奕志英等对大籽甜石榴研究表明，其果汁中萜类物质主要为甲位蒎烯、β-蒎烯、月桂烯、柠檬烯、γ-松油烯、α-松油烯和石竹烯等，Koppel等对"Wonderful"石榴籽粒中挥发性物质进行分析发现其萜类物质主要包括柠檬烯、α-蒎烯、β-蒎烯、α-萜烯、β-水芹烯、α-松油醇等。

　　两个石榴品种籽粒贮藏期挥发性物质种类变化情况见表4-16。由表4-16可知，两个石榴品种籽粒贮藏初始时，其籽粒挥发性物质种类分别为12和14种，两个温度下贮藏中期挥发性物质种类数均有所减少，而贮藏结束时又增加，出现这一现象可能是由于随着贮藏时间的延长，部分呈香气物质逐渐消失，而一些令人不愉快的物质开始出现。

表4-16　两个品种石榴籽粒贮藏期挥发性成分种类的变化

| 挥发性物质种类 | 会理青皮软籽 | | | | | 突尼斯1号 | | | | |
| | 室温 | | 6℃ | | | 室温 | | | 6℃ | |
	0	30天	60天	60天	120天	0天	30天	60天	60天	120天
萜类	5	7	9	6	7	5	8	16	8	13
醛类	1	1	1	1	1	3	2	1	1	2
烷烃	2	1	3	2	3	3	0	1	1	2
酮类	2	0	0	1	1	0	0	0	0	0
醇类	1	0	1	0	1	1	0	0	1	1
酯类	1	0	0	0	0	2	1	0	1	0

　　两个石榴品种籽粒贮藏期挥发性物质相对含量变化情况见图4-10。由图4-10可以看出，随着时间的延长，石榴籽粒中各类挥发性物质相对含量均发生改变，具体表现为萜类物相对含量呈上升的趋势，而醛类物质相对含量递减，低温能延缓它们的变化。贮藏60天时，在室温下贮藏的"突尼斯1号"石榴，其萜类物和醛类物质相对含量分别为89.37%和7.81%，而6℃冷藏分别为74.09%和21.92%。在萜类物质和醛类物质中，其中柠檬烯、石竹烯和壬醛的相对含量递减较明显，它们均具有柑橘、柠檬、玫瑰等香气，其相对含量的减少会对石榴籽粒整体香气状况产生一定的影响。"会理青皮软籽"石榴籽粒挥发性物质变化与之基本一致，但变化幅度相对较小。其余的类别，如烷烃类、醇类、酮类、酯类，由于其相对含量较小，变化规律不明显。

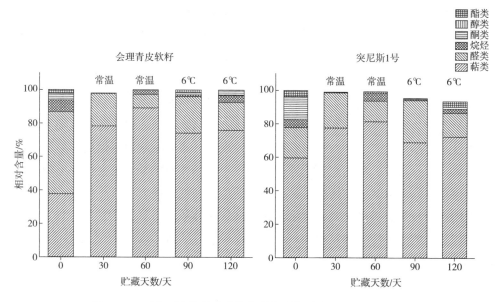

图 4-10 两个石榴品种贮藏期籽粒挥发性成分相对含量的变化

4.3 石榴采后品质劣变的主要原因

4.3.1 自然衰老

衰老是有机体在生长发育成熟后，随着时间的延长而表现出来的生物机能衰退、内部环境稳定性和对外界刺激应激反应能力的下降，伴随着其结构、组成、功能等逐渐地退化改变，是一个不可逆转的生命过程。果蔬产品采收后仍然是活着的有机生物体，不断消耗自身的物质和能量以维持正常代谢活动，不断衰老直至死亡。因此，自然衰老是石榴果实贮藏过程中品质劣变的根本原因，它经历一系列复杂的氧化过程，涉及多糖分解、细胞膜过氧化、呼吸作用增强及有害物质累积等多方面的代谢和系统反应。

果蔬产品衰老主要有以下几方面的原因：一是营养物质和水分的缺失，导致果蔬代谢的紊乱。果蔬产品采收后，无法再从母体获得所需的营养物质和水分，而正常生命活动仍需不断地消耗营养物质、水分和能量，从而代谢失调导致其衰老。杨万林等研究发现，贮藏期间石榴籽粒中可溶性固形物、总糖等主要营养物质含量均呈下降趋势，表明石榴的衰老与有机物的分解代谢之间存在一定的相关性。二是细胞的膜脂质过氧化作用，果蔬产品衰老或遭受逆境胁迫时，其组织细胞内包括超氧阴离子、过氧化氢（H_2O_2）、·OH 等活性氧自由基的代谢平衡被打破，活性氧在组织细胞内不断累积，引起细胞的膜脂质过氧化反应，其产物丙二醛（MDA）的含量增加进一步导致细胞膜结构被破坏，使膜产生空隙，细胞膜透性增大，从而加速了果蔬的衰老进程。赵迎丽等研究发现，在 8℃条件下贮藏的"新疆大籽"石榴，贮藏期间果皮 MAD 含量呈缓慢递增的趋势，细胞膜的通透性也逐渐增大。王伟对蒙自石榴研究发现，其果皮细胞膜透性随着贮藏时间的推移而明显增大，胞内电解质外渗，果皮组织的相对电导率也大幅度上升。

果蔬产品对衰老及逆境胁迫具备一定的适应和抵抗能力，具体体现在其组织细胞内拥有较为完善的抗氧化体系，又被称作活性氧自由基清除系统，包括酶促反应保护系统和非酶促的抗氧化剂两个部分。酶促反应保护系统主要包括 SOD、CAT、POD 等，其中 SOD 是植物抗氧化酶保护作用的第一道防线，能在果蔬衰老过程中清除细胞和组织中的活性氧，将超氧阴离子转化为 H_2O_2，而 H_2O_2 会进一步被 CAT 催化分解，使 H_2O_2 含量控制在相对较低的水平。低浓度的 H_2O_2 则被 POD 催化氧化成其他底物，达到清除过氧化物和 H_2O_2 的目的。有研究发现，果蔬在自然衰老的过程中其体内 H_2O_2 含量会逐渐递增，而耐贮藏的果蔬产品的 SOD 和 CAT 活性维持在一个相对较高的水平。SOD、CAT 和 POD 以及其他酶协同作用能有效地清除果蔬衰老或遭受逆境胁迫过程中所产生的活性氧自由基，维持组织体内活性氧的平衡，从而迟滞了由活性氧所引起的膜脂过氧化伤害过程，使果蔬的衰老减慢。张润光等对"净皮甜"石榴研究发现，贮藏过程中果皮 SOD 和 POD 活性总体呈递增的趋势，后期有所下降，而 CAT 活性一直递减，但变化幅度不大。石榴中多酚、抗坏血酸和花色苷等物质均为重要的非酶促类抗氧化剂。由于品种不同，石榴果实中非酶促类抗氧化剂的种类和含量存在差异，从而导致其抗氧化能力的不同。冯立娟等对 20 个石榴品种抗氧化能力进行了研究，发现"泰山金红"抗氧化能力最强，而"水晶甜"抗氧化能力最弱，且酚类物质含量的高低与其抗氧化能力极显著正相关。

果蔬产品衰老既受到遗传因素的影响，又能被外界环境条件所诱导，衰老导致的品质劣变是多种因素综合作用的结果，而果蔬产品贮藏保鲜的最终目的是延缓其组织细胞的衰老进程。

4.3.2 蒸腾失水

石榴果皮组织疏松，表皮上存在大量的空隙，同时其果顶呈萼筒状，二者共同作用下可使其水分因蒸腾作用而较快地散失，对维持细胞的紧张度、原生质的溶胶状态、正常物质的运输和能量代谢等极为不利，进而对石榴品质产生极大的影响，引起石榴果皮皱缩，使其丧失新鲜度。王博在室温下对"净皮甜"和"三白甜"石榴采后生理特性变化进行研究发现，果实从贮藏第 4 周开始出现萎蔫、皱皮的现象，失重率为 5.82% ~ 6.32%。刘兴华等研究发现，"天红蛋"石榴在 3~5℃下纸箱中贮藏 4 个月，果实失水率为 5.3%，果皮发生严重褐变。

4.3.3　气体伤害

气体伤害多发生在气调贮藏中，由于贮藏环境中 O_2 浓度过低或 CO_2 浓度过高所致。石榴气体伤害主要体现为有发酵味、失去果香、风味不新鲜等。张润光等在贮藏环境不同气体比例对石榴采后生理变化特性影响的研究中发现，高浓度 CO_2 会导致石榴生理代谢异常，大量乙醇、乙醛等有害物质的积累，可造成其籽粒品质严重下降。胡青霞等研究发现，籽粒为玫红色的石榴品种贮藏期会出现色泽加深，籽粒为粉白色的品种会呈现透明状，分析可能由于缺氧或高浓度 CO_2 所导致。

4.3.4　冷害

冷害是指 0℃ 以上、不适宜低温对植物组织造成的伤害。石榴果实对冷害较为敏感，冷害的发生与否及发生程度与贮藏温度和持续时间联系紧密。赵迎丽等将"新疆大籽"石榴放置在 0℃ 下，贮藏 4 周时观察到果皮凹陷、褐变等冷害症状；8 周时凹陷部分连成大块褐斑，白色隔膜也出现轻微褐变；16 周时果皮褐变严重，籽粒发白，发病部位组织坏死并滋生病菌。罗金山研究发现，低温冷害对石榴果皮的结构造成伤害，其表面出现裂痕，表皮粗糙，蜡质层变薄，果皮的相对电导率和丙二酸含量异常增加。Asghar 等和 Sayyari 等人将石榴放置在 2℃ 下贮藏，发现其果皮外部和内部均发生明显的褐变。此外，还有研究显示石榴冷害发生时籽粒出现变白、透明化的现象。石榴冷害一旦发生，如不及时加以控制会使贮藏后期及货架期果实品质受到极大的影响。

项目组对"会理青皮软籽"和"突尼斯 1 号"石榴贮藏冷害临界温度进行了研究。3 个低温条件下，"会理青皮软籽"和"突尼斯 1 号"石榴贮藏期间果实冷害指数和果皮褐变指数的变化如图 4-11 所示。贮藏的过程中，不适宜的贮藏温度会对石榴果实造成生理伤害，且伤害的程度与贮藏温度和时间密切相关。0℃ 下贮藏 30 天时，"会理青皮软籽"石榴果皮表面出现少量较小的凹陷斑，此后日趋严重，白色隔膜处也出现轻微褐变，且籽粒色泽变灰暗，而 3℃ 下贮藏 60 天时出现冷害症状，0℃ 和 3℃ 下贮藏 120 天时果实冷害指数分别为 0.42 和 0.36，均显著高于 6℃ 组（$P<0.05$）。6℃ 下"会理青皮软籽"石榴较少或无明显冷害斑出现，贮藏

120天时冷害指数仅为0.08。此外，0℃和3℃下贮藏的"会理青皮软籽"石榴，果皮贮藏前期褐变不明显，60天后褐变指数快速递增，此时果实均已出现明显的冷害症状，贮藏120天时果皮褐变指数分别为0.51和0.47，均显著高于6℃组（$P<0.05$）。6℃下贮藏的"会理青皮软籽"石榴由于较少或无明显冷害斑出现，其果皮褐变程度相对较低，贮藏后期随着果实的衰老，其褐变指数逐渐增加，贮藏120天时果皮褐变指数为0.38。"突尼斯1号"石榴贮藏过程中冷害症状的表现和果皮褐变发生的规律与"会理青皮软籽"石榴基本一致。

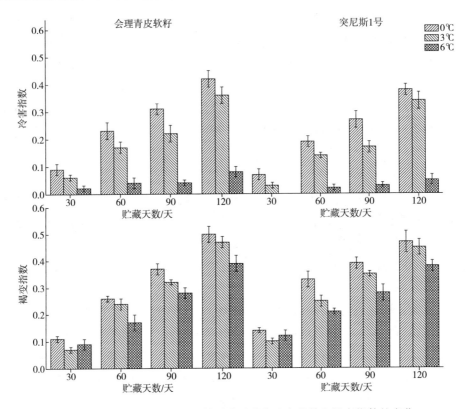

图4-11　不同温度下两个石榴品种贮藏期冷害指数和褐变指数的变化

MAD是细胞膜脂过氧化的产物，与蛋白质结合改变了其结构与功能，破坏细胞的膜结构，使细胞膜的透性增加，从而加速了果实衰老且抗病性减弱。因此，MAD含量和细胞膜透性是衡量低温冷害与果实衰老的重要指标。3个低温条件下，两个石榴品种贮藏期果皮MAD含量和细胞膜透性的变化情况如图4-12所示。由图4-12可知，贮藏期石榴果皮MAD含量和细胞膜透性均呈递增的趋势。贮藏前期，"会理青皮软籽"石榴果皮MAD含量和细胞膜透性变化缓慢，60天时0℃和3℃下贮藏的石榴果皮MAD含量和细胞膜透性明显增加，且0℃变化的幅度更大，至 120 天时果皮 MAD 含量分别 16.75 μg/g 和 14.03 μg/g，而细胞膜透性分别为 65.17% 和 58.25%，显著高于 6℃组（$P < 0.05$）。6℃下贮藏的"会理青皮软籽"石榴，果皮 MAD 含量和细胞膜透性随着果实的衰老而逐渐增加，但变化的幅度相对较小，贮藏 120 天时果皮 MAD 含量和细胞膜透性分别为 12.80 μg/g 和 47.02%。"突尼斯 1 号"石榴贮藏过程中果皮 MAD 含量和细胞膜透性变化情况基本与"会理青皮软籽"石榴相一致。

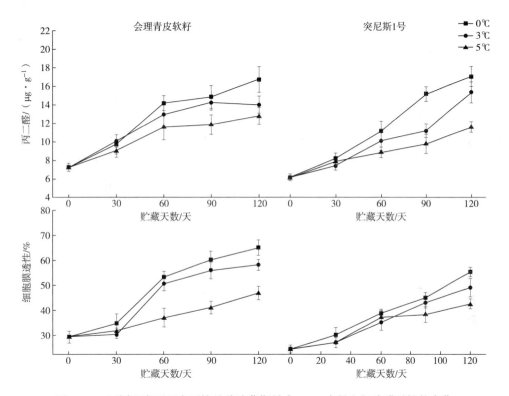

图 4-12 不同温度下两个石榴品种贮藏期果皮 MAD 含量和细胞膜透性的变化

综上所述，两个石榴品种均会在 0℃和 3℃下发生冷害，而在 6℃下贮藏石榴果实基本上无明显冷害症状。

石榴发生冷害时，一些品种在冷害温度下外观表现不明显，但转至室温下会快速出现各种症状，从而影响货架期品质，如陕西的"净皮甜""天红蛋"等石榴适宜贮藏于 3~5℃，0℃贮藏果皮褐变不明显，但出库后果实货架期（15℃）仅 1~3 天即出现大量褐变。在 0℃和 6℃低温下，对"会理青皮软籽"和"突尼斯 1 号"石榴冷藏后货架期 7 天呼吸生理和贮藏品质指标进行测定，结果如表 4-17 所示。由表 4-17 可以看出，两个品种的石榴果实在 0℃和 6℃下贮藏过程中，0℃下贮藏的果实在转至 15~20℃下货架期 7 天品质劣变的速度明显快于 6℃。"会理青皮软籽"石榴在 0℃冷藏 120 天时，其呼吸强度和乙烯释放率为 37.52 CO_2mg/（kg·h）和 6.52 μL/（kg·h），置于 20℃下货架期 7 天急剧增加至 74.37 CO_2mg/（kg·h）和 15.47 μL/（kg·h），腐烂率和失重率也快速递增到 44.43% 和 7.05%，果皮和籽粒品质也随之劣变严重，而 6℃组果实各贮藏指标变化不明显。由此可见，0℃贮藏导致"会理青皮软籽"石榴果实发生冷害，其冷害症状在货架期表现更为明显，小块的凹陷斑会连成大块褐变斑，白色隔膜也出现轻微褐变，褐变斑上附有腐生菌，果实大量发生腐烂。"突尼斯 1 号"石榴低温贮藏后货架期品质变化情况基本与"会理青皮软籽"石榴相类似，因此 6℃冷藏更有利于石榴货架期品质的保持。

为了确定低温贮藏对"会理青皮软籽"石榴货架期品质的影响，将表 4-17 中在 0℃和 6℃下不同贮藏时间及 7 天货架期各组数据标准化后进行主成分分析，分析结果见图 4-13。主成分 1 的贡献率为 79.43%，主成分 2 的贡献率为 12.50%，两个主成分的累积方差贡献率为 91.93%，基本包含了初始变量的大部分信息。由图 4-13（a）可知，失重率、腐烂率、褐变指数和乙烯释放率在主成分 1 有较高的正向载荷，而籽粒感官评分、TA 和 TSS 在主成分 1 有较高的负向载荷，由此分析可知，主成分 1 主要为果实的贮藏品质因子。呼吸强度和乙烯释放率在主成分 2 有较高的正向载荷，可见主成分 2 可归纳为果实呼吸生理因子。由图 4-13（b）可知，主成分 1 较好地区分贮藏过程中 0℃和 6℃冷藏与其冷藏后

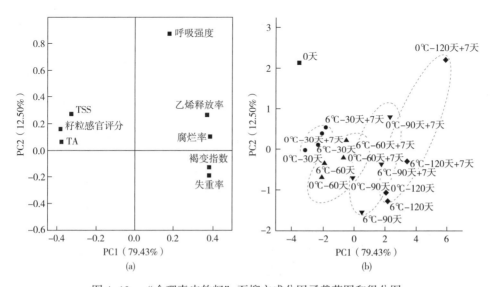

(a)　　　　　　　　(b)

图 4-13　"会理青皮软籽"石榴主成分因子载荷图和得分图

表 4-17　低温贮藏对石榴货架期呼吸生理和贮藏品质的影响

品种	贮藏时间/天	呼吸强度/[CO₂mg/(kg·h)]	乙烯释放量/[μL/(kg·h)]	失重率/%	腐烂率/%	褐变指数	TSS/%	TA/%	籽粒感官评分
会理青皮软籽	0 天	60.33±0.03a	2.50±0.00	0.00±0.00	0.00±0.00	0.00±0.00	15.50±0.86	0.55±0.03	9.60±0.48
	0℃-30 天	35.61±3.58a	2.79±0.25a	0.46±0.03b	4.33±0.58b	0.09±0.01a	14.90±1.18a	0.52±0.09a	9.40±0.58a
	0℃-30 天+7 天	42.42±1.77a	3.54±0.82a	1.74±0.07a	11.33±1.33a	0.18±0.07a	14.70±0.78a	0.49±0.02a	9.30±0.77a
	6℃-30 天	39.25±4.08a	3.94±1.15a	0.37±0.05b	6.67±1.80b	0.07±0.01a	14.00±1.12a	0.45±0.03a	9.50±0.81a
	6℃-30 天+7 天	45.76±8.26a	3.32±0.53a	1.62±0.18a	13.33±1.64a	0.13±0.02a	14.20±1.57a	0.47±0.05a	9.10±1.02a
	0℃-60 天	29.70±2.46b	4.10±0.53b	1.30±0.04b	8.89±0.72b	0.25±0.03ab	14.30±1.35a	0.46±0.09a	8.90±0.37a
	0℃-60 天+7 天	36.75±4.42ab	6.13±0.77a	2.86±0.13a	16.67±1.84a	0.26±0.03ab	14.00±0.57a	0.42±0.04a	8.70±0.53a
	6℃-60 天	33.15±2.51b	3.77±0.44b	1.08±0.75b	7.78±0.60b	0.15±0.01b	15.30±0.92a	0.40±0.04a	8.60±0.46a
	6℃-60 天+7 天	41.69±5.73a	5.85±0.60a	2.54±0.30a	14.45±1.57a	0.33±0.02a	14.80±0.80a	0.35±0.02a	8.40±0.72a
	0℃-90 天	34.74±4.60b	5.89±0.36b	4.06±0.52a	11.11±0.66b	0.39±0.04a	14.40±1.74a	0.38±0.02a	7.50±0.62a
	0℃-90 天+7 天	52.33±6.82a	10.06±1.22a	6.17±0.44a	28.89±2.53a	0.47±0.09a	13.90±1.02a	0.30±0.03a	7.10±0.84a
	6℃-90 天	30.48±1.59b	5.45±0.31b	4.84±0.51a	16.67±0.93ab	0.32±0.02a	12.40±1.17a	0.41±0.04a	7.30±0.75a
	6℃-90 天+7 天	46.62±3.18ab	6.96±1.73b	6.36±0.73a	22.22±3.72a	0.37±0.04a	12.10±0.55a	0.37±0.04a	7.00±0.59a
	0℃-120 天	37.52±2.27b	6.52±0.28b	4.82±0.38a	22.22±3.85b	0.46±0.09b	13.30±0.83a	0.28±0.02a	5.80±0.57a
	0℃-120 天+7 天	64.37±5.33a	13.47±0.94a	7.05±1.59a	44.43±5.49a	0.57±0.06a	12.30±0.65a	0.19±0.02b	5.10±0.29a
	6℃-120 天	35.07±4.72b	6.95±0.49b	5.22±0.34a	25.56±4.73b	0.38±0.05b	12.80±0.72a	0.30±0.03a	6.10±0.44a
	6℃-120 天+7 天	48.33±9.22b	8.74±1.92b	6.77±1.52a	30.00±7.85b	0.41±0.04b	12.50±0.49a	0.25±0.02ab	5.70±0.68a

续表

品种	贮藏时间/天	呼吸强度 [CO_2 mg/(kg·h)]	乙烯释放量 [μL/(kg·h)]	失重率/%	腐烂率/%	褐变指数	TSS/%	TA/%	籽粒感官评分
	0天	66.35±7.96	3.22±0.26	0.00±0.00	0.00±0.00	0.00±0.00	16.10±0.83	0.44±0.05	9.40±0.90
	0℃-30天	33.58±2.29c	3.75±0.24a	0.73±0.05天	3.33±0.42b	0.14±0.02b	15.90±0.64a	0.40±0.03a	9.10±0.82a
	0℃-30天+7天	46.17±5.57a	5.12±1.46a	1.58±0.09b	10.00±1.38a	0.22±0.02a	15.60±1.30a	0.36±0.04a	9.00±0.54a
	6℃-30天	39.42±1.65b	4.16±0.36a	1.16±0.15c	5.56±0.97b	0.12±0.02b	15.80±1.28a	0.37±0.04a	9.30±0.74a
	6℃-30天+7天	44.73±5.06a	4.86±1.22a	2.33±0.31a	12.22±1.44a	0.26±0.02a	15.70±0.74a	0.35±0.02a	9.10±0.88a
	0℃-60天	35.16±3.18b	4.04±0.58a	1.38±0.52c	6.67±1.74b	0.28±0.03a	15.30±1.05a	0.35±0.02a	8.50±0.61a
	0℃-60天+7天	48.40±3.45a	5.58±1.33a	2.94±0.31b	14.43±1.52a	0.31±0.05a	15.40±0.81a	0.32±0.03a	8.30±0.47a
	6℃-60天	37.55±4.40b	3.75±0.50a	2.42±0.16b	8.89±1.85a	0.24±0.03a	15.60±0.86a	0.33±0.02a	8.70±0.75a
突尼斯 1号	6℃-60天+7天	52.28±3.53a	4.60±0.52a	4.56±0.58a	16.67±1.30a	0.33±0.07a	15.20±0.55a	0.36±0.02a	8.40±0.60a
	0℃-90天	41.84±5.29b	4.82±0.40b	3.35±0.37b	12.22±0.96c	0.38±0.04a	14.20±0.69a	0.31±0.05a	7.40±0.70a
	0℃-90天+7天	55.17±2.74a	8.74±0.75a	4.72±1.56ab	26.67±2.63a	0.46±0.09a	13.40±1.27a	0.25±0.02a	7.00±0.36a
	6℃-90天	36.41±2.27c	5.07±0.44b	5.27±1.66ab	14.43±1.27c	0.35±0.03a	14.50±1.29a	0.35±0.06a	7.10±0.52a
	6℃-90天+7天	45.48±5.38b	6.68±0.73ab	6.51±1.47a	21.11±0.94b	0.42±0.06a	13.90±1.10a	0.29±0.03a	6.80±0.71a
	0℃-120天	39.02±4.11bc	5.83±0.49c	6.74±0.82a	23.33±1.70b	0.41±0.04b	13.80±0.60a	0.24±0.03a	6.20±0.52a
	0℃-120天+7天	60.95±5.82a	12.40±1.27a	9.35±2.04a	41.11±2.91a	0.55±0.05a	12.00±0.95a	0.13±0.02b	5.70±0.29a
	6℃-120天	34.27±4.52c	7.09±0.51bc	7.12±0.82a	22.22±2.61b	0.35±0.02b	12.60±0.37a	0.21±0.02a	6.40±0.42a
	6℃-120天+7天	49.61±4.05b	9.22±0.85b	8.59±1.71a	28.89±6.38b	0.39±0.02b	12.30±0.94a	0.17±0.02ab	5.80±0.35a

注　用Duncan法进行多重比较，同列中标有不同小写字母者表示组间差异显著（$P<0.05$），标有相同小写字母者表示组间差异不显著（$P>0.05$）。

货架期 7 天的样本差异，表明两个温度下贮藏前期冷藏后果实 7 天货架期品质变化不大，但 0℃冷藏 60 天后货架期 7 天贮藏品质劣变幅度明显大于 6℃。主成分 2 较好地区分贮藏中后期 0℃和 6℃组之间、0℃和 6℃与它们冷藏后货架期 7 天果实呼吸指标间的差异。由此可见，主成分分析能够较理想地区分"会理青皮软籽"石榴在贮藏 60 天后 0℃和 6℃组及其冷藏后货架期 7 天果实呼吸生理和贮藏品质间的差异，6℃冷藏后的"会理青皮软籽"石榴果实贮藏品质在货架期变化较小。

将表 4-17 中"突尼斯 1 号"石榴在 0℃和 6℃下不同贮藏时间及货架期 7 天各组数据标准化后进行主成分分析，分析结果见图 4-14。主成分 1 的贡献率为82.06%，主成分 2 的贡献率为 13.22%，两个主成分的累积方差贡献率为95.28%，基本包含了初始变量的大部分信息。由图 4-14（a）可知，主成分 1主要为果实的贮藏品质因子，主成分 2 可归纳为果实呼吸生理因子。由图 4-14（b）可知，主成分 1 较好地区分 0℃和 6℃贮藏与其冷藏后 7 天货架期果实的样本差异，表明 0℃和 6℃下贮藏前期冷藏后果实 7 天货架期贮藏品质变化不大，贮藏后期 0℃冷藏后货架期 7 天品质劣变明显大于 6℃组。第 2 主成分较好地区分贮藏中后期 0℃和 6℃与其冷藏后货架期 7 天果实呼吸生理指标间的差异。由此可见，主成分分析能够较理想地区分"突尼斯 1 号"石榴在 0℃和 6℃冷藏与其冷藏后货架期 7 天果实品质差异，0℃冷藏后的"突尼斯 1 号"石榴果实品质在货架期变化幅度较大，且冷藏时间越长货架期品质劣变越严重，而 6℃冷藏果实货架期品质变化较小。

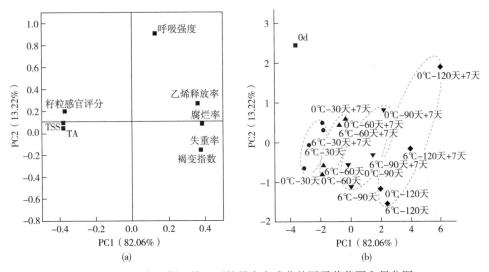

图 4-14 "突尼斯 1 号"石榴果实主成分的因子载荷图和得分图

因此，应根据不同品种和产地的石榴对低温的忍耐性，在不影响正常生命活动的前提下，尽可能维持较低的贮藏温度。本研究结果显示，6℃低温可以有效抑制石榴果实的腐烂、呼吸作用和乙烯的释放，有利于石榴果皮和籽粒品质的保持，与张润光和 Mahmood 等的研究结果基本一致。

4.3.5 微生物侵染

腐烂是石榴贮藏期品质劣变的重要症状表现，而病原菌的侵染是石榴腐烂的主要原因。引起石榴腐烂的病原菌可能在栽培过程中已经寄生于果实上，随着贮藏时间的延长，果实自身抗病能力不断减弱，病状开始显现，也有可能是由贮藏环境中存在的病原菌通过机械伤口、自然孔口等途径侵染，最终导致腐烂。一直以来，国内外学者对贮藏期石榴病害方面的研究主要集中在病原菌分离和鉴定上，但结果差异较大，目前主要报道的病原菌有以下几类：

4.3.5.1 青霉菌 (*Penicillium* spp.)

张润光等研究发现紫变青霉（*P. purpurogenum Stoll*）导致了喀什石榴贮藏期褐腐病，该菌在 pH 7.0 时孢子繁殖速度最快，且石榴受害后其表面产生青绿色霉层，后期干腐褐变且有特殊香味。胡青霞的研究则认为 *P. purpurogenum* 会引起贮藏库中石榴软腐的发生。Labuda 和 Khokhar 等报道，纠缠青霉（*P. implicatum*）是引起石榴贮藏期腐烂的主要病原菌，其症状表现为果皮先出现红褐色斑，并逐渐由果皮向果肉内蔓延。小刺青霉（*P. spinulosum*）引起的腐烂病在发病早期呈现水渍状褐斑，后期果面软化变形，在病部表面有大量灰白色霉层产生，且内部籽粒腐烂。

4.3.5.2 曲霉菌 (*Aspergillus* spp.)

张润光等认为石榴采后褐腐病的病原菌为黑曲霉（*A. niger* V. Tiegh. ），该菌生长 pH 值范围为 3.0~11.0，以 pH 5.0 时生长最快，发病早期呈水渍状褐斑，后期受害部软化腐烂，烂果处有大量黑色霉点状物。曲霉菌（*Aspergillus* spp. ）也可引起石榴的心腐病，其症状表现为果皮轻微变色和内部籽粒色泽变暗。

4.3.5.3 灰葡萄孢 (*Botryis cinerea*)

灰葡萄孢（*B. cinerea*）可通过花萼侵染，在石榴贮藏早期引起果皮轻微褐变，后期继续扩展使果皮粗糙、革质化。Tedford 等研究发现，*B. cinerea* 会引起美国加州"Wonderful"石榴的腐烂。此外，有报道表明灰霉菌的有性世代富氏葡萄核盘菌（*Botryotinia fuckeliana*）也可引起石榴贮藏期果实的腐烂，其症状表现与 *P. spinulosum* 引起的症状基本一致，其病部表面着生有大量灰霉点状物。

4.3.5.4　石榴垫壳孢 (*Coniella granati*) 或石榴鲜壳孢 (*Zythia versoniana*)

因石榴垫壳孢 (*C. granati*，又称石榴壳座月孢) 所引起的石榴干腐病在国内外多有报道，以前国内也称其为 *Z. versoniana*，二者仅在分生孢子大小上略有区别。该菌在危害石榴果实时，典型的症状表现为果实失水干缩、开裂，最终成为红褐色僵果。

4.3.5.5　葡萄座腔菌 (*Botryosphaeria dothidea*)

付娟妮的研究发现，葡萄座腔菌 (*B. dothidea*) 是引起陕西临潼石榴采后腐烂的病原菌，其症状特点与已报道的 *Z. versoniana* 导致的干腐病基本一致，病部早期有褐色或棕红色的小斑点，后期发展为水浸状褐色斑，进一步变为褐色至黑褐色的干疤 (干腐) 或褐色软腐状，内部籽粒变褐腐烂，并认为该菌在高温、低湿情况下表现为干腐，反之低温、高湿环境下则为软腐。

此外，Claramma 报道了 *Phomopsis* sp. 可导致石榴果实发生干腐病；刘会香等发现由小穴壳属 (*Dothiorella*) 引起石榴枝干疮痂病所表现出的粗糙、龟裂等增生型症状也可在果实上出现。石榴外壳孢 (*Aposphaeria punicina*)、石榴小赤壳孢 (*Nectriella versoniana*)、石榴痂圆孢菌 (*Sphaceloma punicae*)、镰刀菌 (*Fusarium* sp.)、石榴生尾孢霉菌 (*Cercospora punicae*)、假丝酵母 (*Candida Albicans*)、链格孢菌 (*Alternaria* spp.) 等均可对石榴果实造成危害。付娟妮在贮藏期腐烂的石榴果实上还分离到 *Schizoparme straminea*，经证实其致病性很弱或没有致病性。以上研究结果表明，不同病原菌可能会产生同种症状，且不同地区引起石榴贮藏期腐烂的病原菌及其症状表现也可能存在一定的差异，各病原菌的致病性、生物学特性等方面均有所差别。因此明确石榴各主产区贮藏期腐烂的主要病原菌种类、症状特点、生物学特性、发病规律等，对有针对性地采取保鲜措施具有十分重要的意义，现已成为石榴产业发展中急需解决的问题。

4.3.6　机械损伤

机械损伤会影响石榴贮藏特性和感官品质，在采收、分级、包装、贮藏、运输、加工和销售等过程中，因受到挤压、跌落、振动、碰撞和摩擦等作用，都会造成机械损伤。机械损伤会导致石榴受损部位细胞的破裂，造成细胞液外流，使底物与酶充分接触，促进酶促反应的发生。同时，受损部位表皮破裂，氧气进入量增加，从而促使了呼吸强度和乙烯产生量的明显提高，提高微生物侵染的风险。组织因受伤引起呼吸强度不正常的增加称为"伤呼吸"。

4.4 石榴采后主要侵染性真菌病害

项目组分别在四川石榴主产区会理、西昌和仁和等地收集贮藏过程中具有典型发病特征的"会理青皮软籽"和"突尼斯软籽"石榴果实和无病果实，观察石榴贮藏期各类腐烂果的病状，对病原菌进行分离鉴定，并测定其致病性，证实多种病原菌均可能导致攀西地区贮藏期石榴的腐烂，主要致病菌有5种。

4.4.1 石榴采后病害的侵染途径

石榴果实病害的侵染途径主要包括3种方式，即直接穿透侵染、自然孔道侵染和损伤侵染。直接穿透侵染是病原微生物在寄主体外直接穿透表皮细胞进入寄主体内，而自然孔道侵染是病原微生物通过气孔、皮孔等自然孔道侵入植物组织内。石榴果实采后微生物侵染大部分是由表皮的机械损伤和生理损伤组织部位侵入，采收、分级、包装、挤压、摩擦等过程造成的机械损可增加微生物的侵染点。另外，不良的贮藏条件也会引起石榴果实的生理损伤，从而导致其失去抗性，病原菌便乘虚而入，如由于冷害、药害等原因损伤表皮细胞，导致细胞膜透性的增加，微生物的侵染危害也会增大，这些情况均属于损伤侵染。

侵染步骤主要分为：侵入前期，即从病原菌与寄主接触开始到病原菌向侵入部位生长或活动，并形成侵入前的某种侵入结构；侵入期，从病原菌开始侵入病原菌与寄主建立寄生关系为止；潜育期，从病原菌侵入与寄主建立寄生关系开始直到表现明显的症状为止；发病期，即显症期，最终导致果实腐烂。

4.4.2 石榴采后几种真菌病原菌的分离与鉴定

4.4.2.1 症状表现

一般认为在石榴生长期已潜伏侵染的病原菌是导致贮藏过程中石榴腐烂的主要原因，主要发生在贮藏中后期，此时伴随着石榴果皮褐变、失水等症状的加重，加之采收及贮藏过程中一系列操作不当造成果实的机械损伤、生理失调等导致石榴自身的抵抗力明显下降，潜伏侵染的病菌以及贮藏场所内的腐生菌大量繁殖，最终引起果实腐烂，使其丧失食用价值。研究发现，石榴腐烂的症状主要表现为干腐和软腐两种类型，易在石榴果实萼筒、果柄以及果面伤口等处先发病。其中石榴干腐病早期果面上先形成黑褐色小病斑，继而病斑蔓延扩大，逐渐形成近圆形黑褐色或不规则形的浅褐色斑块，斑块外缘伴生水浸状浅褐色晕

环 [图 4-15 (a)]；后期病斑迅速扩展，患处组织相互融合使果面大部分或整果变成浅至黑褐色，果面略凹陷或腐烂 [图 4-15 (b)]，籽粒也随之变褐腐烂。

石榴软腐病在感病初期果面出现浅褐色或棕红色的小斑点，而后病斑蔓延逐渐形成规则的近圆形浅褐色水浸状斑块 [图 4-15 (c)]；后期病斑迅速扩展，患处组织呈褐色软腐状，触摸时气囊感显著，用拇指按压时果实软腐感明显，病斑进一步扩展，整果或果面大部分变成褐色软腐，病部中心未见明显凹陷 [图 4-15 (d)]，病部可见细沙状难刮取的浅褐色颗粒状物，籽粒变褐腐烂，有明显的酒味。

彩图

(a) 软腐前中期　　(b) 软腐后期　　(c) 干腐前中期　　(d) 干腐后期

图 4-15　石榴贮藏期腐烂的症状

4.4.2.2　病原菌的分离与形态学鉴定

从贮藏期"会理青皮软籽"320 个腐烂果上 1349 个病斑中分离出 451 个真菌菌落；在"突尼斯 1 号"304 个腐烂果上 1303 个病斑中分离出 426 个真菌菌落。两个石榴品种上均分离得到的病原菌在菌落类型上一致的有 5 种，且其分离率接近；5 种类型的菌落分别以代号 A1、E2、K2、H5 和 G4 命名，每种类型菌落的平均分出率分别为 56.3%、31.2%、6.2%、3.8% 和 2.5%，其菌落培养特性如下：

（1）A1。此分离物在 PDA 培养基上（25±0.5）℃培养 2~3 天后，培养基表面即长出大量白色簇状的菌丝体，菌丝生长速率较慢，为 11.7 mm/天，呈放射状向四周扩展生长，菌落不规则，分层生长现象明显，内层菌丝较密集，而外层较稀疏，每一圈菌落的边缘处有数个明显突出部位，具体生长方式为菌丝先扩展至一定大小，即在菌落边缘产生不发达的白色气生菌丝，继而又在培养基表面呈放射状再次扩展，而后又出现气生菌丝，如此反复 3~4 次，最终在平板表面形成同心轮纹状、表面干燥且形状不规则的菌落 [图 4-16 (a) (b)]。此后，随着培养时间的延长，菌丝体的颜色逐渐由白色过渡至灰白色，最后形成黑色的分生孢子器。从培养基表面或从发病果实上挑取到的黑（褐）色颗粒状物即为分生孢子器，呈球形［图 4-16（c）］，淡褐色，器壁较薄，其大小为（50.7~93.8）μm×（101.4~141.9）μm，密聚或散生，埋生或半埋生于菌丝层中，产孢区域有垫状隆起现象，分生孢子器正中央具有一孔口，顶部无凸出，未发现其分生孢子梗。圆柱形的产孢细胞在基部垫状隆起处伸出，无色且光滑。分生孢子纺锤形［图 4-16（d）］，直或略弯，浅褐色，大小（10.2~14.5）μm×（2.5~3.5）μm。将此分离物接种于石榴上，48 h 后即可产生典型的软腐症状，此后无论继续保湿培养与否，病斑均以极快的速度扩展，一般在发病 7 天左右腐烂斑面积可达果面的 50% 以上。在感病初期，果面仅出现浅褐色的小斑点，此后病斑蔓延逐渐形成规则的圆形浅褐色水浸状大斑块［图 4-16（e）］，病部中心未见明显凹陷；后期病斑扩展较快，患处组织呈褐色软腐状，触摸时气囊感显著，用拇指按压时果实软腐感明显，病斑进一步扩展，整果或果面大部分变成褐色软腐，果面凹陷，籽粒变褐腐烂［图 4-16（f）］，有明显的酒糟味，病部可见细沙状难刮取的黑褐色颗粒状物［图 4-16（g）］。根据病原菌的培养性状、形态学特征和症状特点，参照相关文献，初步鉴定该病原菌为石榴垫壳孢（*Coniella granati*）。

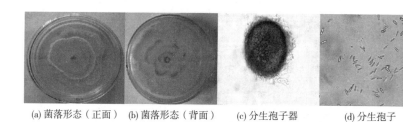

(a) 菌落形态（正面）　(b) 菌落形态（背面）　(c) 分生孢子器　(d) 分生孢子

彩图

(e) 接种症状　　　　(f) 内部籽粒腐烂　　　　(g) 果面细沙状物

图 4-16　石榴垫壳孢菌所致果实贮藏期腐烂病的典型症状、病原菌形态特征及致病性测定

（2）E2。此分离物在 PDA 培养基上（25±0.5）℃培养，其生长迅速，为29.8 mm/天，3 天后可长满整个培养皿（9 cm），气生菌丝非常发达，菌丝中央明显隆起，向上生长现象明显，高度可至培养皿上盖，菌落圆形或近圆形，边缘整齐。生长初期，其基内菌丝及气生菌丝均为白色绒毛状，4~5 天后气生菌丝变为灰黑色［图 4-17（a）（b）］，后期基质菌丝均变为黑色，可发现少许黑色坚

硬状菌核。在 PDA 培养基上培养 3 周可形成黑色的分生孢子器，分生孢子器近球形或不规则形，直径为 245.6~418.2 μm，平均为 289.3 μm。成熟的分生孢子单胞，无隔，椭圆形至纺锤形，壁薄且半透明状，大小为（12.0~17.5）μm×（4.0~6.0）μm［图 4-17（c）］。将此分离物接种于石榴上，96 h 后产生明显症状，病斑在保湿培养条件下可以较快的速度扩展。早期病斑中间黑色，边缘浅褐色，病斑中央可见明显凹陷［图 4-17（d）］；后期病斑进一步扩展，整果或果面大部分呈黑褐色至深褐色状腐烂，籽粒亦变褐腐烂，触摸患处时气囊感明显［图 4-17（e）］。根据病原菌的培养性状、形态学特征和症状特点，参照相关文献，初步鉴定该病原菌为小新壳梭孢（*Neofusicoccum parvum*）。

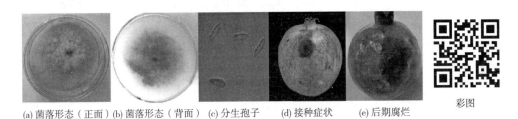

(a) 菌落形态（正面）　(b) 菌落形态（背面）　(c) 分生孢子　(d) 接种症状　(e) 后期腐烂　　彩图

图 4-17　小新壳梭孢菌所致石榴贮藏期腐烂病的典型症状、病原菌形态特征及致病性测定

（3）K2。此分离物在 PDA 培养基上（25±0.5）℃培养，其生长速度较快，为 22.3 mm/天。生长早期，培养皿表面产生较浓密的白色菌丝体，较粗壮，呈放射状扩展，伴生有中等量的气生菌丝，匍匐状将平板覆盖，菌落边缘较整齐，近圆形至圆形［图 4-18（a）（b）］；后期即产生大量灰褐色至黄褐色的分生孢子梗，偶见少量菌核散生于平板表面。分生孢子梗褐色至淡褐色，单生或丛生，多数在梗的中上部呈任意锐角分枝，角度适中，分枝处缢缩，梗基部略膨大［图 4-18（c）］，产孢细胞近球形，膨大。分生孢子多为椭圆形或长椭圆形，单胞，无色至浅褐色，表面较光滑，大小为（7.5~14.5）μm×（5.2~9.4）μm［图 4-18（d）］。菌核黑褐色至黑色，多散生，表面光滑、不光滑或呈疣状突起，时伴有露珠状分泌物，菌核大小为（0.8~4.5）mm×（0.8~3.5）mm，形状不规则，常被菌丝所覆盖。将此分离物接种于石榴上，96 h 后产生明显症状，病斑在保湿培养条件下扩展速度较快。早期病斑浅褐色，病部中央较饱满，不凹陷，可见明显水浸状褐斑［图 4-18（e）］；后期病斑继续扩展，整果或果面大部分软化变形，病部表面有灰霉点状物，同时内部籽粒腐烂。根据病原菌的培养性状、形态学特征和所致病害症状特点，参照相关文献，初步鉴定该病原菌为灰葡萄孢菌（*Botrytis cinerea*）。

(a) 菌落形态（正面）(b) 菌落形态（背面）(c) 分生孢子梗　　(d) 分生孢子　　(e) 接种症状　　彩图

图 4-18　灰葡萄孢菌所致石榴贮藏期腐烂病的典型症状、病原菌形态特征及致病性测定

（4）H5。此分离物在 PDA 培养基上（25±0.5）℃ 培养，其生长速度较快，为 26.2 mm/天，培养 3~4 天后可长满整个培养皿。菌落生长初期为白色绒毛状，圆形、近圆形或不规则形，气生菌丝生长旺盛，平板中心菌丝浓密发达，呈喷泉状向上生长可直达培养皿盖，基内菌丝呈环形簇状生长，即使在平板背面也能明显看到菌丝的环状生长纹［图 4-19（a）（b）］。培养 4~7 天后菌落背面中央开始出现灰黑色至橄榄绿色色素沉淀，呈辐射状分布；此后菌落逐渐变成墨黑色，边缘菌丝灰白色、较稀疏，可见灰黑色菌核产生［图 4-19（c）］。菌丝有隔，多数呈网状分枝。全光照培养 3~4 周后，有散生或聚生的黑色颗粒状物产生，即为病原菌的分生孢子器，梨形或球形，直径为 130.83~235.85 μm［图 4-19（d）］。分生孢子椭圆至纺锤形，无色，单胞，呈透明状，大小为（17.25~24.18）μm×（4.76~6.95）μm。将此分离物接种于石榴上，96 h 后产生明显症状，病斑在保湿培养条件下扩展速度中等。早期病斑中心黑色，四周深褐色，病斑中心明显凹陷，有时可见 2~3 圈同心轮纹斑［图 4-19（e）］，边缘未见明显水浸状；后期整果或果面大部分腐烂，但病部较干燥。根据病原菌的培养性状、形态学特征和所致病害症状特点，参照相关文献，初步鉴定该病原菌为葡萄座腔菌（*Botryosphaeria dothidea*）。

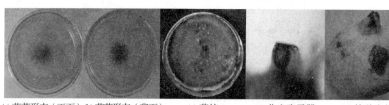

(a) 菌落形态（正面）(b) 菌落形态（背面）　(c) 菌核　　(d) 分生孢子器　(e) 接种症状　　彩图

图 4-19　葡萄座腔菌所致石榴贮藏期腐烂病的典型症状、病原菌形态特征及致病性测定

（5）G4。此分离物在 PDA 培养基上（25±0.5）℃ 培养，其生长速度较慢，

为 8.8 mm/天，7~10 天长满整个培养皿（90mm）。基内菌丝和气生菌丝均较发达，菌落生长初期为灰白色绒毛状，中心浅至深灰绿色，边缘灰白色，较整齐，3~4 天后菌丝内外圈分层明显，内圈菌丝层变为深灰色，而外圈菌丝仍为灰白色，且以内圈菌丝为主。对应菌落背面由内到外依次为黑色和灰白色，伴有 2~3 圈深色晕纹［图 4-20（a）（b）］。后期整个菌落变为灰黑色，中央略隆起，背面黑色，边缘呈淡紫色。菌丝有隔，其上产生分生孢子梗［图 4-20（c）］和分生孢子，梗暗色，有分枝。经 PDA 培养基上培养 7 天后，可发现有许多墨绿色分生孢子产生，分生孢子单生或短链生，近椭圆形或倒棍棒形，淡褐色至褐色［图 4-20（d）］。分生孢子为（16.0~35.2）μm×（7.8~13.9）μm，具短柱状或锥状的喙，淡褐色，大小为（1.91~8.25）μm×（2.53~4.96）μm，有 2~8 个横隔膜，0~5 个纵斜隔膜，分隔处略缢缩。将此分离物接种于石榴上，120 h 后产生明显症状，病斑在保湿培养条件下扩展速度较慢。早期病斑大部分黑色，四周呈浅褐色水浸状，病斑不凹陷；后期病部全变为黑色，因受果皮限制病斑不易连成片，病部干燥［图 4-20（e）］。根据病原菌的培养性状、形态学特征和所致病害症状特点，参照相关文献，初步鉴定该病原菌为链格孢属真菌（*Alternaria* sp.）。

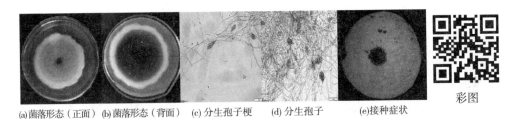

(a)菌落形态（正面）　(b)菌落形态（背面）　(c)分生孢子梗　(d)分生孢子　(e)接种症状　彩图

图 4-20　链格孢所致石榴贮藏期腐烂病的典型症状、病原菌形态特征及致病性测定

4.4.2.3　病原菌的致病性

将分离到的 5 种病原菌对石榴果实进行无伤接种和有伤接种，结果如表 4-18 所示，可以看出在有伤条件下，5 种病原菌均可使两个石榴品种致病，品种间差异不显著，病原菌间致病性差异达到显著水平（$P<0.05$）。其中以 A1 的致病性最强，其次为 E2，其致病性分别可高达"++++++"和"+++++"级，G4 的致病性最弱，仅为"++"级。同时，无伤接种的情况下，只有 A1 和 E2 能致病，且比有伤接种的病斑扩展速度更快。经人工接种后的病斑症状与该菌自然发病的症状基本一致。此外，再次对接种后发病的病斑进行分离、纯化，得到了与原分离物性状相同的病原菌。

表 4-18　5 种病原菌接种石榴果实的致病情况

病原菌编号	品种	刺伤接种		未刺伤接种	
		腐烂直径/mm	致病性	腐烂直径/mm	致病性
A1	1	95.0±0.9a	++++++	63.2±1.0a	++++++
	2	93.8±1.1a	++++++	62.9±0.7a	++++++
E2	1	20.3±0.5b	+++++	8.5±0.5b	++
	2	20.1±0.7b	+++++	8.1±0.3b	++
K2	1	15.3±0.5c	++++	0.0±0.0c	−
	2	15.0±0.6c	++++	0.0±0.0c	−
H5	1	11.3±0.5d	+++	0.0±0.0c	−
	2	10.8±0.6d	+++	0.0±0.0c	−
G4	1	8.0±0.5e	++	0.0±0.0c	−
	2	7.7±0.7e	++	0.0±0.0c	−
CK	1	0.0±0.0f	−	0.0±0.0c	−
	2	0.0±0.0f	−	0.0±0.0c	−

注　品种 1 为会理青皮软籽石榴，品种 2 为突尼斯 1 号石榴；用 Duncan 法进行多重比较，同列中标有不同小写字母者表示组间差异显著（$P<0.05$），标有相同小写字母者表示组间差异不显著（$P>0.05$）。

4.4.2.4　病原菌的分子生物学鉴定

将 A1、E2、K2、H5 和 G4 共 5 个分离菌株经 rDNA PCR 扩增和产物测序结果分别与 GenBank 中已有序列进行同源性比对，结果发现依次与 *Coniella granati*、*Neofusicoccum parvum*、*Botrytis cinerea*、*Botryosphaeria dothidea* 和 *Alternaria* sp. 的同源性最高，其同源性各自为 99%、100%、99%、100% 和 100%。此外，各分离菌株均选择同源性比较高的 3 株菌（其相似度均在 99% 以上）来构建系统发育树，结果也表明从贮藏期腐烂的石榴上分离得到的 5 个菌株分别与 *Coniella granati*（石榴垫壳孢，其有性态为 *Pilidiella granati*）、*Neofusicoccum parvum*（小新壳梭孢）、*Botrytis cinerea*（灰葡萄孢，其有性态为 *Botryotinia fuckeliana*）、*Botryosphaeria dothidea*（葡萄座腔菌）和 *Alternaria* sp.（链格孢属）聚为一簇且在系统发育树的同一分支上，且各菌株的分子学鉴定结果与其形态学鉴定结果一致（图 4-21）。

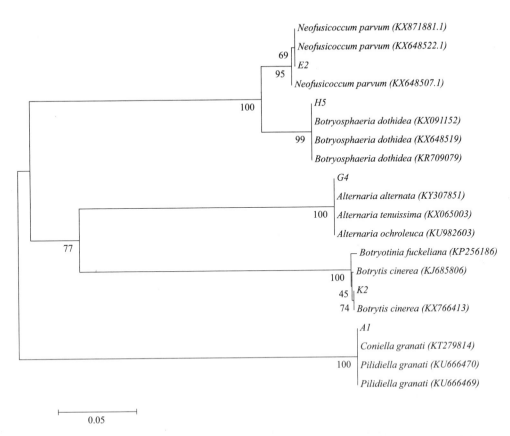

图 4-21　采用 MEGA5.2 软件中的 NJ 法所构建的 5 株病原菌与其相似菌的系统发育树

4.4.3　石榴采后几种真菌病原菌的生物学特性

4.4.3.1　不同培养基对菌丝生长的影响

如表 4-19 所示，石榴贮藏期引起腐烂的病原菌菌丝在供试的 6 种培养基上生长状况不同，总体上以 PDA 和燕麦培养基较好，但病原菌之间存在一定的差异。其中，*Coniella granati*、*Neofusicoccum parvum* 和 *Botrytis cinerea* 均在 PDA 培养基上生长最好，在该培养基上培养 3 天时平均菌落直径分别达到（39.30±2.25）mm、（83.50±4.65）mm 和（66.50±4.52）mm，而 *Botryosphaeria dothidea* 和 *Alternaria* sp. 最适宜在燕麦培养基上生长，在该培养基上培养 3 天时平均菌落直径分别为（62.50±4.13）mm 和（34.05±2.15）mm，各菌株最适生长培养基均与其他供试培养基间的差异达到显著水平（*P*<0.05），且在该培养基上菌丝生长速度较快，菌丝浓密。从表 4-19 中还可以看出查氏培养基不适合各病原菌菌

丝的生长，在该培养基上各菌丝的生长速度最慢，菌落较稀疏，与其他各供试培养基间差异显著（$P<0.05$）。此外，*Coniella granati* 在 MS 培养基上不能正常生长。

表 4-19　培养基对菌丝生长的影响

培养基	菌落直径/mm				
	Coniella granat	*Neofusicoccum parvum*	*Botrytis cinerea*	*Botryosphaeria dothide*	*Alternaria* sp.
玉米培养基	36.20±2.12b	77.50±4.78b	40.50±4.20c	59.25±3.65b	31.10±1.76b
燕麦培养基	34.50±3.10b	79.25±5.18b	37.00±3.16d	62.50±4.13a	34.05±2.15a
PDA 培养基	39.30±2.25a	83.50±4.65a	66.50±4.52a	54.25±4.32c	25.50±2.22c
MS 培养基	—	76.50±5.06b	24.50±2.05e	56.00±5.25bc	15.75±1.68e
理查德培养基	21.00±1.68c	76.75±5.78b	44.50±2.98b	58.25±4.78b	19.80±2.06d
查氏培养基	17.60±2.04d	28.00±3.15c	17.50±1.26f	24.25±3.52d	14.55±1.24e

注　用 Duncan 法进行多重比较，同列中标有不同小写字母者表示组间差异显著（$P<0.05$），标有相同小写字母者表示组间差异不显著（$P>0.05$）。

4.4.3.2　不同碳源对菌丝生长的影响

由表 4-20 可知，5 种引起石榴贮藏期腐烂的病原菌均可在不同碳源的培养基上生长，其中 *Coniella granati*、*Neofusicoccum parvum* 和 *Alternaria* sp. 在淀粉培养基中生长最好，接种 3 天其菌落平均直径分别达到（22.60±1.85）mm、（46.50±3.11）mm 和（20.70±1.62）mm，而 *Botrytis cinerea* 和 *Botryosphaeria dothidea* 则以甘露醇为最佳碳源，在以其为碳源的培养基上培养 3 天，平均菌落直径分别为（61.00±4.36）mm 和（34.50±2.26）mm，同一病原菌的最佳碳源均与其他供试碳源间存在显著差异（$P<0.05$），且在该碳源下菌丝生长速率较快，菌丝较浓密。此外，不同病原菌最不适宜碳源间也存在着一定的差异，其中 *Coniella granati* 和 *Alternaria* sp. 均在以甘露醇为碳源的培养基上生长最慢，培养 3 天时其菌落平均直径分别仅为（7.50±0.72）mm 和（13.00±1.05）mm，*Neofusicoccum parvum* 在以葡萄糖、麦芽糖和果糖为碳源的培养基上均生长较差，葡萄糖、麦芽糖、乳糖和淀粉不利于 *Botrytis cinerea* 生长，而 *Botryosphaeria dothidea* 则在以麦芽糖和乳糖为碳源的培养基上生长最慢。

表 4-20　碳源对菌丝生长的影响

碳源	菌落直径/mm				
	Coniella granat	*Neofusicoccum parvum*	*Botrytis cinerea*	*Botryosphaeria dothide*	*Alternaria* sp.
葡萄糖	15.90±1.58b	27.75±1.85c	26.00±3.05c	30.50±3.18b	16.95±1.85b
麦芽糖	11.25±1.06c	26.50±2.15c	22.75±2.96c	18.25±1.59d	15.90±1.66b
乳糖	10.70±1.25c	33.25±3.02b	23.00±3.09c	12.00±1.22e	17.25±1.26b
果糖	10.25±0.85c	26.75±2.07c	36.50±2.82b	21.25±2.92c	16.35±1.40b
淀粉	22.60±1.85a	46.50±3.11a	25.75±3.22c	23.50±2.66c	20.70±1.62a
甘露醇	7.50±0.72d	32.50±2.86b	61.00±4.36a	34.50±2.26a	13.00±1.05c

注　用 Duncan 法进行多重比较，同列中标有不同小写字母者表示组间差异显著（$P<0.05$），标有相同小写字母者表示组间差异不显著（$P>0.05$）。

4.4.3.3　不同氮源对菌丝生长的影响

如表 4-21 所示，5 种导致石榴贮藏期腐烂的病原菌在不同氮源的培养基上菌丝的生长情况存在着一定的差异，其各自最适宜的氮源也不尽相同。其中，尿素最不易被各供试病原菌利用，除 *Neofusicoccum parvum* 和 *Alternaria* sp. 能在其上缓慢地生长外，其他 3 种病原菌在以其为氮源的培养基上均无法正常生长。硫酸铵、甘氨酸、半胱氨酸和蛋氨酸 4 种氮源则均可被各病原菌利用，其中 *Botrytis cinerea*、*Botryosphaeria dothidea* 和 *Alternaria* sp. 均以半胱氨酸为最佳氮源，3种病原菌接种在以其为氮源的培养基上培养 3 天，平均菌落直径在各氮源处理中均达到最大，依次为（77.50±4.96）mm、（68.25±5.33）mm 和（26.50±1.59）mm；*Coniella granati* 从在蛋氨酸为氮源的培养基上生长最好，培养 3 天时其菌落平均直径分别为（27.25±2.25）mm；*Neofusicoccum parvum* 对硫酸铵的利用最好，在以其为氮源的培养基上培养 3 天，菌落直径可高达（75.50±5.29）mm；供试病原菌在各自最佳氮源的培养基上菌落直径均与其他氮源间差异显著（$P<0.05$）。

表 4-21　氮源对菌丝生长的影响

氮源	菌落直径/mm				
	Coniella granat	*Neofusicoccum parvum*	*Botrytis cinerea*	*Botryosphaeria dothide*	*Alternaria* sp.
尿素	—	19.25±1.68e	—	—	12.00±1.08c

氮源	菌落直径/mm				
	Coniella granat	*Neofusicoccum parvum*	*Botrytis cinerea*	*Botryosphaeria dothide*	*Alternaria* sp.
硝酸钾	—	68.25±5.21b	41.75±2.16c	38.50±2.59c	22.65±1.16b
硫酸铵	10.75±1.13c	75.50±5.29a	43.00±2.52c	60.75±3.75b	8.70±1.05d
甘氨酸	12.75±1.21c	31.00±2.30d	20.50±1.28d	30.25±4.13d	23.10±2.15b
半胱氨酸	22.50±1.29b	62.00±4.66c	77.50±4.96a	68.25±5.33a	26.50±1.59a
蛋氨酸	27.25±2.25a	61.25±3.78c	71.00±5.18b	61.00±4.62b	22.50±2.03b

注 用 Duncan 法进行多重比较，同列中标有不同小写字母者表示组间差异显著（$P<0.05$），标有相同小写字母者表示组间差异不显著（$P>0.05$）。

4.4.3.4 不同温度对菌丝生长的影响

如表4-22所示，5种引起石榴贮藏期腐烂的病原菌均能在 10~27℃ 条件下生长，各菌菌丝的最适生长温度及其对高温的适应范围存在着较大的差异。就最适温度而言，*Coniella granati*、*Neofusicoccum parvum* 和 *Botrytis cinerea* 均以25℃最佳，经 PDA 培养基培养3天时其菌落平均直径分别为（41.50±2.35）mm、（84.10±4.18）mm 和（67.50±4.13）mm，而 *Botryosphaeria dothidea* 和 *Alternaria* sp. 则分别在30℃和27℃下生长最好，接种此两种病原菌在 PDA 培养基上培养 3 d，其菌落直径依次为（90.00±4.29）mm 和（27.67±2.29）mm，各病原菌菌丝最佳生长温度的处理与其他温度处理间差异均达到显著水平（$P<0.05$）。在对高温的适应性上，以 *Botryosphaeria dothidea* 和 *Alternaria* sp. 的能力最强，35℃下其菌丝仍能正常生长，其次为 *Coniella granati* 和 *Neofusicoccum parvum*，而 *Botrytis cinerea* 在30℃已不能正常生长。

表4-22 温度对菌丝生长的影响

温度	菌落直径/mm				
	Coniella granat	*Neofusicoccum parvum*	*Botrytis cinerea*	*Botryosphaeria dothide*	*Alternaria* sp.
5℃	—	—	—	—	—
10℃	6.25±0.83f	7.00±0.55e	16.50±1.28d	8.00±0.80 g	7.00±0.59d
15℃	12.50±1.06e	7.50±0.68e	41.25±2.09c	14.50±0.78f	12.25±0.90c
20℃	27.00±1.24c	41.00±2.46d	62.00±3.58b	29.25±1.12e	13.00±1.22c

续表

温度	菌落直径/mm				
	Coniella granat	*Neofusicoccum parvum*	*Botrytis cinerea*	*Botryosphaeria dothide*	*Alternaria* sp.
25℃	41. 50±2. 35a	84. 10±4. 18a	67. 50±4. 13a	58. 75±2. 17c	23. 75±1. 39b
27℃	32. 25±1. 82b	76. 25±3. 62b	63. 00±3. 66b	67. 25±3. 32b	27. 67±2. 29a
30℃	19. 25±1. 15d	60. 50±3. 85c	—	90. 00±4. 29a	24. 10±1. 85b
35℃	—	—	—	51. 25±3. 36d	12. 50±1. 05c
40℃	—	—	—	—	—

注　用 Duncan 法进行多重比较，同列中标有不同小写字母者表示组间差异显著（$P<0.05$），标有相同小写字母者表示组间差异不显著（$P>0.05$）。

4.4.3.5　不同 pH 值对菌丝生长的影响

从表 4-23 可看出，5 种引起石榴贮藏期腐烂的病原菌对酸碱的适应范围不同，菌丝生长的最适 pH 值也存在着较大的差异。其中，*Coniella granati* 生长的 pH 值范围最窄，仅为 3.0~6.0，以 pH 4.0 条件下生长速率最快，与其他处理间差异显著（$P<0.05$）；其次为 *Botrytis cinerea*，生长范围为 pH 3.0~7.0，该最适 pH 值为 4.0~6.0，在此 pH 值范围内培养 3 天，其菌落直径可达（86.50±4.98）~（90.00±6.23）mm。*Neofusicoccum parvum*、*Botryosphaeria dothidea* 和 *Alternaria* sp. 生长 pH 值适应范围最广，为 3.0~10.0，其中 *Neofusicoccum parvum* 和 *Botryosphaeria dothidea* 更适合在酸性环境中生长，其最适 pH 值均为 4.0，该条件下培养 3 天菌落直径分别为（88.50±5.84）mm 和（62.00±3.56）mm；*Alternaria* sp. 较适应中性偏碱性环境，其最适的 pH 值范围为 7.0~8.0。各致病菌在其最适 pH 值条件下菌落平均直径均与其他 pH 值处理间差异显著（$P<0.05$）。

表 4-23　不同 pH 值对石榴贮藏期主要病害病原菌菌丝生长的影响

pH	菌落直径/mm				
	Coniella granat	*Neofusicoccum parvum*	*Botrytiscinerea*	*Botryosphaeria dothide*	*Alternaria* sp.
3.0	33. 20±2. 25b	52. 40±3. 18b	38. 75±2. 96b	35. 25±3. 05b	10. 50±0. 95e
4.0	40. 50±2. 51a	88. 50±5. 84a	86. 50±4. 98a	62. 00±3. 56a	15. 50±2. 02d
5.0	32. 50±2. 78b	32. 50±2. 36c	87. 75±5. 88a	33. 50±2. 81b	16. 50±1. 62cd
6.0	8. 00±0. 90c	15. 00±1. 05d	90. 00±6. 23a	15. 00±1. 12c	16. 75±1. 55cd

续表

pH	菌落直径/mm				
	Coniella granat	*Neofusicoccum parvum*	*Botrytiscinerea*	*Botryosphaeria dothide*	*Alternaria* sp.
7.0	—	7.75±0.82e	27.50±2.63c	10.25±1.35d	23.00±1.60a
8.0	—	8.00±0.56e	—	10.50±0.80d	25.50±1.86a
9.0	—	8.00±0.78e	—	10.00±0.92d	18.25±1.96b
10.0	—	7.25±1.23e	—	10.50±0.84d	17.50±2.30bc

注 用 Duncan 法进行多重比较，同列中标有不同小写字母者表示组间差异显著（*P*<0.05），标有相同小写字母者表示组间差异不显著（*P*>0.05）。

4.4.3.6 光照对菌丝生长的影响

从表 4-24 可看出，5 种引起石榴贮藏期腐烂的病原菌均能在 3 种不同的光照条件下正常生长，但光照对各病原菌的生长有明显的促进作用。在 24 h 全光照的条件下，*Coniella granati*、*Neofusicoccum parvum*、*Botrytis cinerea* 和 *Botryosphaeria dothidea* 4 种病原菌菌落生长速度均为最快，培养 3 天菌落直径分别达到（35.00±2.45）mm、（89.50±5.18）mm、（67.00±4.22）mm 和（78.75±5.82）mm，且与其他两个光照处理间差异均显著（*P*<0.05）。*Alternaria* sp. 则在 12 h 光暗交替和 24 h 全光照条件下菌落生长速度较快，培养 3 天其菌落直径分别为（27.75±2.08）mm 和（26.50±1.92）mm，二者间差异不显著（*P*>0.05），但均与 24 h 全黑暗处理差异显著（*P*<0.05）。

表 4-24 光照时间对菌丝生长的影响

光照条件	菌落直径/mm				
	Coniella granat	*Neofusicoccum parvum*	*Botrytis cinerea*	*Botryosphaeria dothide*	*Alternaria* sp.
全光照	35.00±2.45a	89.50±5.18a	67.00±4.22a	78.75±5.82a	26.50±1.92a
半光照	28.25±2.26b	78.00±5.42b	58.75±3.56b	61.25±4.39b	27.75±2.08a
全黑暗	26.50±2.63b	50.75±3.65c	59.00±4.13b	35.50±3.07c	22.75±2.35b

注 用 Duncan 法进行多重比较，同列中标有不同小写字母者表示组间差异显著（*P*<0.05），标有相同小写字母者表示组间差异不显著（*P*>0.05）。

4.4.4　两种主要病原菌对石榴采后生理特性及品质的影响

4.4.4.1　接种病原菌后果实病斑直径变化情况

将 A1 和 E2 两种病原菌接种于两个石榴品种的果皮表面上并进行保湿培养，分别在接种后第 2 天和第 4 天开始出现症状，且病斑直径随培养时间的延长而不断扩大，且两个品种石榴果实上发病情况基本一致。由图 4-22 可知，两种病原菌相比，A1 菌株的致病性更强，在接种后 2 天后病斑直径开始快速递增，8 天时在两个品种石榴果实上已分别高达 9.6 cm 和 8.7 cm，品种间差异不显著（$P>0.05$）。E2 菌株产生的病斑在接种前 6 天扩展较慢，此后快速递增，12 天时在两个品种上病斑直径分别 8.5 cm 和 7.9 cm，品种间差异不显著（$P>0.05$）。

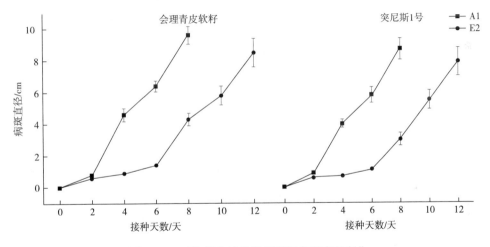

图 4-22　石榴果实接种病原菌后病斑直径变化

4.4.4.2　两种病原菌对石榴呼吸强度和乙烯释放率的影响

如图 4-23 所示，两个石榴品种果实接种 A1 和 E2 病原菌后，均出现呼吸强度和乙烯释放率急剧上升的现象，且 A1 病原菌导致其递增幅度较大。接种 A1 病原菌后，两个石榴品种果实均在接种后 6 天呼吸强度开始快速上升，8 天时分别递增为初始值的 2.20 倍和 1.86 倍，而乙烯释放率均在接种 4 天时出现明显的递增，8 天时分别递增为初始值的 17.08 倍和 14.45 倍，均与 E2 组和对照组差异显著（$P<0.05$）。由于 E2 病原菌致病性弱于 A1 病原菌，呼吸强度和乙烯释放率快速递增的时间出现较晚，变化幅度也小于 A1 组，两个石榴品种果实呼吸强度递增分别于接种 8 天和 10 天出现，12 天时分别为初始值的 10.35 倍和 9.10 倍，而乙烯释放率递增分别于接种第 6 天和 8 天出现，12 天时分别为初始值的 1.64

倍和 1.53 倍，且均显著高于对照组（$P<0.05$）。

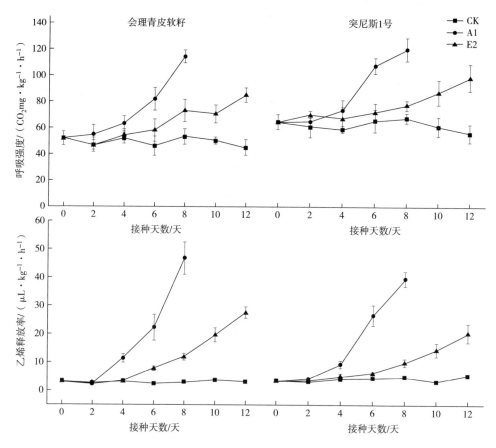

图 4-23　病原菌对石榴果实呼吸强度和乙烯释放率的影响

4.4.4.3　两种主要病原菌对石榴 PPO、POD 和 PAL 酶活性变化的影响

PPO 能催化果实组织中的多酚物质发生氧化聚合，产生醌类物质，发生典型的防御反应。由图 4-24 可见，将 A1 和 E2 病原菌接种于两个石榴品种均会使其果皮 PPO 活性升高，而对照组 PPO 活性一直变化不明显。接种 A1 病原菌的两个石榴品种，果皮 PPO 活性分别在 6 天和 4 天开始出现快速的升高，8 天时分别递增为 14.10 U/g 鲜重和 13.15 U/g 鲜重，均显著高对照组（$P<0.05$）。两个石榴品种接种 E2 病原菌后，果皮 PPO 活性递增的幅度较低，分别于 8 天和 10 天达到峰值，为 12.83 U/g 鲜重和 11.08 U/g 鲜重，且与对照组差异显著（$P<0.05$）。

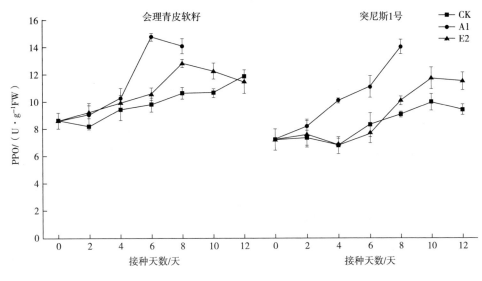

图 4-24　病原菌对石榴果皮 PPO 活性的影响

POD 普遍存在于果蔬体内，在其衰老过程中能有效地清除组织内的自由基。由图 4-25 可知，接种 A1 和 E2 病原菌的两个石榴品种，果皮 POD 活性均呈现先上升后下降的趋势，而对照组呈现缓慢递增的变化。A1 病原菌使两个石榴品种果皮 POD 活性分别于接种后 4 天 和 6 天时达到最大值，均与 E2 组和对照组（$P<0.05$）差异显著，而接种 E2 病原菌的果实，果皮 POD 活性达到峰值的时间

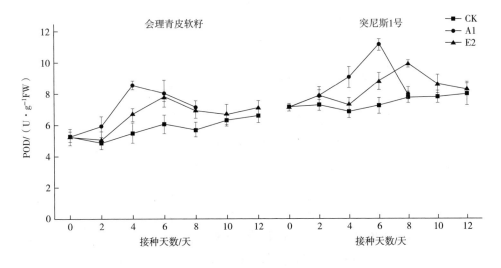

图 4-25　病原菌对石榴果皮 POD 活性的影响

较 A1 病原菌要晚。接种病原菌后，石榴果皮 POD 活性明显递增的时间基本与病斑快速扩展的时间相一致，可能是由于两种原菌侵染导致了组织细胞内活性氧的过度积累和爆发。

PAL 是果实中合成酚类物质、木质素等抗病物质途径中的第一步限速酶，因此其与果实的抗病性密切相关。由图 4-26 可以看出，对照组石榴果实在贮藏期间，果皮 PAL 活性缓慢上升，但变化幅度不明显，而接种 A1 和 E2 病原菌后两个石榴品种，果皮 PAL 活性呈现先上升后下降的变化。接种 A1 病原菌后，两个石榴品种果皮 PAL 活性上升较快，分别在接种后 4 天和 8 天时达到最大值，为初始其值的 1.71 倍和 1.90 倍，显著高于 E2 组和对照组（$P<0.05$），而接种 E2 病原菌的两个石榴品种果皮 PAL 活性分别于接种后 8 天和 10 天时达到峰值，其PAL 活性显著高于对照组（$P<0.05$），为初始其值的 1.49 倍和 1.63 倍。

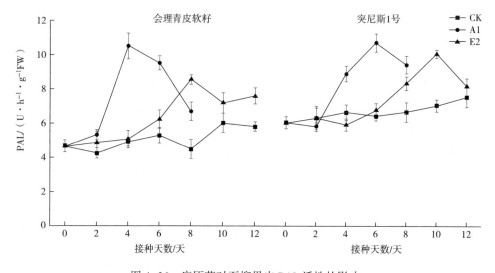

图 4-26　病原菌对石榴果皮 PAL 活性的影响

4.4.4.4　两种病原菌对石榴籽粒品质的影响

将 A1 和 E2 病原菌接种于两个石榴品种果实后，其籽粒品质变化情况如表 4-25 所示。由可以表 4-25 看出，A1 病原菌在果面快速扩展的同时，也不断向果实内部侵入，导致籽粒发生腐烂褐变，接种 6 天时部分籽粒即出现腐烂现象，至 8 天时两个石榴品种籽粒的腐烂率分别达到 16.37% 和 13.72%。E2 病原菌导致的病斑主要在果面上扩展较快，而向果实内部深入的速度较慢，至接种12 天时，两个石榴品种籽粒的腐烂率也仅为 8.25% 和 6.24%，而此时对照组的籽粒未出现腐烂变褐现象。由于 A1 和 E2 病原菌均能一定程度上造成石榴果实发生腐烂，从而籽粒的品质也随之变差。接种 A1 病原菌的"会理青皮软籽"石榴，接种后 8 天，其籽粒 TSS、TA 和维生素 C 含量已降为 14.90%、0.38% 和 6.33 mg/100g，且 TA 和维生素 C 含量均显著低于其他两组（$P<0.05$）。E2 病原菌形成的菌斑由于向果实内部深入的速度缓慢，在接种后 12 天，其籽粒各品质指标与对照组差异不显著（$P>0.05$）。

表 4-25　病原菌对石榴籽粒品质的影响

品种	接种天数/天	处理	腐烂率/%	TSS/%	TA/%	维生素 C/（mg·100g^{-1}）	感官评分
会理青皮软籽	0		—	15.80±0.37	0.56±0.03	9.73±0.56	9.50±0.29
	2	CK	—	16.00±0.25a	0.58±0.01a	9.31±0.39a	9.40±0.43a
		E2	—	15.60±0.48a	0.58±0.07a	9.55±0.82a	9.50±0.80a
		A1	—	15.70±0.17a	0.60±0.04a	9.07±1.05a	9.40±0.33a
	4	CK	—	16.20±0.62a	0.53±0.09	9.65±0.44a	9.50±0.62a
		E2	—	16.20±0.44a	0.61±0.02a	9.28±0.63a	9.40±0.20a
		A1	—	16.00±0.80a	0.55±0.05a	8.54±0.58b	9.10±0.57a
	6	CK	—	15.90±0.25a	0.55±0.03a	8.95±0.26a	9.40±0.71a
		E2	—	15.90±0.29a	0.53±0.05a	9.02±0.41a	9.40±0.94a
		A1	6.50±0.24	15.40±0.51a	0.50±0.02a	7.26±0.60b	8.70±0.28a
	8	CK	—	16.00±0.77a	0.52±0.07a	9.04±1.21a	9.30±0.19a
		E2	2.31±0.16b	16.00±0.36a	0.50±0.03a	8.86±0.77a	9.30±0.55a
		A1	16.37±1.33a	14.90±0.30b	0.38±0.04b	6.33±0.72b	7.80±0.36b
	10	CK	—	15.80±0.17a	0.50±0.06a	8.80±0.93a	9.30±0.30a
		E2	3.46±0.12	15.70±0.55a	0.52±0.02a	8.57±0.52a	9.10±0.24a
		A1	—	—	—	—	—
	12	CK	—	15.60±0.48a	0.49±0.04a	8.65±0.99a	9.20±0.72a
		E2	8.25±0.74	15.30±0.22a	0.46±0.03a	8.02±0.50a	8.90±0.85a
		A1	—	—	—	—	—

品种	接种天数/天	处理	腐烂率/%	TSS/%	TA/%	维生素 C/(mg·100g⁻¹)	感官评分
突尼斯1号	0		—	16.70±0.55	0.46±0.61	8.42±0.40	9.60±1.33
	2	CK	—	16.60±0.38a	0.49±0.22a	8.26±0.51a	9.50±0.51a
		E2	—	16.50±0.14a	0.48±0.16a	8.20±0.92a	9.40±0.75a
		A1	—	16.90±0.50a	0.47±0.48a	7.96±0.36a	9.50±0.48a
	4	CK	—	16.80±0.22a	0.47±0.15a	8.49±1.17a	9.40±0.24a
		E2	—	16.80±0.43a	0.45±0.27a	8.57±0.66a	9.50±0.55a
		A1	—	16.50±0.83a	0.43±0.25a	7.04±0.49b	9.00±0.64a
	6	CK	—	17.00±1.20a	0.45±0.30a	8.19±0.25a	9.50±0.92a
		E2	—	16.60±0.31a	0.46±0.53a	8.26±0.57a	9.40±0.31a
		A1	4.35±0.57	16.60±0.72a	0.40±0.25a	6.73±0.88b	8.60±0.70a
	8	CK	—	16.50±0.60a	0.46±0.51a	8.13±0.30a	9.30±0.44a
		E2	1.20±0.08b	16.80±0.75a	0.43±0.33a	7.93±1.24a	9.30±0.36a
		A1	13.72±1.14a	16.20±0.49a	0.33±0.14b	5.85±0.51b	7.90±0.58b
	10	CK	—	16.90±0.95a	0.43±0.20a	7.78±0.63a	9.70±0.58a
		E2	2.85±0.36	16.50±0.33a	0.44±0.42a	7.54±0.79a	9.10±0.62a
		A1	—	—	—	—	—
	12	CK	—	16.60±0.50a	0.41±0.36a	7.16±0.26a	9.20±0.39a
		E2	6.24±0.48a	16.40±0.68a	0.40±0.29a	6.91±0.70a	8.95±0.50a
		A1	—	—	—	—	—

注 用 Duncan 法进行多重比较，同列中标有不同小写字母者表示组间差异显著（$P<0.05$），标有相同小写字母者表示组间差异不显著（$P>0.05$）。

研究证实，多种病原菌均可能导致凉山本地贮藏期石榴的腐烂，其主要致病菌分别为 *Coniella granati*、*Neofusicoccum parvum*、*Botrytis cinerea*、*Botryosphaeria dothidea* 和 *Alternaria* sp.，其中尤以 *Coniella granati*（A1，占56.3%）和 *Neofusicoccum parvum*（E2，占31.2%）的发生概率最大，其他3种病原菌发生的概率相对较低，与前人研究的结果不尽相同，究其原因可能主要有以下几个方面：第一，不同石榴品种的抗病性存在差异；第二，不同区域内气候特点差异较大，石榴生长期病虫害的发生种类、防治和管理水平等因素差异导致潜伏侵染病原菌种类和数量上的差异；第三，贮藏条件如温度、湿度等可造成病原菌能否表现出明显的症状上有所不同；第四，是否通过柯赫氏法则及时排除腐生菌的干扰。同时，致病性试验表明分离得到的 5 种病原菌均极易从石榴果面伤口侵入，以 *Coniella granati* 致病力最强，且这些病原菌多具有潜伏侵染的特点。因此，如何在石榴采摘和运输过程中避免因操作不当带来的机械损伤就显得尤为重要，应在其采收、挑选、包装、运输、贮前处理等过程中力求避免擦伤果实和损伤萼片等处，以减少病原菌的危害概率。贮藏期石榴的防腐技术不应仅限于采后处理，为了更有效地控制石榴腐烂病病原菌的初侵染，应重视和加强石榴生长期的管理和防治，及时选择和利用低毒、高效、易降解且靶标性明确的新型杀菌剂，以减少环境污染和降低保鲜成本。此外，研究中发现 *Coniella granati* 可从石榴果实的萼筒、果柄、果实表皮直接侵入引起发病，且只要它接种成功后无论环境中湿度大小，均表现为典型的软腐症状，而其他几种菌受湿度的影响较大。

◆参考文献◆

［1］张丽婷. 石榴贮藏期间籽粒色泽劣变机理及其预防初探［D］. 郑州：河南农业大学，2014.

［2］M Victoria Martinez, John R Whitaker. The biochemistry and control of enzymatic borwning［J］. Trends in food Science and Technology, 1995（6）：195-200.

［3］刘兴华，胡青霞，寇莉苹，等. 石榴果皮褐变研究现状［J］. 西北林学院报，1997，12（4）：93-96.

［4］张立华，孙晓飞，张艳侠，等. 石榴多酚氧化酶的某些特性及其抑制剂的研究［J］. 食品科学，2007，28（5）：216-219.

［5］Meighani H, Ghasemnezhad M, Bakshi D, et al. Evaluation of biochemical composition and enzyme activities in browned arils of pomegranate fruits［J］. International Journal of Horticultural Science and Technology, 2014, 1（1）：53-65.

［6］雷鸣，何瑛，张有林，等. 石榴果皮多酚氧化酶褐变性质的研究［J］. 陕西农业科学，2012（6）：60-63.

［7］Mohammad Sayyari, Mesbah Babalar, Siamak Kalantari, et al. Vapour treatments with methyl salicylate or methyl jasmonate alleviated chilling injury and enhanced antioxidant potential during postharvest storage of pomegranates［J］. Food Chemistry, 2011, 124（3）：964-970.

［8］Jalikop S H, Venugopalan R, Kumar R. Association of fruit traits and aril browning in pomegranate（*Punica granatum* L.）［J］. Euphytica, 2010, 174（1）：137-141.

［9］Danijela Bursać Kovačević, Predrag Putnik, Verica Dragović-Uzelac, et al. Effects of cold atmospheric gas phase plasma on anthocyanins and color in pomegranate juice［J］. Food Chemistry,

2016, 190: 317-323.

[10] Hamidreza Alighourchi, Mohsen Barzegar, Soleiman Abbasi. Anthocyanins characterization of 15 Iranian pomegranate (*Punica granatum* L.) varieties and their variation after cold storage and pasteurization [J]. European Food Research and Technology, 2008, 227 (3): 881-887.

[11] Miguel G, Fontes C, Antunes D, et al. Anthocyanin concentration of " Assaria" pomegranate fruits during different cold storage conditions [J]. Biomed Research International, 2004, 5: 338-345.

[12] 张丽婷. 石榴贮藏期间籽粒色泽劣变机理及其预防初探 [D]. 郑州: 河南农业大学, 2014.

[13] Ghasemnezhad Mahmood, Zareh Somayeh, Rassa Mehdi, et al. Effect of chitosan coating on maintenance of aril quality, microbial population and PPO activity of pomegranate (*Punica granatum* L. cv. Tarom) at cold storage temperature [J]. Journal of the Science of Food and Agriculture, 2013, 93 (2): 368-374.

[14] 胡青霞, 袁同印, 陈延惠, 等. 荥阳丘陵山地石榴采后病害发生规律及石榴贮藏的定位 [C]. 第一届中国园艺学会石榴分会会员代表大会暨首届全国石榴生产与科研研讨会, 2010, 213-219.

[15] Olaniyi A Fawole, Umezuruike L Opara, Karen I Theron, et al. Chemical and phytochemical properties and antioxidant activities of three pomegranate cultivars grown in south africa [J]. Food and Bioprocess Technology, 2012, 5 (7): 2934-2940.

[16] 张倩, 杜海云, 陈令梅, 等. 石榴化学成分及其生物活性研究进展 [J]. 落叶果树, 2010, 42 (6): 17-22.

[17] Radunić a M, Jukić Špika M, Goreta B S, et al. Physical and chemical properties of pomegranate fruit accessions from Croatia [J]. Food Chemistry, 2015, 177: 53-60.

[18] 赵迎丽, 李建华, 施俊凤, 等. 不同品种石榴果实采后生理及果皮褐变机理的研究 [J]. 食品科技, 2010, 35 (4): 62-65.

[19] 张敏. 鲜食石榴籽粒贮藏特性及保鲜技术研究 [D]. 杨凌: 西北农林科技大学, 2013.

[20] Rebogile R. Mphahlele, Olaniyi A. Fawole, Umezuruike Linus Opara, et al. Influence of packaging system and long term storage on physiological attributes, biochemical quality, volatile composition and antioxidant properties of pomegranate fruit [J]. Scientia Horticulturae, 2016, 211: 140-151.

[21] Tian Shiping, Qin Guozheng, Li Boqiang, et al. Reactive oxygen species involved in regulating fruit senescence and fungal pathogenicity [J]. Plant Molecular Biology, 2013, 82 (6): 593-602.

[22] Borsani Julia, Budde Claudio O, Porrini Lucía, et al. Carbon metabolism of peach fruit after harvest: changes in enzymes involved in organic acid and sugar level modifications [J]. Journal of Experimental Botany, 2009, 60: 1823-1837.

［23］杨万林，杨芳，陈锦玉，等．贮藏时间对蒙自甜石榴营养品质及常温货架期间失重率的影响［J］．保鲜与加工，2016，16（6）：40-44．

［24］梁丽雅，闫师杰，何庆峰，等．梯度降温对鸭梨采后果肉膜脂过氧化及褐变的影响［J］．食品科学，2013，34（6）：247-252．

［25］彭燕，黄炳茹，许立新，等．高温胁迫对草地早熟禾渗透势、膜脂肪酸成分及膜脂过氧化产物的影响［J］．园艺学报，2013，40（5）：971-980．

［26］郝晓玲，王如福．梨枣膜脂过氧化和保护酶活性的研究［J］．中国食品学报，2013，13（11）：111-115．

［27］赵迎丽，李建华，施俊凤，等．气调对石榴采后果皮褐变及贮藏品质的影响［J］．中国农学通报，2011，27（23）：109-113．

［28］王伟．石榴相温气调保鲜技术［D］．天津：天津科技大学，2014．

［29］魏云潇，叶兴乾．果蔬采后成熟衰老酶与保护酶类系统的研究进展［J］．食品工业科技，2009，30（12）：427-431．

［30］曹丽军，赵彩平，刘航空，等．不同耐贮性桃果实膜脂过氧化相关酶活性变化［J］．西北农业学报，2013，22（1）：109-113．

［31］田世平．果实成熟和衰老的分子调控机制［J］．植物学报，2013，48（5）：481-488．

［32］John T. Hancock；Radhika Desikan；Andrew Clarke，et al. Cell signaling following plant/pathogen interactions involves the generation of reactive oxygen and reactive nitrogen species［J］．Plant Physiology and Biochemistry，2002，40：611-617．

［33］许凤．采后处理对延缓青花菜衰老的作用及其机理研究［D］．南京：南京农业大学，2012．

［34］张润光，田呈瑞，张有林，等．复合保鲜剂涂膜对石榴果实采后生理、贮藏品质及贮期病害的影响［J］．中国农业科学，2016，49（6）：1173-1186．

［35］张立华，张元湖，曹慧，等．石榴皮提取液对草莓的保鲜效果［J］．农业工程学报，2010，26（2）：361-365．

［36］王丹苗，黄炳钰，张兴超，等．石榴皮提取物抑菌与抗氧化作用研究［J］．安徽农业科学，2014，42（35）：12682-12684．

［37］李国秀，李建科，马文哲，等．三种来源的石榴多酚抗氧化活性比较［J］．食品工业科技，2014，35（5）：110-112．

［38］彭海燕．石榴不同品种及不同部位多酚含量的比较研究［D］．成都：西华大学，2012．

［39］李巨秀，张小宁，李伟伟，等．不同品种石榴花色苷、总多酚含量及抗氧化活性比较研究［J］．食品科学，2011，32（23）：143-146．

［40］闫林林．六个石榴栽培品种果实活性成分、抗氧化及鞣花酸的药代动力学研究［D］．北京：北京林业大学，2015．

［41］冯立娟，尹燕雷，杨雪梅，等．石榴果实发育期果皮褐变及相关酶活性变化［J］．核农学报，2017，31（4）：821-827．

[42] 冯立娟，尹燕雷，杨雪梅，等．不同石榴品种果皮褐变及其相关酶活性分析 [J]．果树学报，2016，11（9）：1-7．

[43] Elyatem Salaheddin M，Kader Adel A．Post-harvest physiology and storage behaviour of pomegranate fruits [J]．Scientia Horticulturae，1984，24：287-298．

[44] 王博．石榴果实采后的生理变化研究 [J]．莱阳：莱阳农学院学报，1993，10（1）：7-31．

[45] 刘兴华，胡青霞，寇莉苹，等．石榴果皮褐变研究现状 [J]．西北林学报，1997，12（4）：93-96．

[46] 赵迎丽，李建华，闫根柱，等．不同贮藏温度下石榴褐变生理特性的研究 [J]．食品研究与开发，2013，34（18）：90-93．

[47] 罗金山．石榴冷害与病害生理及调接技术研究 [D]．天津：天津科技大学，2015．

[48] Asghar Ramezanian，Majid Rahemi．Chilling resistance in pomegranate fruits with spermidine and calcium chloride treatments [J]．International Journal of Fruit Science，2011，11：276-285．

[49] Mohammad Sayyari，Morteza Soleimani Aghdam，Fakhreddin Salehi，et al．Salicyloyl chitosan alleviates chilling injury and maintains antioxidant capacity of pomegranate fruits during cold storage [J]．Scientia Horticulturae，2016，211：110-117．

[50] 赵迎丽，李建华，王春生．石榴果实采后生理变化与贮藏保鲜研究进展 [J]．保鲜与加工，2008，8（5）：11-14．

[51] 张润光，张有林．温度对采后石榴果实品质和某些生理指标的影响 [J]．植物生理学通讯，2009，45（7）：647-650．

[52] 胡青霞，张丽婷，李洪涛，等．石榴果实贮期生理变化与采后保鲜技术研究进展 [J]．河南农业科学，2014，43（30）：5-11．

[53] 张润光，张有林，赵蕾丹，等．石榴贮藏期间褐腐病病原菌的分离、鉴定及不同理化因素对其生长繁殖的影响 [J]．食品工业科技，2012，33（2）：338-341．

[54] 胡青霞．石榴贮藏保鲜技术研究及病原菌鉴定 [D]．西安：西北农业大学，2001．

[55] Labuda R，Hudec K，Piecková E，et al．Penicillium implicatum causes a destructive rot of pomegranate fruits [J]．Mycopathologia，2004，157（2）：217-223．

[56] Ibatsam Khokhar，Rukhsana Bajwa，Ghazala Nasim．New report of Penicillium implicatum causing a postharvest rot of pomegranate fruit in Pakistan [J]．Australasian Plant Disease Notes，2013，8（1）：39-41．

[57] Ezra David，Kirshner Benny，Hershcovich Michal，et al．Heart rot of pomegranate：disease etiology and the events leading to development of symptoms [J]．Plant Disease，2015，99（4）：496-501．

[58] 赵迎丽，李建华，王春生．石榴果实采后生理变化与贮藏保鲜研究进展 [J]．保鲜与加工，2008，8（5）：11-14．

［59］周又生，陆进，朱天贵，等．石榴干腐病生物生态学及发生流行规律和治理研究［J］．西南农业大学学报，1999，21（6）：551-555.

［60］G. T. Tziros, K. Tzavella - Klonari. Pomegranate fruit rot caused by Coniella granati confirmed in Greece［J］. Plant Pathology, 2008, 57（4）：783.

［61］Erika A. Cintora-Martínez, Santos G. Leyva-Mir, Victoria Ayala-Escobar, et al. Pomegranate fruit rot caused by Pilidiella granati in Mexico［J］. Australasian Plant Disease Notes, 2017, 12（1）：4.

［62］Thomas Thomidis. Pathogenicity and characterization of Pilidiella granati causing pomegranate diseases in Greece［J］. European Journal of Plant Pathology, 2015, 141（1）：45-50.

［63］付娟妮，刘兴华，蔡福带，等．石榴采后腐烂病病原菌的分子鉴定［J］．园艺学报，2007，34（4）：877-882.

［64］刘会香，费鲜云，靳勇，等．石榴疮痂病病原菌生理学特性研究［J］．中国森林病虫，2005，24（1）：1-4.

［65］Palou L, Crisosto C H, Garner D. Combination of postharvest antifungal chemical treatments and controlled atmosphere storage to control gray mold and improve storability of 'Wonderful' pomegranates［J］. Postharvest Biology and Technology, 2007, 43（1）：133-142.

［66］姚昕，秦文． ε-聚赖氨酸和臭氧处理对石榴果实贮藏品质影响的多变量分析［J］．食品与发酵工业，2017，43（8）：254-261.

［67］姚昕，秦文．石榴贮藏期果皮品质劣变的多变量分析［J］．食品科学，2017，38（23）：257-262.

［68］闫新焕，刘畅，潘少香，等．GC-MS 测定四种石榴香气成分［J］．中国果菜，2023，43（4）：44-48.

［69］孙美娟，张润光．石榴贮期果皮褐变与部分酶活性变化关系的研究［J］．食品安全导刊，2023（2）：77-79，83.

［70］秦改花，黎积誉，刘春燕，等．石榴籽粒硬度研究进展［J］．果树学报，2021，38（5）：806-816.

［71］唐贵敏，贾明，刘丙花，等．不同裂果易感性石榴品种果皮质构特性分析与显微结构观测［J］．热带作物学报，2021，42（3）：777-781.

［72］畅引东，贾俊，解宇，等．洁石榴果腐病病原的分离鉴定［J］．山西农业科学，2020，48（5）：806-811.

［73］王丽，侯珲，袁洪波，等．石榴干腐病病原菌鉴定及两种杀菌剂的防治效果［J］．果树学报，2020，37（3）：411-418.

［74］杨磊，靳娟，樊丁宇，等．新疆石榴果实品质主成分分析［J］．新疆农业科学，2018，55（2）：262-268.

［75］秦改花，徐义流，李艳玲，等．石榴籽粒硬度特征及其相关生理指标研究［J］．热带作物学报，2018，39（1）：67-71.

第5章

石榴贮藏的影响因素

5.1 影响石榴贮藏的采前因素

5.1.1 品种

我国石榴品种分类的方法主要有两种，一种是以地名作为石榴的名称，另一种是依据石榴的形态特征、果实风味、成熟期及用途等分类。不同品种的石榴，其品种间差异主要表现在果实大小、果皮厚度与颜色、籽粒颜色与风味等方面。

石榴外在品质的重要指标包括果实大小、果皮厚度和新鲜籽粒百粒重等。传统上，石榴果实大小常常以纵、横径来比较，而在自动化分级技术中，一般以平均单果重来分级。根据石榴成熟后的平均单果重，分为以下几种：单果重大于400 g 的特大果型、300~400 g 的大果型、150~300 g 的中果型和小于 150 g 的小果型。

石榴果皮厚度是其重要的特征指标，也是影响耐藏性的重要因素之一。厚皮石榴品种，不仅有利于石榴籽粒水分和新鲜度的保持，还可以减小外力对内部结构的影响，对采收、包装、运输、销售等环节具有重要的影响。薄皮石榴品种，果皮厚度较小，因碰撞、挤压等外力作用影响，采收、搬运过程易造成内部损伤，引起石榴贮藏期间籽粒褐变及腐烂变质。一般来说，石榴果实的两端果皮最厚，而中间（距顶端 1/2 处）最薄，距顶端 1/4 处也较薄。石榴果皮常用厚度差绝对值来表示，是指距离果实顶端 1/4 和 1/2 处果皮厚度平均值之间差值的绝对值，能较好地反映果皮厚度及变化情况，为石榴采收和采后处理提供理论依据。

石榴内在品质主要包括可溶性固形物、可溶性糖、可滴定酸的含量及糖酸比等指标，不仅决定了石榴的风味，同时也影响着石榴的经济价值和消费量。不同的石榴品种，籽粒可溶性糖、总酸、维生素 C 及总酚等含量差异较大，即使同一品种也存在差异，且这些物质含量还会进一步影响到其贮藏与加工特性。一般情况，长期贮藏的石榴应选择可溶性糖含量高、糖酸比高的品种。

5.1.2　生态条件

生态条件对石榴树生长发育的影响是各种因子综合作用的结果，各因子间相互联系、相互影响、相互制约，在一定条件下，某一因子可能起主导作用，而其他因子处于次要地位。因此，建园前就需要把握当地生态条件和主要矛盾，有针对性地制定相应技术措施，以解决关键问题为主、次要问题为辅，使生态条件的综合影响有利于石榴树的生长结果和果实的优良品质，为采后贮藏保鲜工作打下良好的基础。

5.2　石榴的采收

采收是石榴栽培工作的结束，也是采后工作的开始，目的是使石榴在适当成熟时转化为商品。

5.2.1　采前准备

采收之前，主要准备采收工具（如剪、篓、筐、篮等）、包装箱订做、贮藏库的维修消毒等，还要做好市场调查，尤其是果园面积较大、销售量较多时更为重要，这样才能保证丰产丰收，取得较高的经济效益。此外，根据石榴成熟期不同的特点及市场销售情况，还需要合理组织劳动力，分期分批采收。

5.2.2　采收期的确定

石榴是分期开花、分期结果、分期成熟的果树，要根据果实成熟度进行分期采收。采收期的早晚对石榴的产量、品质及耐贮性均具有较大影响。若采收过早，石榴产量低、品质差、耐藏性降低，采后损失较大；若采收过晚，易裂果，贮运期易腐烂，商品价值降低，且由于生长期延长，果实养分耗损增多，树体贮藏养分积累减少，越冬能力降低，影响翌年结果。因此，应考虑品种特性、气候条件、栽培管理水平、市场供应调节、劳动力安排、贮藏运输及加工需要等因素来确定石榴适宜的采收期，其成熟主要根据果形、果面、籽粒等方面进行判断。一般情况下，具有适宜成熟度的石榴果实，果形端正饱满，果棱显现，具有本品种固有的形状和特征，果面色泽达到本品种固有的着色特征，果皮光亮、色泽均匀，籽粒大小形状达到本品种固有特征，且饱满、多汁、风味浓甜，红色品种籽粒鲜红或深红色，白色品种籽粒晶亮透明，籽粒近核处针芒状物充分显现，且果实汁液可溶性固形物含量达到该品种固有指标，甜而不涩。如突尼斯软籽石榴成熟要求果实近圆形，上有棱肋，向阳处全红或间有红色断续条纹，皮薄且光洁明亮，呈淡红或鲜红，籽粒饱满、较软、呈红色或鲜红，可溶性固形物含量 14%以上。

正常年份，我国北方石榴产区，早熟品种一般在 9 月中旬成熟，中熟品种一般在 9 月下旬至 10 月上旬，晚熟品种在 10 月中下旬。南方石榴产区，早熟品种一般在 8 月中旬成熟，中熟品种一般在 8 月下旬至 9 月上旬，晚熟品种在 9 月中下旬。

5.2.3　采收技术

石榴无后熟过程，完熟时采收，此时其各方面品质最佳。套袋果应在采收前 7~10 天去袋，使其充分着色后采收。根据石榴花开放的早晚，一般可分三期花，头花结的果生长期较长，果大、品质优；二、三批花结的果生长期短，果小、品质差，商品价值低。一般要求多留头花果，选留二花果，少留或不留三花果。石榴花期较长，坐果时间不集中，成熟期也不尽相同，因此，石榴采收需要分期分批进行。

石榴采收时要充分考虑天气情况，选择晴朗、无雾、无风的天气，露水干后的早晨或傍晚进行采收，尽可能避开雨天、雾天、带露水的清晨。阴雨天禁止采收，避免果实内部积水和病原菌侵染，可在雨前或雨后天气晴朗 1~2 天采收，若采收时遇雨，应将果实置于通风处，散去其表面水分。总之，要尽量保证采后石榴鲜果果面、萼筒内没有游离水的存在，以降低贮运期间的果实腐烂率。同时，也要避免在暴晒的阳光下采收，暴晒会导致果实失水萎蔫，加速衰老腐烂。此外，久旱、雨后要及时采收，以减少裂果。

石榴一般多采用人工采收，国外（如以色列）也开发了石榴专用的采收机。人工采收时需佩戴洁净软质手套或指套，先上后下、先外后内依次采收。按"两剪法"，第一剪离果蒂 1 cm 附近处剪下，第二剪剪齐果蒂，果蒂应保持平整，萼片完整。采收时，注意轻摘轻放，避免因碰、压、挤、划等造成的机械损伤，保持果面完整，并按照果实大小分级置于不同容器内，随时剔除有机械伤、软化、霉变等病虫害果，不同的品种应分别采收，同一品种分批次采收。采收后的石榴果实尽快运抵预冷场所，及时进行预冷。

5.3　影响石榴贮藏的采后因素

石榴属于非呼吸跃变型果实，采后无呼吸跃变现象，且自身乙烯量极少，对外源乙烯反应也不敏感。石榴果实采后没有明显的后熟现象，但仍然进行着各种正常的代谢活动，而外界环境温度、相对湿度、气体成分、果实机械损伤及微生物作用是影响其贮藏保鲜效果主要的采后因素。

5.3.1　温度

温度是影响石榴采后品质的重要环境因素之一，主要是通过控制呼吸作用来影响贮藏保鲜的效果。适宜低温可以显著抑制石榴呼吸作用和蒸腾作用，降低组织衰老的速率，抑制有害微生物的生长，延缓品质的劣变，从而使贮藏保鲜周期得以延长。贮藏温度过低会导致石榴冷害的发生，组织细胞代谢紊乱，失去耐贮性和抗病性，不利于其贮藏，发生程度与贮藏温度及时间密切相关。在冰点以下贮藏，石榴会发生冻害，细胞间隙会形成冰晶体，发生不可逆转性破坏。一般来说，9 月以前成熟的石榴贮藏温度在 5~6℃，9 月以后采收的则略低（1~5℃），如山东枣庄的大多数品种适宜在 0~2℃，冷害温度为−1~−0.5℃。

将"会理青皮软籽"和"突尼斯 1 号"两个品种石榴置于 0℃、6℃、12℃和常温下，果实腐烂率和失重率在贮藏期间变化情况如图 5-1 所示。由图 5-1 可知，果实腐烂率和失重率均呈上升趋势，低温可有效地抑制其腐烂和质量损失。"青皮软籽"石榴室温下贮藏 60 天时，腐烂率和失重率分别高达 35.56% 和 13.18%，显著高于各低温组（$P<0.05$）；贮藏 120 天时，0℃ 和 6℃ 组果实腐烂率分别为 26.67% 和 25.53%，均显著低于 12℃ 组（$P<0.05$），失重率分别为 7.75% 和 8.23%。由此可见，0℃ 和 6℃ 低温可有效抑制"青皮软籽"石榴果实的腐烂失重，"突尼斯 1 号"石榴腐烂率和失重率变化情况与之基本一致。

将"会理青皮软籽"石榴贮藏品质相关的主要指标数据标准化后进行主成分分析，以各主成分的贡献率为权重，利用主成分值与对应的权重相乘求和，构建样本综合评价模型 $F = 0.6263Y_1 + 0.1461Y_2 + 0.0883Y_3$，式中 Y_1、Y_2 和 Y_3 为第 1、2 和 3 主成分得分，F 为综合评价得分，其分值越高，表明品质越好。分别对不同贮藏温度和时间的"会理青皮软籽"石榴果实品质进行综合评分，其结果如图 5-2 所示。如图 5-2 所示，不同温度下贮藏的"会理青皮软籽"石榴果实品质的综合评价得分 F 值随贮藏时间的延长而呈下降趋势，且各低温组综合评价得

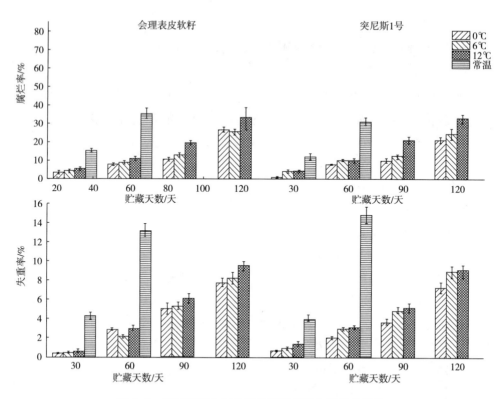

图 5-1　贮藏期两个石榴品种腐烂率和失重率的变化

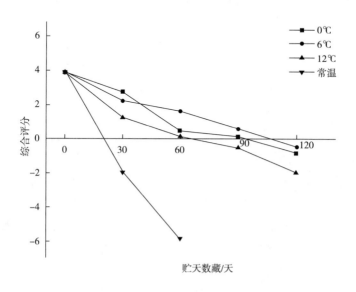

图 5-2　"会理青皮软籽"石榴不同温度下贮藏品质的综合评价

分均高于室温组。贮藏 120 天时，6℃和 0℃组 F 值明显高于 12℃组，且 6℃组果实综合评分最高，可见 6℃低温能有效地抑制石榴腐烂失重和品质劣变。

将"突尼斯 1 号"石榴贮藏品质的主要指标数据标准化后进行主成分分析，构建样本综合评价模型 $F = 0.7312Y_1 + 0.1271Y_2$，分别对不同贮藏温度和时间的"突尼斯 1 号"石榴果实品质进行综合评价，其结果如图 5-3。从图 5-3 可以看出，贮藏 60 天时，室温组果实 F 值已快速下降为负值，明显低于其他组；在贮藏 120 天时，6℃组综合评分最高，可见 6℃能较好地抑制"突尼斯 1 号"石榴腐烂变质，有利于其品质的保持。

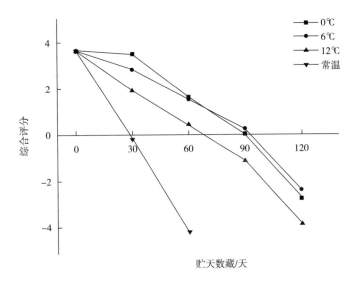

图 5-3　"突尼斯 1 号"石榴不同温度下贮藏品质综合评价

5.3.2　相对湿度

相对湿度是影响石榴贮藏保鲜的另一重要因素，通过影响蒸汽压来影响石榴组织水分的保持。石榴采后无法进行水分补充，蒸腾作用会使其组织失水，严重时会出现萎蔫皱缩现象。因此，提高与维持贮藏环境的相对湿度，可减少果实内外的蒸汽压差，降低组织水分散失，有利于降低石榴的失重，保持果实的新鲜度。石榴贮藏适宜的相对湿度一般为 85%~95%。当环境湿度大于 95% 时，病原菌、腐败菌的繁殖速度加快，石榴的腐烂率也随之增大。此外，温度的稳定程度直接决定着结露现象的发生与否，通常在低温条件下温度上下浮动 1℃ 就可导致结露现象的发生，而结露现象产生的游离水对于病原菌孢子的萌发起着重要的作用。

5.3.3 气体成分

贮藏环境的气体成分及浓度直接影响着石榴果实采后的呼吸作用、乙烯的生成、病害的发生散速度，是影响石榴贮藏保鲜的重要因素。通常情况下，氧气浓度降到5%以下，石榴呼吸强度会明显降低，但氧气浓度过低会诱发无氧呼吸，呼吸底物消耗增加，同时积累乙醇、乙醛等物质，导致低氧伤害。此外，高 CO_2 短时间（5~15 h）处理也对石榴贮藏保鲜有利。

5.3.4 机械伤

石榴在采收、分级、包装、贮藏、运输、加工和销售等过程中，因受到挤压、跌落、振动、碰撞、摩擦等作用会造成机械损伤，从而石榴籽粒的结构受损，造成多酚氧化酶与空气接触作用底物，使籽粒发生酶促褐变，同时组织液的流出，更易被腐败微生物所感染，从而造成品质下降和腐烂变质。

5.3.5 环境净度

净度可分为贮藏本体净度和贮藏环境净度。引起石榴腐烂的病原菌可能在石榴栽培过程中就已经寄生于本体，随着贮藏时间的延长，石榴自身抵抗能力下降，病状开始显现，因此需要做好采前病害的防治工作。发病初期石榴果实出现水浸状斑块，发病后期果实表面密生黑褐色、细沙大小的颗粒状物，发病后症状主要表现为软腐和干腐。此外，贮藏过程中外源病原菌也可能侵染石榴导致腐烂。因此，保证贮藏环境的净度是石榴贮藏保鲜的基本要求之一，尽量保持环境干净卫生，及时剔除有病害个体，防止致病微生物的侵染，以达到良好的环境净度，对减轻贮藏期病害的发生极为重要。

◆参考文献◆

［1］张鑫楠，沈秋吉，倪忠泽，等 . 不同花期甜绿籽石榴适宜采收成熟度研究［J］. 中国果树，2022（11）：30-33.

［2］胡青霞，冯梦晨，司晓丽，等 . 不同采收期对突尼斯软籽石榴采后贮藏品质的影响［J］. 河南农业科学，2019，48（12）：140-145.

［3］王浩，王彩，张国藏，等 . 会理石榴的采收技术［J］. 四川农业科技，2017（4）：11-13.

［4］杨雪梅，尹燕雷，陶吉寒，等 . 采前涂膜对'泰山红'石榴采后贮藏品质的影响［J］. 食品科学，2014，35（24）：337-342.

［5］程祖鑫，吴圆月，朱良，等 . 石榴果粒呼吸速率模型及低温气调诱导休眠方法的建立

[J].中国食品学报，2022，22（8）：244-252.

[6] 张欢，高小峰，雷梦瑶，等.软籽石榴果园土壤养分与果实品质关系的多元分析及其优化方案 [J].河南农业科学，2022，51（4）：111-119.

[7] 施娴，孟衡玲，张德刚，等.不同树龄石榴园土壤中微量元素、微生物及土壤酶活性研究 [J].江苏农业科学，2022，50（8）：215-221.

[8] 索龙，张俊丽，赵慧，等.软籽石榴建园优质高效栽培技术 [J].北方园艺，2022（7）：156-158.

[9] 黄云，刘斌，熊安会，等.六个石榴品种的适应性分析 [J].四川农业与农机，2022（2）：40-41.

[10] 冯立娟，李英朋，王嘉艳，等.果袋类型对石榴果实发育期品质的影响 [J].山东农业科学，2021，53（12）：69-73.

[11] 王友富，铁万祝，王凤屏，等.四川攀西地区突尼斯软籽石榴裂果生长机理及预防措施 [J].四川农业科技，2021（12）：32-35.

[12] 姚岗，陶爱丽，雷梦瑶，等.软籽石榴保花保果技术探讨 [J].特种经济动植物，2021，24（12）：62-63.

[13] 刘腾.石榴果实生长与气象要素关系初探 [J].农业灾害研究，2021，11（6）：91-92，94.

[14] 张睿，代宏福，沈登荣，等.蒙自石榴园传粉蜜蜂种类多样性的调查研究 [J].安徽农学通报，2021，27（9）：30-32.

[15] 刘丹，刘鹏，刘丙花，等.石榴果实裂果影响因子及研究进展 [J].北方园艺，2021（5）：136-141.

[16] 沈晓燕，揭波，李爽，等.倒春寒危害软籽石榴树的温度及受害情况研究 [J].落叶果树，2021，53（2）：22-25.

[17] 李顺雨，马检，吴超，等.威宁软籽石榴花果管理与病虫害防治 [J].农业科技通讯，2020（11）：274-275，280.

[18] 余爽，晋一棠，张平，等.四川攀西地区石榴产业发展关键技术 [J].中国热带农业，2020（2）：69-71.

[19] 梁琪琪，张润光，刘皓涵，等.低温结合薄膜包装对石榴果实采后生理及贮藏品质的影响 [J].食品与发酵工业，2020，46（8）：187-191.

[20] 唐贵敏，孙蕾，梁静，等.不同类型石榴品种果实品质分析与质构特性评价 [J].北方园艺，2018（16）：85-89.

[21] 王新宇，胡青霞，冯梦晨."突尼斯软子"石榴品种低温忍耐程度研究 [J].天津农业科学，2017，23（10）：76-80.

[22] 薛辉，曹尚银，刘贝贝，等.套袋对突尼斯软籽石榴果实品质的影响 [J].江西农业学报，2017，29（3）：52-55.

[23] 姚岗，张润光，李玉英，等.软籽石榴果实采后生理变化与贮藏保鲜研究进展 [J].新

农业，2022（7）：36-38.

［24］孟创鸽，赵伟，曹红霞，等. 石榴贮藏保鲜技术研究综述［J］. 农业科技与信息，2020（24）：65-67，70.

［25］敖礼林. 石榴的科学采收和综合贮藏保鲜［J］. 科学种养，2018（10）：27-28.

第6章

石榴采后物流管理

6.1 石榴的采后处理

石榴的生产不仅是指从栽培到采收的过程，还包括采收后的分级、预冷、包装等采后处理过程。经过采后处理，既有利于保持石榴优良的品质，甚至在某些方面还会改善品质、提高商品性，又可以减少腐烂、避免浪费，增加经济效益。

6.1.1 田间处理

石榴采收后在田间应进行初步的挑选和分级。剔除有机械伤、病虫危害、外观畸形、成熟度不够、开裂、腐烂等不符合要求的果实，果梗过长需剪平，再依据果面色泽、重量和花斑进行初步分级。同一周转箱内存放的果实等级一致，并粘贴标识进行区分。田间存放时，不能及时转运的果实应放置在阴凉、通风场所，避免阳光下暴晒，存放时间不宜超过 4 h。

6.1.2 分级

分级是提高果蔬产品质量和实现商品化的重要手段，按照一定标准使分级后的产品在色泽、大小、成熟度等方面基本保持一致，既利于贮藏与物流运输环节进行分别管理，也便于流通过程中按质论价、高质高价，而残次品则可以及时加工处理，减少浪费。石榴采后分级方式包括手工分级和机械分级。

6.1.2.1 手工分级

手工分级方法主要包括两种：一是单凭人的视觉判断，按石榴的颜色、大小将其分为若干等级，易受人心理因素的影响，往往偏差较大；二是采用选果板辅助进行分级，选果板上有一系列直径大小不同的孔洞，根据石榴果实横径和着色面积的不同进行分级，同一级别果实的大小基本一致，偏差较小。手工分级能最大限度地减轻石榴果实的机械伤害，但工作效率较低，级别标准有时不够严格。

6.1.2.2 机械分级

机械分级不仅可以消除人为因素的影响，还能显著地提高工作效率。目前石榴机械分级主要包括两种，分别为重量分级装置和颜色分级装置。

（1）重量分级装置。重量分级装置是根据产品的重量进行分级，将被分级的石榴重量与预先设定的重量进行比较，主要包括机械秤式、电子秤式等不同类型。机械秤式分级装置主要由固定在传送带上、可回转的托盘和设置在不同重量等级分口处的固定秤组成，当单个果实被放进回转托盘中，其移动接触到固定秤，称量果实的重量达到固定秤的设定重量时，托盘翻转，果实即落下，但易造成产品的损伤，且噪声较大。电子秤式重量分级装置，一台电子秤可分选各重量等级的产品，装置大大简化，精度也有所提高。

（2）颜色分级装置。颜色分级装置是根据石榴的颜色进行分选，主要反映了成熟度。利用彩色摄像机和电子计算机处理的红、绿两色型装置，不仅可以根据石榴表面反射的红色光和绿色光相对强度对果实的成熟度进行判断，还可以根据图像分割单位反射光强弱计算出表面损伤程度。

6.1.2.3 石榴分级标准

根据中华人民共和国林业行业标准 LY/T 2135—2018 规定，石榴应符合下列基本条件：整齐，新鲜洁净，发育正常，无裂果、无异味、无病虫害，出汁率≥25.0%，充分成熟；果形端正，具有本品种固有的形状和特征；具有本品种成熟时应有的色泽。在符合基本要求的前提下，石榴分为特级、一级和二级，各等级应符合表6-1规定。

表 6-1　软籽石榴等级规格指标

项目		等级		
		特级	一级	二级
果柄		完整	完整	可无果柄，但不伤果皮
花萼		完整	完整	可无果柄，但不伤果皮
单果重/g	大果型（L）	≥500	≥400	≥300
	中果型（M）	≥400	≥350	≥300
	小果型（S）	≥380	≥340	≥250

续表

项目		等　级		
		特级	一级	二级
果面	日灼	无	无	面积不超过 2 cm²
	锈斑	无	允许水锈薄层、垢斑点不超过 5 个，总面积不超过果面的 1/10	允许水锈薄层、垢斑点面积不超过果面的 1/6
	磨伤	无	轻微者 2 处，总面积不超过 1 cm²	轻微者 2 处，总面积不超过 2 cm²
	雹伤	无	允许轻微雹伤 1 处，面积不超过 0.5 cm²	允许轻微雹伤 2 处，面积不超过 1 cm²
	刺伤划伤	无	无	允许轻微刺伤划伤 1 处，面积不超过 1 cm²
	碰压伤	无	无	允许轻微碰压伤 1 处，面积不超过 0.5 cm²
白粒重/g	大籽粒果	≥70.0	≥65.0	≥60.0
	中籽粒果	≥60.0	≥56.0	≥50.0
	小籽粒果	≥38.0	≥34.0	≥32.0
可溶性固形物/%		≥ 15.5	≥ 14.5	≥ 14.0
酸度/%		≤ 0.40	≤ 0.50	≤ 0.60

　　根据地方标准 DB 5202T028—2022 规定，软籽石榴按照果形、色泽、斑迹、籽粒色泽、单果质量和果皮缺损等感官指标可分为特级、一级和二级，各等级规格指标应符合表6-2规定。

表6-2　石榴等级规格指标

项目	等　级		
	特级	一级	二级
果形	具有突尼斯软籽石榴品种固有的果形，果形端正、萼片完整，无畸形果	具有突尼斯软籽石榴品种固有的果形，果形端正、萼片完整，无畸形果	具有突尼斯软籽石榴品种固有的果形，果形端正、萼片稍有缺损，无畸形

续表

项目	等级		
	特级	一级	二级
色泽	果面红黄相间	果面红黄相间	果面红黄相间
斑迹	果面洁净，无损伤及各种斑迹	果面洁净，单果斑迹数量应少于1块，斑迹总面积不应超过1 cm²，总面积小于果面面积的5%	果面洁净，单果斑迹数量应少于1块，斑迹总面积不应超过2 cm²，总面积小于果面面积的6%
籽粒色泽	具有品种固有的色泽，籽粒鲜红、剔透	具有品种固有的色泽，籽粒鲜红、剔透	具有品种固有的色泽，籽粒鲜红、剔透
风味	味甜适中、汁液足、无涩味、软籽可食，无异味	味甜适中、汁液足、无涩味、软籽可食，无异味	味甜适中、汁液足、无涩味、软籽可食，无异味
单果重/g	≥ 500	400~499	250~399
果皮缺损	果皮无缺损	果皮缺损总面积不超过1 cm²，且小于果面面积的5%	果皮缺损总面积不超过2 cm²，且小于果面面积的6%
可溶性固形物/%	≥ 13.0		

根据团体标准 TBCNJX 2408—2021 规定，突尼斯软籽石榴可分为一等品和二等品，进一步又分为特级、一级和二级，各等级规格指标应符合表6-3规定。

表6-3 突尼斯软籽石榴等级规格指标

项目	等级					
	一等品			二等品		
	特级	一级	二级	特级	一级	二级
果柄	完整			完整		
花萼	完整			稍有缺损		
果形	端正			基本端正		
着色度	≥ 50%			≥30%		
花斑	无	≤ 5%	≤ 10%	≤ 20%	≤ 30%	≤ 50%
单果重/g	≥ 500	400~500	350~400	≥ 500	400~500	250~400

续表

项目	等级					
	一等品			二等品		
	特级	一级	二级	特级	一级	二级
可溶性固形物/%	≥ 14.0					
可滴定酸/%	≤ 0.50					

6.1.3　包装

包装可使石榴标准化和商品化，是保证安全运输和贮藏的重要措施。良好的包装应具有以下作用：使果蔬产品在运输途中保持良好的状态，减少因互相摩擦、碰撞、挤压而造成的机械损伤，减少病害蔓延和水分蒸发；使果蔬产品在流通中保持良好的稳定性，提高商品率和卫生质量；包装也是商品的一部分，是贸易的辅助手段，为市场交易提供标准的规格单位，免去销售过程中的产品过秤，便于流通过程中的标准化，也有利于机械化操作。根据包装的用途可分为外包装和内包装。外包装常采用筐、袋、木箱、瓦楞纸箱、塑料箱等，而内包装主要包括衬垫、铺垫、浅盘、包装膜、包装纸、塑料小盒等。

6.1.3.1　外包装

外包装也称贮运包装，目的是保护果蔬产品，便于装卸和运输。目前，石榴鲜销时主要采用瓦楞纸箱进行外包装，长期贮藏时也会选用塑料箱。塑料箱轻便防潮、牢固耐用，便于清洗消毒，可长期反复使用，但造价较高；瓦楞纸箱重量较轻，可折叠平放，便于运输、印刷各种图案，外观美观，用后易于处理，而且纸箱通过上蜡可提高其防水、防潮性能，因此石榴鲜销时选用瓦楞纸箱更为理想。

6.1.3.2　内包装

内包装也称零售包装，与消费者直接见面，因此除了要求能保护果蔬产品外，还要注意造型与装潢美观，且具有宣传功能，起到促进销售的作用。内包装主要包括：小袋或网袋，由纸、薄膜、棉纱、塑料丝等制成；盒或浅盘，由塑料或泡沫塑料、纸板和胶合板制成；篮，有长方形、圆形或扁形，由木条或塑料制成；蜂窝纸，由塑料或纸制成；混合型，网袋加盒或浅盘等组合。

包果纸的主要作用是抑制果蔬组织内水分的损失，减少霉烂和病害的传染；减少运输果蔬在容器内的振动和相互挤压碰撞；具有一定隔热作用，有利于果蔬保持较为稳定的温度，延长贮运期和货架期，而且漂亮的纸张还可以增加商品的吸引力。包果纸要求是质地柔软、干净、光滑、无异味、有韧性的薄纸，常用有牛皮纸、毛边纸、光纸等，还可在包果纸中加入化学药剂预防某些病害的发生。塑料薄膜由于具有适宜的透湿性和透气性、内容物看得见、密封等优点，近年来普遍应用于果蔬的包装。此外，在容器内铺设柔软清洁的衬垫填充物，以防止果蔬直接与容器接触而造成机械伤害，还具有防寒、保湿作用，衬垫填充物要求柔软、质轻、清洁卫生。抗压托盘上有一定数量的凹坑，凹坑与凹坑之间有时还有漂亮的图案，凹坑的大小和形状以及图案的类型可以根据包装的具体果实来设计，果实的层与层之间由抗压托盘隔开，可避免贮运中损伤。

石榴特级果和一级果一般采用发泡网进行单果单层托盘包装，果实与果实之间应隔开，二级果可分层或散装装入箱中。层装石榴装箱时也要外套发泡网，果梗斜朝下，排平放实。包装材料、容器和标志标识应符合 NY/T 1778—2009，内包装应采用符合食品安全的包装材料要求。

6.1.4 预冷

预冷是指新鲜果蔬产品采收后尽快冷却至适于贮运所要求低温的措施。预冷的作用包括：快速排除果蔬采后所带的田间热，节省运输和贮藏中的制冷负荷；在运输或贮藏前使果蔬尽快降低品温，快速抑制呼吸作用和降低生理活性，减少营养损失和水分损失，延缓变质和成熟过程，以便更好地保持产品的生鲜品质，延长贮藏寿命；减少贮运初期的温度波动，防止结露现象发生；抑制微生物的侵染和生理病害的发生，提高耐贮性。

预冷是给石榴创造良好温度环境的第一步，为了保持其新鲜度和延长贮藏保鲜期，预冷应在采收后尽早完成，最好在产地进行，在收获后 24 h 内达到降温要求，且降温速度越快越好，一般石榴的冷藏温度就是预冷终温，预冷后需立即入贮已经调整好温度的冷藏库或冷藏车内，注意防止冷害和冻害的发生。

预冷的方式很多，主要包括自然降温预冷、自然对流预冷、强制通风预冷、差压通风预冷、真空预冷、冷水预冷等。

6.1.4.1 自然降温预冷

自然降温预冷是最简便易行的预冷方法，是将采后的果蔬产品放在阴凉通风处，使其自然散热。这一方法冷却时间较长，受环境条件影响大，且难达到产品所需要的预冷温度，但在没有更好的预冷条件时，仍然是一种应用较普遍的方法。

6.1.4.2　自然对流预冷

自然对流预冷是将果蔬产品直接放在冷藏库内依靠空气的自然对流，使包装箱周围的冷空气与箱内产品外层、内层产生温差，再通过对流和传导逐渐使箱内温度降低，冷却产品用的房间也能用于贮藏，但这一方式冷却速度慢、时间较长。

6.1.4.3　强制通风预冷

强制通风预冷是使冷空气迅速流经果蔬产品周围使之冷却。强制通风冷却可以在低温贮藏库内进行，将果蔬产品装箱，纵横堆码于库内，箱与箱之间留有间隙，冷风循环时，在包装箱堆或垛的两个侧面造成空气压力差，当压差不同的空气经过货堆或集装箱时，将产品散发的热量带走，可以加快冷却速度，所用的时间比一般自然对流预冷要快 4~10 倍。

6.1.4.4　差压通风预冷

差压通风预冷是采用抽吸的气流方式，使冷空气从水平方向穿过包装上的缝或孔，在包装箱两侧造成压力差，冷风由包装箱一侧通风孔进入包装箱中，与产品接触后由另一侧通风孔出来，强迫冷风进入包装箱中，使冷空气直接与产品接触，同时将箱内的热量带走，特点是气流均匀，无死角，其预冷的效果优于强制通风预冷，但由于冷风与果蔬直接接触，存在干耗失水现象。影响差压通风预冷效果的因素主要包括包装容器、堆码方式和空气流速等。

6.1.4.5　真空预冷

真空预冷是将预冷产品置于坚固、气密的容器内，迅速抽出空气和水蒸气，使产品表面的水在真空负压下蒸发而冷却降温至一定真空度，产品组织内或表面的水在真空负压下蒸发，同时带走热量而冷却降温。为了避免果蔬产品的水分损失，在进行真空预冷前应该往其表面喷水，这样既可以避免产品的水分损失，又有助于迅速降温。真空冷却的包装容器要求能够通风，便于水蒸气散发出来。影响真空预冷效果的因素包括产品的比表面积、组织失水的难易程度、真空室抽真空的速度等。

6.1.4.6　冷水预冷

冷水预冷是将果蔬产品用冷水冲淋或浸在冷水中降温的一种方式。由于水的传热系数比空气大，因此冷水比冷风的冷却速度更快。产品携带的田间热会使水温上升，所以冷却水的温度要在不导致产品发生伤害的前提下尽量降低，一般在 0~1℃。冷却水可循环使用，但常会有腐败微生物在其中累积，使冷却产品受到污染，因此水中可加一些化学药剂，如次氯酸盐等。产品包装后进行水冷却，包装容器要具有防水性能，冷却后需要用冷风将产品和包装吹干。

6.2 石榴的物流运输

物流运输是将新鲜果蔬产品从产地运往销售地，是生产与消费之间的桥梁，能调剂市场供应需求，互补余缺，也是果蔬商品经济发展必不可少的重要环节。

6.2.1 物流运输的环境条件及控制

我国地域辽阔，自然条件复杂，石榴在运输过程中气候变化难以预料，因此，必须严格管理，根据石榴的生物学特性，尽量满足其在运输过程中所需要的条件，才能确保运输安全，减少损失。物流运输可以看作动态贮藏，运输过程中产品的振动程度、环境的温度、湿度和空气成分都对贮运效果产生重要的影响。

6.2.1.1 振动

振动是石榴物流运输过程中需要考虑的基本环境条件之一。剧烈的振动会给果蔬产品表面造成机械损伤，促进伤乙烯的合成和成熟衰老；同时，伤害造成的伤口易被微生物侵染，造成腐烂，并导致呼吸作用的加强和代谢的异常，从而影响果蔬产品贮藏性能。因此，凡经过长途运输后的果蔬产品都有变软的趋势，必须尽量避免和减少振动。

衡量运输过程中振动强弱的指标为振动强度。振动强度是以普通振动情况下产生的加速度大小来表示，即可用加速度 a 表示（$a = 9.8 \ m/s^2$）。$1a$ 以上的振动加速度是引起果蔬产品物理损伤的直接原因，$1a$ 以下也可能造成间接损伤。铁路运输的振动强度比公路运输要小，一般小于 $1a$，而海路运输的振动强度则更小。汽车运输中的振动强弱与路面的好坏关系密切，路面较好或在高速公路上产生的振动强弱与速度关联不大，一般不超过 $1a$；路面不好，车速越高，振动幅度越大，多高于 $3a$。石榴是耐碰撞、耐摩擦的产品，一般加速度 $3a$ 左右对其品质影响不大。

6.2.1.2 温度

与贮藏相似，运输温度对石榴品质同样具有着重要的影响，温度也是运输中备受关注的环境条件之一。理论上讲，把果蔬产品放置在适宜的贮藏温度下运输最为安全，能够较好地保持石榴的新鲜度和品质，降低物流运输损耗，由于运输时间相对短暂，运输温度可以略高于最适贮藏温度。在低温运输中，由于增加了制冷设备，注意堆码方式不要太紧密，否则冷气循环不好，造成车厢上下部位的温差较大，且运输前果蔬产品需要进行预冷，尽量维持恒定的适温，防止温度波动，减少运输过程中的产品损失。

在没有低温运输的条件下，常温运输中无论何种运输工具，货箱和产品温度都会受到外界气温的影响，特别是在盛夏或严冬时，影响更为突出，对于汽车要采取遮阳和防雨措施，尽量减少外界环境对果蔬产品的影响。

6.2.1.3　相对湿度

在低温运输过程中，由于车厢的密封和产品堆积的高度密集，运输环境中的相对湿度常在短时间内即达到 95%~100%，且可能在运输期间一直保持这个状态，由于时间相对较短，通常对果蔬产品的品质和腐烂影响不明显。但需要注意，如果采用纸箱包装，高湿度会使纸箱吸湿，从而导致纸箱强度下降，产品易受到挤压。因此，在运输时应根据不同的包装材料采取相应的管理措施。远距离运输并采用纸箱包装的产品，可在箱中用聚乙烯薄膜衬垫，以防包装吸水后引起抗压力下降；用塑料箱等包装的产品运输时，可在箱外罩以塑料薄膜以防产品失水。

6.2.1.4　气体

从实际情况看，石榴在常温运输过程中，环境中气体成分变化不大。在低温运输中，由于车厢体的密闭，运输环境中会有 CO_2 的积累，但运输时间不长，CO_2 积累到伤害浓度的可能性不大。运输工具和包装不同会产生一定的差异，密闭性好的设备会使 CO_2 浓度增高，振动也会导致乙烯和 CO_2 浓度增高，因此要加强运输过程中的通风换气，避免有害气体积累产生伤害。另外，在运输过程中要轻装轻卸，防止石榴的包装破损，破坏包装物内的气体组分，从而引起腐败变质。

6.2.1.5　装载与堆码

石榴在运输车内正确的装载与堆码，对于保持其在运输中的品质具有重要的影响作用。低温运输时，应当合理堆码，保障冷空气能够流动通畅，防止因局部温度升高而导致腐败变质。石榴运输的装载与堆码方法基本上采用留间隙的堆码法，遵循堆垛稳固、间隙适当、通风均匀、便于装卸和清洁卫生等总原则，使得车内各货件之间都留有适当的间隙，各处温度均匀。

6.2.1.6　光线

光线可以催化许多化学反应，进而影响果蔬产品的贮存稳定性。如光可引起果蔬产品褪绿，发生变色；某些维生素对光敏感，核黄素和抗坏血酸暴露在光下很容易失去其营养价值。为了抑制这些问题，可以采用避光包装，在运输中也要采取相应的措施，如采用密闭性较好的货箱，敞篷车运输应该覆盖篷布。

6.2.2 物流运输的基本要求

运输是新鲜果蔬产品流通中的重要环节，与其他商品相比，新鲜果蔬产品对运输要求更为严格。因此，在运输过程中，应根据果蔬的生物学特性，尽量满足其在运输过程中所需要的条件，以减少损失。在运输中要做到"三快、两轻、四防"的基本要求。

6.2.2.1 三快

三快，即快装、快卸、快运。新鲜果蔬产品采后仍然是一个活的有机体，新陈代谢作用旺盛，呼吸越强，营养物质消耗越多，品质下降越快。一般而言，运输过程中的环境条件，特别是气候的变化和道路的颠簸极易对果蔬品质造成不良的影响。因此，运输中的各个环节一定要快，使果蔬迅速到达目的地。装车过程中特别是搬运，货物将直接暴露于外界环境中，必然会导致货温的升高，应尽量加快装卸速度、改善搬运条件、加大单次搬运的货物数量、采取必要的隔热防护措施。快装、快运、快卸，尽量减少周转环节可以有效地缩短运输时间，积极采用机械装卸、托盘装卸、推行汽车和铁路的对装对卸等有效手段。

6.2.2.2 两轻

两轻，即轻装、轻卸。由于绝大多数果蔬含水量为80%~90%，属于鲜嫩易腐性产品。若装卸粗放，产品极易受伤，从而导致腐烂，是目前运输中普遍存在的问题，也是引起果蔬采后损失的主要原因之一。因此，装卸过程中一定要做到轻装轻卸，防止野蛮装卸，积极采用机械装卸，既可减少劳动强度，又可减少损坏、保证质量。

6.2.2.3 四防

四防，即防热、防冻、防晒、防淋。任何果蔬产品对运输温度均有要求，温度过高，会加快其品质下降和腐败变质；温度过低，易产生冻害或冷害，所以要防热防冻。日晒会使果蔬升温，加快营养物质的降解和损失，提高其呼吸强度，加速自然损耗。雨淋则影响果蔬产品包装的完整，有利于微生物的生长和繁殖，加速腐烂。因此，必须重视利用自然条件和人工管理来防热防冻，敞篷车船运输时应覆盖防水布或芦席以免日晒雨淋，冬季应覆盖棉被进行防寒。

6.2.3 物流运输方式

从我国现有的情况来看，石榴运输形式通常为陆运（包括公路、铁路）、空运及以上两种形式的联运。各种运输方式均具有其自身的优缺点，需要在充分了解各种运输工具优缺点的前提下加以选择利用，目前石榴运输多采用公路、铁路运输和航空运输。

6.2.3.1 公路运输

公路运输是我国最重要和最常用的短途运输方式，具有灵活性强、速度快、适应区域广、投资少等优势，但也存在运量小、耗能大等缺点。公路运输的主要工具为各种大小汽车、拖拉机等，能实现从产地到销售地"门对门"的运输。随着高速公路的建成，冷藏车、冷藏集装箱运输已成为今后公路运输的主流。公路冷藏车依据制冷方式不同，可分为机械冷藏车、液氮冷藏车、冷冻板冷藏车、干冰冷藏车和冰冷冷藏车。其中，机械冷藏车是公路冷藏车的主要车型，车内安装蒸气压缩式制冷机组，采用直接吹风冷却，车内温度实现自动控制，由汽车发动机带动制冷压缩机，制冷机的工作和车厢内的温度由驾驶员通过控制盒操作。大中型机械冷藏车可采用半封闭或全封闭式制冷压缩机及风冷凝机组。机械式冷藏车的车厢内温度比较均匀且相对稳定，针对不同的货物可以调节适宜的温度，但前期所需费用较多，制冷机组结构相对复杂，故障率和维修成本较高，噪声污染严重，制冷效率低，且需要定期除霜。

6.2.3.2 铁路运输

铁路运输是目前我国物资运输的主要方式，具有运输量大、速度快、准时、运输振动小、连续性强、不受季节影响、运费较低等优点，适合于中、长途大宗果蔬产品的运输，但机动性能较差。铁路运输起止点均为车站的大宗货场，前后均需要其他方式进行短途运输，增加了装卸次数。铁路冷藏运输主要包括加冰冷藏车、机械冷藏车和冷冻板式冷藏车等。

（1）加冰冷藏车。加冰冷藏车是以冰或冰盐为冷源，利用冰或冰盐的溶解吸热使车内温度降低。加冰冷藏车内部装有冰箱，具有排水设备、通风循环设备及检温设备等。运输货物时，在冰箱内加冰或冰盐混合物，控制车内低温条件。在运输途中，加冰冷藏车中的冰融化到一定程度时需要及时加冰，维持车内较为稳定的低温。车站内有制冰池、储冰库，使用时将冰破碎，也可将管冰机运用到铁路运输中，制冰在封闭系统中进行，管状冰在蒸发器上直接冻结，管冰为直径较小的冻结块，用时不需要另行破碎。此外，还可添加天然冰，冰块质量 1 ~ 2 kg 较为合适，过大会导致盐从冰块间隙掉到冰箱底部，而太细又会相互结成团导致制冷面积减少。加入的盐应该干净、松散，如黄豆大小。加冰冷藏车结构简单、造价低，冰和冰盐的价格低廉，但车内温度变化较大，温度调节困难，使用局限性较大，而且行车沿途需要加冰、冰盐等。另外，融化的冰盐不断地溢流排放，会腐蚀钢轨和桥梁，且车辆重心偏高，不适合高速运行。近年来，加冰冷藏车已经逐步被机械冷藏车所取代。

（2）机械冷藏车。铁路机械冷藏车的原理和设计与公路机械冷藏车基本一致，采用机械制冷，配合强制通风系统，能有效控制车厢内温度，装载量比加冰冷藏车大。铁路机械冷藏车一般以车组形式出现，每辆货物车设有两套相同的制冷加热机组，发电乘务车长度 20 m，车上有机器间、配电间、工作室及生活间等。铁路机械冷藏车具有制冷速度快、温度调节范围大、车内温度分布均匀、运送迅速、适应性强、自动化高等优点，新型机械冷藏车还设有温度自动检测、记录和安全报警装置。

（3）冷冻板式冷藏车。冷冻板式冷藏车是在一辆隔热车体内安装冷冻板，冷冻板内充注一定量的低温共晶溶液，以其为冷源，保证车内低温，冷冻板一般装在车顶或墙壁。当共晶溶液充冷冻结后，即储存冷量，并在不断融化的过程中吸收热量，实现制冷。低温共晶溶液可以在冷冻板内反复冻结与融化循环使用。冷冻板式冷藏车的充冷是通过地面充冷站进行的，一次充冷时间约 12 h，可制冷120 h，若外界温度低于 30℃，充冷后的制冷时间可达 140 h。车内两端顶部各装有两台风机，开动风机能够加速空气循环，使大量热被带走，迅速冷却到要求的温度，具有稳定的恒温性能，是一种耗能少、制冷成本低、冷藏效能好的新型冷藏车，但必须依靠地面的专用充冷设施，使用范围局限在铁路大干线上。

6.2.3.3　航空运输

航空冷藏运输主要以装载冷藏集装箱方式实现，既可以降低起重装卸的困难，又可以提高机舱的利用率，对空运的前后衔接都能带来方便。由于飞机上动力电源发电量较小，制冷能力有限，不能向冷藏集装箱提供电源或冷源。因此，空运冷藏集装箱的冷却一般采用液氮和干冰。航空运输的最大特点是运输速度快，但运量相对较小，成本高，受天气影响大，且航空运输只能在机场与机场之间进行，在冷藏货物进出机场时还需要其他冷藏运输方式的配合。航空冷藏运输主要应用于高价值、易腐烂、对时间要求较高的小批量货物的运输。

6.2.4　冷链物流

为了保持果蔬产品的优良品质，从产品生产到消费之间需要保持一定的低温，即新鲜果蔬产品采收后在流通、贮藏、销售系列过程中实行低温保藏，以防止其新鲜度和品质的下降，这种低温冷藏技术连贯的体系称为冷链物流系统。冷链物流系统是目前世界上最先进、最可靠的果蔬运输方式，即从果蔬的采收、分级、包装、预冷、贮藏、运输、销售等环节上建立和完善一套完整的低温冷链系统，使果蔬从生产到销售之间始终维持一定的低温，延长货架期，其间任何一个环节的缺失，都会破坏冷链保藏系统的完整性和实施。冷链物流的基本模式主要包括批发市场模式、连锁超市模式和物流中心模式 3 种，这些方式石榴种植地均有使用。

6.2.4.1 批发市场模式

批发市场模式是依托于一定规模的批发市场，由生产者或中间收购商将分散的产品集中到批发市场被批发商收购，然后通过零售商销售，最终到达消费者手中的物流模式，基本模式如图 6-1 所示。这种模式的优点是规避产品分散经营，实现规模化，降低物流成本。大部分石榴由分散的个体农户自主生产，生产建立在小规模经营的基础上，批发市场是其集散地，将石榴由分散到集中，再由集中到分散，批发市场主要从事石榴的收购和批发销售。批发市场是我国目前大宗农产品销售的主要途径。

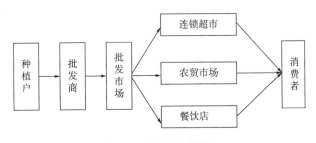

图 6-1 批发超市模式

6.2.4.2 连锁超市模式

连锁超市模式是一种典型的物流结盟型模式，连锁超市与物流企业（或流通企业）结盟，物流企业或流通企业再与分散农户签订收购契约，三者之间形成稳定的合作关系，基本模式如图 6-2 所示。这种模式的特点是可以保证稳定的货源、减少物流环节、提高物流效率，主要应用在生鲜农产品冷链物流方面。由于果蔬产品具有易腐易烂、保鲜期短等特点，对物流冷链设备、运输时间、分销速度等要求很高，因而需要高效和快捷的物流服务，而连锁超市模式极大地满足了

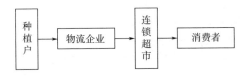

图 6-2 连锁超市模式

这种高效、快捷的要求，并且可以通过厂销直挂的方式，减少了物流环节，实现了链上节点的无缝对接，优化了整个物流供应链系统。

6.2.4.3　物流中心模式

物流中心模式是基于物流活动集约化、物流服务一体化的思想提出的，基本模式如图 6-3 所示。物流中心是一个广泛的概念，是各种物流结点的总称，各种物流基地、集散中心、配送中心等都可称为物流中心。以物流中心为主导的石榴冷链物流模式是由石榴交易主体提供现代化和全方位物流服务的物流模式，把分散的石榴聚集起来，不仅可以提高物流资源的使用效率，而且可以解决小生产与大市场之间的矛盾。

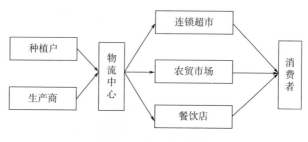

图 6-3　物流中心模式

◆参考文献◆

［1］刘雪梅，潘少香，谭梦男，等 . 果蔬品质评价技术及其在石榴中的应用进展［J］. 中国菜，2023，43（3）：55-60.

［2］胡青霞，冯梦晨，陈延惠，等 . 突尼斯软籽石榴果实生长发育及其品质形成规律研究［J］. 果树学报，2022，39（3）：426-438.

［3］马蕾 . 基于绿色理念的河阴石榴物流包装创新设计［J］. 包装工程，2020，41（22）：271-277.

［4］罗天发 . 会理县突尼斯软籽石榴推广发展问题及对策建议［J］. 绿色科技，2019（21）：214-215.

［5］胡青霞，冯梦晨，司晓丽，等 . 不同采收期对突尼斯软籽石榴采后贮藏品质的影响［J］. 河南农业科学，2019，48（12）：140-145.

［6］牛希璨 . 怀远石榴营销策略创新研究［J］. 山西农经，2019（3）：65-66.

［7］郑崇兰，余爽，巫登峰，等 . 四川攀西地区石榴产业发展 SWOT 分析及对策［J］. 中国果树，2018（6）：102-106.

［8］敖礼林 . 石榴的科学采收和综合贮藏保鲜［J］. 科学种养，2018（10）：27-28.

［9］刘艳，沈秋吉，倪忠泽，等．云南蒙自石榴产贮销现状及发展对策分析［J］．中国果树，2021（4）：89-91，102.

［10］陈燕，高小峰，雷梦瑶，等．南阳市石榴产业发展现状及对策思考南方农业［J］．南方农业，2022，16（12）：161-164.

［11］苏慧．大数据背景下冷链物流模式研究——以广西亚热带果蔬为例［J］．物流科技，2023，46（8）：139-142，156.

［12］王勇，曹合荣，赵一霁，等．我国果蔬冷链物流发展现状问题及对策浅析［J］．南方农业，2023，17（1）：198-202.

［13］王春燕，宋烨，苏娟，等．山东省果蔬冷链物流产业发展对策分析［J］．中国果菜，2023，43（2）：88-92.

［14］仝好林，彭世豪，邬佳娟，等．基于供应链的果蔬冷链物流优化研究［J］．全国流通经济，2022（30）：16-19.

［15］何伟．果蔬气调保鲜技术及其在冷链物流中的应用研究进展［J］．食品与械，2020，36（9）：228-232.

［16］朴惠淑，宁亚美，刘惠斌．考虑单元化物流的果蔬销售与配送整合优化［J］．工业工程与管理，2021，26（6）：113-120.

［17］李小玲，闻铭，梁美静．广东省果蔬冷链物流发展现状及对策研究［J］．中国储运，2021（9）：74-75.

［18］吴玉瑕，贾天琦．元谋果蔬冷链物流的发展现状及对策分析［J］．中国储运，2021（8）：110-111.

［19］郜海燕，杨海龙，陈杭君，等．生鲜果蔬物流及包装技术研究与展望［J］．食品与生物技术学报，2020，39（8）：1-9.

［20］王璇，陈爱强，刘昊东，等．差压预冷技术与装备在果蔬冷链物流中的应用［J］．保鲜与加工，2020，20（4）：215-216.

［21］张小雪，王茂春．基于"互联网+"的果蔬物流中心品牌营销模式创新研究［J］．物流科技，2019，42（9）：54-57.

［22］张颖川．果蔬冷链物流的全链路建设［J］．物流技术与应用，2018，23（2）：36-37.

［23］王彩，张国薇，余爽，等．不同包装容器对会理石榴冷藏效果的影响［J］．四川农业科技，2016（11）：47-48.

［24］文宇．会理石榴品牌升级的策略研究［J］．现代商业，2014（25）：69-70.

［25］罗山，侯俊涛，郑彬．基于机器视觉的石榴品质自动分级方法［J］．中国农机化学报，2023，44（3）：117-122.

［26］成志平．物联网背景下果蔬冷链物流平台发展趋势探讨［J］．中国物流与采购，2022（3）：67.

［27］张婷婷，杨文华，吉哲．RFID 技术在果蔬农产品冷链物流中的应用［J］．中国自动识别技术，2021（4）：76-78.

［28］何士俊，陈虹，顾立群，等．不同采后处理对果蔬功能成分和品质的影响［J］．现代园艺，2019（5）：17-18.

［29］杨若瑜，阮晓华，林沛祺．果蔬运输包装管理优化对策研究［J］．中国储运，2021（12）：140-141.

［30］张敏，景传峰，高建华，等．铁路机械冷藏车运输果蔬的理论与实践［J］．冷藏技术，2022，45（1）：23-26.

［31］阮晓华，杨若瑜，林沛祺，等．基于标准化的果蔬产品运输包装技术及其应用研究［J］．农产品加工，2021（12）：90-94.

［32］赵晓晓，夏铭，管维良，等．蓄冷技术在生鲜果蔬贮藏和运输中的研究与应用［J］．保鲜与加工，2020，20（1）：217-225.

［33］苏霞，王宝成．4种常见果蔬保鲜运输超声波加湿的生命周期模拟研究［J］．食品与机械，2020，36（2）：155-158.

［34］杨松夏，朱立学，张耀国，等．果蔬公路运输保鲜配套技术与装备研究［J］．热带农业工程，2019，43（4）：38-43.

［35］黄昌海．果蔬产品运输链的标准化包装方案探讨［J］．上海包装，2016（12）：22-25.

［36］王芳，魏星，魏巍，等．果蔬运输受振动·冲击作用研究进展［J］．安徽农业科学，2015，43（26）：326-329.

［37］魏巍，王芳，赵满全，等．果蔬运输振动损伤与其品质评价指标的研究现状［J］．农机化研究，2015，37（5）：260-263，268.

［38］杨晗．减少果蔬农产品运输货损货差的探讨［J］．物流科技，2016，39（7）：49-51.

［39］孙上明，谢如鹤，李展旺，等．生鲜果蔬冷链物流前端集货运输优化［J］．物流工程与管理，2017，39（9）：55-60，63.

［40］郝利平．园艺产品贮藏加工学［M］．北京：中国农业出版社，2020.

［41］李建春．农产品冷链物流［M］．北京：北京交通大学出版社，2014.

［42］张玉华，王国利．农产品冷链物流技术原理与实践［M］．北京：中国轻工业出版社，2018.

［43］宁鹏飞，刘华．冷链物流管理［M］．青岛：中国海洋大学出版社，2022.

第7章

石榴贮藏技术

石榴采收后仍然是有生命的个体，正是依靠这种活体对不良环境的抵抗性，从而具备了"抗病性"和"耐贮性"，才能使其品质得以保持，延长贮藏保鲜期。抗病性是指果蔬抵抗病原菌侵害的特性，而耐贮性是指果蔬在一定贮藏时间内保持品质而不发生质量明显下降的特性。外界环境的温度、相对湿度、乙烯释放量等因素均是影响石榴采后品质的重要因素，将直接影响其贮藏保鲜效果。石榴贮藏保鲜，即采用物理、化学或生物方法，使呼吸代谢处于最低状态，防止有害微生物的侵染，保持其食用、药用和商品价值，有效地延长期贮藏保鲜期。各种贮藏保鲜方法的原理归纳起来主要包括以下3个方面：①降低新陈代谢强度，包括呼吸作用、乙烯的产生等，抑制衰老和褐变，减少营养物质的损失；②抑制蒸腾作用，减少水分损失，降低失重率；③抑制腐败菌和病原菌的繁殖，从而控制腐烂变质。

7.1 简易贮藏

目前，国内一些石榴种植地区在贮藏设施不够完备的条件下，仍采用传统的简易贮藏方法，如室内贮藏、堆藏、沟藏、井窖贮藏等。上述贮藏方法均属于充分利用自然低温、简便易行的方法，根据当地的自然条件、贮藏要求而异。贮藏前期，利用夜间和凌晨的低温降低环境温度；贮藏中期，注意保温，减少冷空气的传入，防止冷害、冻害的发生；贮藏后期，注意保持低温度，延长贮藏保鲜期。

7.1.1 室内贮藏

7.1.1.1 挂藏

用于挂藏的石榴，采收时留取一段果梗，用麻绳绑缚成串，或用牛皮纸、报纸、塑料薄膜包装后吊挂于清洁、无鼠虫害、阴凉通风的房梁等处。

7.1.1.2 缸（罐）藏

根据贮果量选择洁净无油的缸、罐等容器，清洗、晾干后用高度白酒擦拭内部，或用1%高锰酸钾溶液消毒后备用。在缸（或罐）底部铺一层5 cm厚湿沙，中央放一根草制或竹制圆筒通气管，将石榴整齐摆放在圆筒四周，装至距缸（或罐）口5~6 cm处，再用湿沙盖严。也可在底部垫一层松针或麦草等，然后摆放一层果实，如此摆放至近缸（或罐）口，最上层再铺一层松针或麦草等，罐口用塑料薄膜封口、扎紧。入贮后每个月检查一次，如有烂果及时剔除。

7.1.1.3 袋藏

石榴经挑选和杀菌剂处理后，用厚度0.04~0.07 mm聚乙烯薄膜袋整箱或单果包装。贮藏初期将袋口折叠压在果实上面，一个月后再将袋口扎紧，置于冷凉的室内。此种贮藏方法，石榴新鲜度保持较好，虎皮病较轻。

7.1.2 堆藏

堆藏地要求地势高、凉爽、通风、清洁、无虫鼠害且门窗完好的住房、仓库、厂房等。入藏前，先将贮藏地打扫干净，再用25%石灰水涂刷墙壁，最后在地面撒薄薄一层生石灰粉消毒。贮藏时，地面铺20 cm厚稻草或秸秆，将石榴叠放3~5层，最后表面覆盖草席或帆布，室温下贮藏。此外，堆藏也可以在地上铺5~6 cm厚鲜马尾松松针，其上再按一层石榴一层松针逐层相间堆放，以5~6层为限，最后在堆上及其四周用松针全部覆盖。贮藏期间，每2~3周翻堆检查一次，剔除烂果并更换一次松针。

7.1.3 沟藏

选择排水良好、背风向阳处，挖深70 cm、宽100 cm的浅坑，沟长度依据贮量而定。将石榴果实堆放于沟坑内，然后覆盖上土、秸秆或塑料薄膜等，随季节改变调整覆盖物厚度。沟的走向在较寒冷地区以南北为宜，较温暖地区则以东西向为宜。贮藏沟内，每隔1.0~1.5 m设置一个通气孔，下至沟底，上高出地面20 cm。在沟底部铺10 cm厚湿沙，在其上码放石榴，每放一层石榴就撒盖湿沙，抚平后再放一层石榴，可放6~7层，最后覆盖10 cm厚湿沙，以席子封顶。贮藏初期，白天需盖严席子来减少阳光辐射，夜间和凌晨则利用冷空气来尽快降低沟内温度；贮藏中期，加厚沟面覆盖层，保持沟内温度稳定，并使沟面高出地面，避免积雪融化后渗入沟内；贮藏后期，注意保持沟内低温，以便延长贮藏期。

7.1.4 井窖贮藏

选择地势较高、地下水位较低、排水良好、背风向阳处，挖直径1 m、深2~3 m的井窖，根据贮藏量向井四周水平再挖取拐洞。窖底先铺上一层干草或

10 cm 细沙，其上可摆放 4~5 层石榴。入贮的石榴需经严格挑选，并进行杀菌处理。石榴在窖内堆放时注意留有通风道，以利于贮藏期通风换气和排出热量。根据需要增设通气口，人为地进行通风换气，定期检查贮藏情况，剔除烂果。每次检查前需先放一支蜡烛下窖来检测 CO_2 含量是否较高，如点燃的蜡烛很快熄灭，则需要先通风，以保证下窖人员安全。

7.2　机械冷藏

温度是影响石榴贮藏的主要因素之一，适宜的低温可有效地抑制石榴的代谢作用，使其生命活动能够正常进行却又处于相对微弱的状态，从而延缓贮藏期物质的消耗，有利于品质的保持。低温贮藏的关键性问题是控制好贮藏温度，避免冷害的发生。石榴属于低温敏感型果实，最适宜的贮藏温度与产地、品种、成熟度等密切相关。目前，低温贮藏是我国果蔬贮藏保鲜最为常用的方法之一，通常采用机械冷藏库来实现。

机械冷藏库是利用制冷剂的相变特性，通过制冷机械循环运动的作用产生冷量并将其导入具有良好隔热效能的库房中，根据贮藏产品的要求，控制库房内的温、湿度条件在合理的水平，并适当加以通风换气的一种贮藏方式。机械冷藏库要求有坚固耐用的贮藏库体，且库房设置有隔热层和防潮层，以满足人工控制贮藏温度和湿度的要求，适用对象和使用区域广，库房可长年使用，贮藏效果较好，但前期资金投入较多，运行成本高，且运行过程需要良好的管理技术。

机械冷藏库根据制冷要求的不同，分为高温库（0℃左右）和低温库（低于-18℃）两种类型，用于贮藏新鲜果蔬产品的冷藏库为前者。

7.2.1　机械冷藏库库体

机械冷藏库库体是由砖、石或混凝土构建而成的固定式结构，也可以是保温夹层板装配而成的组装式结构。一般将冷库设计为几个隔间，大规模的冷库分为多层多间，较小规模的冷库分为单层多间。固定式机械冷藏库除了具有牢固的库房框架结构外，还应具有良好的隔热和防潮性能，最大限度地隔绝库体内外热量的传递与交换，维持稳定的贮藏温湿度。

冷藏库库体的墙体、天花板、库门等需要选用合适的隔热材料制造，应选择导热系数小、无臭味、不易吸潮、重量轻且价格低廉易得的材料为宜，并根据冷库所处地区的实际情况和具体条件设计合理的隔热层厚度。目前，多采用聚苯乙烯泡沫塑料板（简称"苯板"）贴装或聚氨酯现场发泡喷布。绝热材料敷设时，板块材料要分层进行。第一层用胶黏剂加上必要的钉子，牢固地敷设在建筑物的墙壁、天花板和地面上，每块板应与相邻的绝热板紧密连接。第二层板材要紧密黏合在第一层上，两层板的接头位置必须错开。此外，冷藏库使用过程中，由于库内外温差较大，水蒸气的分压差也大，水汽总是由热壁面向冷壁面渗透扩散。冷藏库的隔热材料一旦受潮，隔热性能将会大幅度降低。因此，必须在隔热材料的两侧做好防潮处理，形成一个闭合系统，以阻止水汽的渗入，通常会通过铺设沥青、防水涂料、塑料薄膜等或使用金属板兼作防潮层来实现。

当导热率较大的建筑构件（钢梁、柱子、管道）穿过或镶嵌在冷藏库的隔热层时，破坏了隔热层和防潮层的完整性和严密性，形成"冷桥"。消除"冷桥"的方法有两种，即外置式隔热防潮系统和内置式隔热防潮系统，如图7-1所示。外置式隔热防潮系统是将隔热防潮层设置在地板、内墙和天花板外，把能形成冷桥的结构包围在其内，而内置式隔热防潮系统是将隔热防潮层设置在地板、内墙和天花板内，来排除"冷桥"的影响。

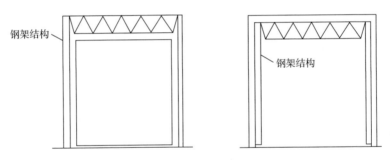

图7-1　外置式隔热防潮系统和内置式隔热防潮系统

7.2.2　制冷系统

在机械冷藏库中配备安装的制冷设备，通过其工作使制冷剂循环不断地发生气态-液态互变，不断吸收库内热量并将其传递到库外，从而使库内降温，并维持所需要的恒定低温。

机械制冷的方式很多，常见的有液体汽化制冷、气体膨胀制冷、涡流管制冷、热电制冷等，目前我国多数机械冷藏库主要采用液体汽化制冷，其中蒸汽压缩式制冷最为广泛。蒸汽压缩式制冷系统主要包括压缩机、冷凝器、膨胀阀和蒸发器等构成，如图7-2所示。蒸汽压缩式制冷是利用液态制冷剂吸收外界热量而汽化，通过压缩机吸入并加压，经冷凝器冷却后变为液态贮存于贮液罐中，处于高压液态的制冷剂由调节阀（膨胀阀）迅速减压成雾气状态，进入蒸发器吸热蒸发汽化，如此循环即可实现连续制冷。简单地说，就是利用汽化温度很低的制冷剂在封闭的制冷机系统中由液态到气态的转变，把库内的热量传递到库外，维持冷库低温。制冷系统的循环回路中充有制冷剂，其在制冷机械中反复不断的运动起着热传导介质的作用。理想的制冷剂应具下述特点：沸点低，气化潜热大；临界压力小，易于液化；无毒、无刺激性；不易燃烧、爆炸；对金属无腐蚀作用，漏气容易觉察；来源广、价格较低。目前，常用的制冷剂主要有氨、氟利昂等。

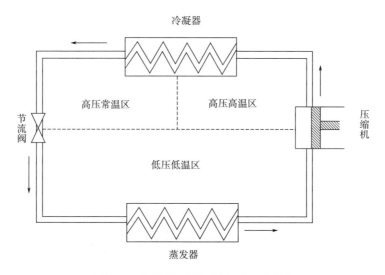

图 7-2　单级蒸汽压缩制冷系统示意图

7.2.3　机械冷藏库的管理

7.2.3.1　温度

温度是决定新鲜果蔬产品贮藏成败的关键因素。各种果蔬产品贮藏的适宜温度有所差别，即使同一种类、不同品种也存在着不同，甚至成熟度的不同也会影响贮藏温度，石榴也不例外。如果选择和设定的贮藏温度过高，品质劣变的速度较快；温度过低则易引起冷害，甚至冻害。在选择和设定贮藏温度时，还需要考虑贮藏环境中水分过饱而导致的结露现象，液态水的出现有利于微生物的活动与繁殖，导致病害的发生。因此，贮藏过程中温度的波动应尽可能小，最好控制在 ±0.5℃ 以内，贮藏初期降温速度越快越好。此外，当冷藏库的温度与外界气温有较大（通常超过 5℃）温差时，冷藏的石榴在出库前需经过升温过程，以防止发生"出汗"现象。升温最好在专用升温间或在冷藏库房穿堂中进行，速度不宜太快，直至品温比正常气温低4~5℃即可。综上所述，冷藏库温度管理的要点是适宜、稳定、均匀、合理的贮藏初期降温和商品出库时的升温。

7.2.3.2　相对湿度

对于绝大多数新鲜果蔬产品来说，贮藏环境的相对湿度一般控制在80%~95%，较高的相对湿度对于控制水分的散失十分重要。水分损失除直接减轻了重量以外，还会使石榴新鲜程度、外观品质下降（如出现表皮皱缩、萎蔫等症状）、食用价值降低（营养物质含量减少等）。与温度控制相似，贮藏环境的相对湿度也需要保持稳定，而维持湿度的恒定是关键。人为调节库房相对湿度的措施包括：当相对湿度低时需对库房增湿，如洒水、空气喷雾等，也可对产品进行适当的包装，创造高湿的小环境，如使用塑料薄膜单果套袋或以塑料袋作内衬等；当相对湿度过高时，可用生石灰、草木灰等吸潮，也可以通过加强通风换气来达到降湿目的。

7.2.3.3　通风换气

通风换气是机械冷藏库管理中的一个重要环节。新鲜石榴由于是有生命的活体，贮藏过程中仍在进行各种活动，需要消耗O_2，产生CO_2等气体，其中有些对于石榴贮藏保鲜是有害的，如正常生命过程中形成的乙烯、无氧呼吸产生的乙醇等，因此需要将这些气体从贮藏环境中除去，其中简单易行方法就是通风换气。石榴入贮时，可适当缩短通风间隔的时间，如10~15天换气一次；一般到了建立起符合要求、稳定的贮藏条件后，通风换气间隔时间变长，可每30天一次，通风时要求做到充分彻底。通风换气时间的选择要考虑外界环境的温度，理想的是在外界温度和贮温一致时进行，防止库房内外温度不同带入热量或过冷对产品带来不利影响，生产上通常在每天温度相对较低的晚上到次日凌晨这一段时间进行。

7.2.3.4　库房及用具的清洁卫生和防虫防鼠

贮藏环境中的病、虫、鼠害是引起石榴贮藏损失的主要原因之一。贮藏前库房及用具均应进行彻底的清洁消毒，做好防虫、防鼠工作。用具（包括垫仓板、贮藏架、周转箱等）可以用硫黄、福尔马林、过氧乙酸熏蒸，也可以用0.3%~0.4%有效氯漂白粉或0.5%高锰酸钾溶液喷洒等，以上处理对虫害亦有良好的抑制作用，对鼠类也有驱避作用。

7.2.3.5　产品的入贮及堆放

新鲜果蔬产品入库贮藏时，如已经预冷可一次性入库后建立适宜贮藏条件进行贮藏；若未经预冷处理，则应分批次入库。除第一批次外，以后每次的入贮量不应太多，否则会影响降温的速度、导致库温的剧烈波动。在第一次入贮前可对库房预先制冷并贮藏一定的冷量，入贮量第一次不超过该库总量的 1/5，以后每次以 1/10~1/8 为好。产品堆放的总要求是"三离一隙"，目的是使库房内的空气循环畅通，避免死角的发生，及时排除田间热和呼吸热，保证各部分温度的稳定均匀。"三离"是指离墙、离地、离天花板，一般产品堆放距墙 20~30 cm，不能直接堆放在地面上，可以用垫仓板架空，应控制堆的高度，不要离天花板太近，一般离天花板 0.5~0.8 m，或者低于冷风管道送风口 30~40 cm。"一隙"是指垛与垛之间及垛内要留有一定的空隙，以保证冷空气进入垛间和垛内，排出热量。此外，产品堆放时，还需要避免堆码过高发生倒塌，可搭架或堆码到一定高度时（如 1.5 m）用垫仓板衬一层再堆放的方式解决。

7.2.3.6　定期检查

石榴在贮藏过程中，不仅要注意对贮藏条件（温度、相对湿度）的检查、核对和控制，还需要对果蔬产品进行定期的检查，了解其质量状况和变化情况，发现问题及时采取措施处理。

7.3　气调贮藏

石榴采后进行着以呼吸作用为主导的新陈代谢活动，表现为吸收消耗 O_2、释放 CO_2 和热量，因此在一定范围内降低 O_2 浓度或升高 CO_2 浓度对呼吸作用能起到一定的抑制效果，从而使贮藏寿命得以延长，这是气调贮藏的基本原理。气调贮藏分为可控气调贮藏（CA）和自发气调贮藏（MA）两种类型。

7.3.1　可控气调贮藏

可控气调贮藏（CA）创造一个最恰当的气体配比条件，并与最适宜的低温冷藏相结合，是目前最为有效的果蔬贮藏保鲜技术，主要是通过气调库来实现。气调库在冷藏库的基础上，增加一套气调系统，可以做到人为精确地对贮藏环境的气体成分比例（N_2、O_2、CO_2、C_2H_4 等）、湿度、温度等条件进行控制，有效地抑制果蔬呼吸作用，延缓新陈代谢过程，较之机械冷藏能更好地保持果蔬的鲜度和商品性，延长贮藏保鲜期。近年来，可控气调贮藏技术在石榴的贮藏保鲜上取得了较好的效果。

7.3.1.1 气调库的基本构成

气调库同时兼具冷藏和调气的功能，完整的气调库应包括气调库库体、包装挑选间、化验室、冷冻机房、气调机房、泵房、循环水池、备用发电机及卫生间、月台、停车场等，如图 7-3 所示。

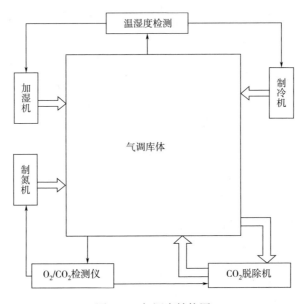

图 7-3　气调库结构图

气调库一般由若干个贮藏库组成，每个贮藏库均可独立调温、加湿、通风、监测和压力平衡，以满足不同果蔬产品气调贮藏的要求。挑选间主要用于果蔬产品出入库时进行挑选、分级、包装的场所，一般与气调库主体相连，外接月台和停车场，是气调库建设中必不可少的缓冲操作间。制冷机房与机械冷藏库相同，应装备若干台制冷机组，调控所有库房的制冷、冲霜、通风等条件。气调机房为整个气调库的控制中心，所有库房的电气、管道、监测等均设于此，主要包括电柜、制氮机、CO_2 脱除机、乙烯脱除机、O_2/CO_2 检测仪、加湿控制器仪、果温测定仪和自动控制系统。其他建筑包括办公室、泵房、循环水池、月台、卫生间等气调库的配套。

7.3.1.2 气调库库体

气调库库体在建筑要求上不同于冷藏库，除了具备良好的防潮隔热性能的同时，还应具有严格的气密性和安全性，结构上能够承受外界自然条件及设备、货物、机械、建筑物自重等产生的静力、动力作用。良好的气密性是气调库建造的关键指标，若库体气密性达不到要求，将无法维持稳定的低 O_2、高 CO_2 气体成分，从而达不到气调贮藏保鲜的目的。为了满足气密性的要求，通常在气调库库体内侧敷设气密层，常用聚氨酯加气密性材料现场发泡喷涂，塑料膜、铝箔等加黏合剂密封。气调库的门一般为具有弹性密封材料的推拉门，既是保温门又是密封门，库门上挂钢轨滑动，并在门的中下部开一取样孔，为观察窗。此外，密闭的气调库在运行过程中会造成库内外存在一定的压力差，为了保障气调库的安全运行，保持稳定的库内气压，必须设置压力平衡装置，一般可采用水封装置和缓冲囊来调压。在气调库内运输、堆码和贮藏时，地面要承受很大的荷载，因此气调库一般应建成单层建筑，较大的气调库的建筑高度一般在 6 m 左右。

7.3.1.3　气调系统

气调系统是气调库特有的调控核心，对库内的气体成分进行贮存、混合、分配、测试和调整，从而使 O_2、CO_2、N_2 之间的比例达到贮藏要求，并降低乙烯浓度。完整的气调系统包括三大类设备：

（1）贮配气设备。贮配气设备包括贮气罐（瓶），配气用减压阀、流量计、调节控制阀、仪表和各种管道等。通过这些设备合理的连接，保证气调贮藏期间所需各种气体的供给，并以符合新鲜果蔬产品所需的速度和比例输送到气调库房内。

（2）调气设备。调气设备为气调系统的关键设备，包括真空泵、制氮机、降氧机、CO_2 洗涤机、C_2H_4 脱除装置等设备，保证了气调贮藏的快速高效降氧、二氧化碳控制、乙烯脱出等，并稳定维持设定的气体组分水平，满足果蔬产品气调贮藏的要求。其中，中空纤维素膜制氮机为目前较为常用的制氮机。

（3）分析检测仪器。分析检测仪器包括气体采样泵、安全阀、控制阀、流量计、O_2/CO_2 气体浓度测定仪、温湿度记录仪、C_2H_4 气体检测仪、计算机控制系统等分析检测设备，满足气调贮藏过程中相关贮藏条件的精确检测，为调配气体提供依据，实现自动监控、自动调气。

7.3.1.4　气调库的管理

气调贮藏库在应用于贮藏保鲜新鲜果蔬产品时，其效果的好坏受诸多因素的影响，在管理上要注意以下方面：

（1）贮藏前的准备工作。气调库贮藏前必须检验库房的气密性，检修各种机器设备，发现问题及时维修、更换，避免漏气而造成不必要的损失。

（2）选择适宜品种、适时采收。石榴属于非跃变型果实，可控气调贮藏技术在石榴的保鲜上取得了较好的效果，不仅有效地延长了贮藏期，还可以减轻石榴冷害发生的程度，使果皮细胞组织间的水分重新进行分配，从而减缓了石榴果皮水分的散失，保持较好的外观和新鲜度。不同品种、产地、成熟度的石榴对气调贮藏的适应性有所差别。

（3）产品入库。入库时需要做好计划和安排，尽可能做到分品种、成熟度、产地、贮藏时间要求等分库贮藏，保证及时入库并尽可能地装满库，减少库内气体的自由空间，从而加快气调速度，缩短气调时间，使产品在尽可能短的时间内进入气调贮藏状态。产品采收后应立即预冷，一次性入库，在气调间进行空库降温和入库后的预冷降温，注意保持库内外的压力平衡，不能封库降温，只能关门降温。当库内温度基本稳定后，就应迅速封库建立气调条件。

（4）贮藏管理。气调库贮藏不仅要考虑温度、湿度和气体成分，还应综合考虑三者之间的配合。一个条件的有利影响可以结合另外有利条件而使有利作用进一步加强；反之，一个不适条件的危害影响可因结合另外的不适条件而使危害变得更为严重。因此，生产实践中必须寻找三者之间的最佳配合。对不同品种的石榴均有一个最佳的条件配合，但并非固定不变，且由于品种、产地、成熟度、贮藏阶段等不同，可能有不同的适宜配合要求。贾晓昱等研究发现，在2℃、4.0% O_2+5.0% CO_2 条件下贮藏蒙自甜石榴140天时，其褐变指数仅为0.16，TSS 和 TA 含量仍高达 14.7% 和 0.41%，较好地保持了石榴口感与品质。张润光等证实，陕西临潼"净皮"石榴在 4~5℃、3.0% O_2+3.0% CO_2 的条件下贮藏100天时，TSS 和 TA 含量分别为 14.2% 和 0.38%，果皮褐变指数仅为 0.12，果实依然色泽鲜艳，籽粒通透，风味保持较好。

气调库温度管理与冷藏库一样，需要适宜的低温，且尽量减少温度的波动和不同库位温差。一般在入库前 7~10 天即应开机梯度降温至石榴果实入贮之前，使库温稳定，为贮藏做好准备，入贮封库后的 2~3 天内应将库温降至最佳贮温范围之内。气调贮藏适宜的温度一般略高于机械冷藏约 0.5℃。

在气调库贮藏过程中，由于库房内处于密闭状态，且一般不进行通风换气，从而使库房内相对湿度较高，降低了湿度管理的难度，有利于产品新鲜状态的保持。气调贮藏期间可能会出现短时间的高湿情况，一旦发生这种现象需要及时除湿（如 CaO 吸收等）。

在气调库管理上，可将产品入库后的气体成分管理分为降氧期和稳定期两个阶段。①降氧期，是指从刚封闭时的正常气体成分转变到要求的气体指标，是一个降 O_2、升 CO_2 的过渡期。②稳定期，降氧期完成后，O_2、CO_2 浓度达到设定要求且与果蔬产品的生理需求相一致，进入了贮藏稳定期，调气工作的主要任务就是维持库内现有气体组合的相对稳定，但后期由于果蔬产品生理机能的衰退，应适当升高 O_2、降低 CO_2。降氧期的长短以及稳定期的管理，关系到果蔬产品贮藏效果的好坏。在实践中，气调库气体成分管理常采用单指标控制和双低指标控制。单指标控制仅控制 O_2 或 CO_2 一种气体浓度，其他气体任其自然变化或全部除去，适合于对 CO_2 敏感的品种，可以完全防止 CO_2 中毒，同时管理上也较简便。双低指标是使 O_2 与 CO_2 浓度之和低于 21%，有的甚至低于 10%，这种方式效果好，但操作比较复杂，在控制 O_2 浓度时，应防止低于无氧呼吸临界点。

乙烯的脱除应根据贮藏要求，对其进行严格的监控，使环境中的乙烯含量始终保持在阈值以下（即临界值以下），并在必要时采用微压措施，避免大气中可能出现的外源乙烯对贮藏构成的威胁。

贮藏过程中，操作人员应及时检查和了解设备的运行情况和库内贮藏参数的变化情况，保证各项指标在整个贮藏过程中维持在合理的范围内。同时，要做好贮藏期间产品质量的监测。每个气调库（间）都应有产品箱（袋）放置在观察窗能看见和伸手可拿的地方。一般每半月抽样检验一次。在每年春季库外气温上升时，也到了贮藏的后期，抽样检查的时间间隔应适当缩短。此外，工作人员的安全性也不可忽视，气调库房中 O_2 浓度一般不得低于 10%，否则会对人的生命安全造成危险，且危险性随 O_2 浓度降低而增大。因此，气调库在运行期间门应上锁，工作人员不得在无安全保证下进入气调库。

（5）出库管理。气调库贮藏的果蔬产品在出库前一天应解除气密状态，停止气调设备的运行。移动气调库密封门交换库内外空气，待氧含量回升到 18%～20% 时，工作人员才能进库。气调条件解除后，果蔬产品应在尽可能短的时间内一次性出库，若一次发运不完则分批出库。出库期间库内应仍保持冷藏要求的低温高湿度条件，直至货物出库完毕才能停机。

7.3.2　自发气调贮藏

自发气调贮藏（MA）是依靠果蔬产品自身的呼吸作用和包装所用薄膜的透气性能来调节贮藏环境中 O_2 和 CO_2 浓度。适合的包装材料，既能够有效抑制石榴水分的散失，保持其果皮的新鲜度，又可起到微气调的作用。塑料薄膜密闭气调法，使用方便，成本较低，是自发气调贮藏中的一种简便形式，主要包括薄膜单果包装、薄膜袋封闭、塑料大帐密封等方式。自发气调贮藏，若包装材料过厚，虽能有效抑制果蔬产品的蒸腾失水，但会导致包装材料内湿度过大，出现结露现象，由此产生的游离水一般呈微酸性，有利于病原菌孢子的萌发，从而导病原菌的滋生。

将石榴果实分别采用以下 5 种方法进行包装：①CK 组：未包装；②A1 组：0.01mm 厚度 PE 小袋，单果包装；③A2 组：0.05mm 厚度 PE 小袋，单果包装；

④A3 组：0.01mm 厚度 PE 大袋，整体包装；⑤A4 组：0.05mm 厚度 PE 大袋，整体包装。包装处理后置于（6±1）℃、相对湿度 80%~90% 的条件下贮藏。5 种包装处理均能较好地抑制贮藏期石榴质量损失，但对果实腐烂的影响不尽相同。由图 7-4 可知，贮藏 120 天时，"会理青皮软籽"石榴各组果实失重率由大到小依次为 CK>A3（0.01 mm PE 大袋，整体包装）>A1（0.01 mm PE 小袋，单果包装）> A4（0.05 mm PE 大袋，整体包装）>A2（0.05 mm PE 小袋，单果包装），且各处理组失重率均显著低于对照组（$P<0.05$），两种 0.05 mm PE 包装处理对于果实失重的控制好于两种 0.01 mm PE 包装；各组果实腐烂率由大到小依次为 A2>A1>A4>CK>A3，可见整体包装方式对果实腐烂率的影响好于单果包装，0.01 mm PE 效果好于 0.05 mm PE。5 种包装处理对"突尼斯 1 号"石榴失重和腐烂的作用效果基本与"会理青皮软籽"石榴相一致。由此可见，5 种包装处理

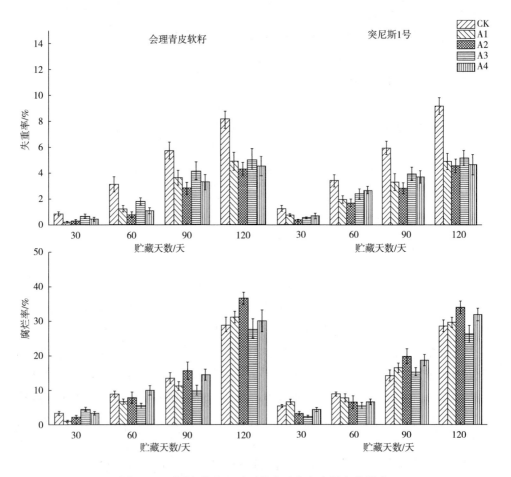

图 7-4　不同包装处理对石榴失重率和腐烂率的影响

均对抑制石榴果实蒸腾失水效果显著，但对腐烂率的控制效果不佳，甚至
0.05 mm PE 包装处理会促进果实的腐烂发生，可能由于其厚度过大，导致了果
实呼吸代谢的失调和贮藏环境湿度过高，而 0.01 mm PE 大袋整体包装处理既不
会造成贮藏后期果实发生大量腐烂，也能较好地控制石榴果实的蒸腾失水。

　　石榴贮藏过程中，其果皮外观品质的改变主要体现在 L^* 值和褐变指数的变
化。由图 7-5 可以看出，5 种包装处理均有利于延缓石榴果皮 L^* 值的递减，而
对褐变指数的影响效果不同。贮藏前 90 天，5 种包装处理对"会理青皮软籽"
石榴果皮褐变控制效果较好，其褐变指数均低于对照组；此后 A1 和 A2 组果皮
褐变指数快速增加，贮藏 120 天时，两组果皮 L^* 值虽然较高，但褐变指数却已
高于对照组，而 A3 和 A4 组果皮褐变指数相对较低。经 5 种包装方式处理后，
"突尼斯 1 号"石榴果皮 L^* 值和褐变指数的表现与"会理青皮软籽"石榴相似，
贮藏结束时 A3 组果皮褐变指数相对较低。由此可见，0.01 mm PE 包装对果皮褐
变的控制好于 0.05 mm PE，整体包装好于单果包装，其中 A3 包装方式对果皮褐

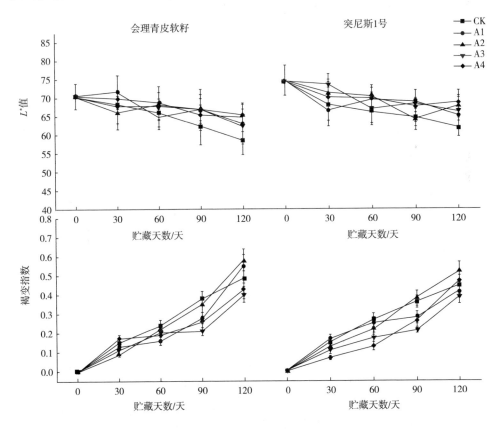

图 7-5　不同包装处理对石榴果皮 L^* 值和褐变指数的影响

变的抑制作用较好。

石榴贮藏过程中，由于蒸腾作用造成果皮失水及硬度的变化，进一步导致果皮皱缩粗糙。由图 7-6 可知，5 种包装处理均能有效抑制石榴果皮水分含量的递减，贮藏 120 d 时，经 5 种包装处理的"会理青皮软籽"石榴果皮水分含量均显著高于对照组（$P<0.05$），且 0.05 mm PE 效果好于 0.01 mm PE，单果包装好于整体包装。5 种包装处理对"会理青皮软籽"石榴果皮硬度的影响不尽相同，其中 A1、A3 和 A4 3 种处理可以一定程度上延缓果皮硬度的降低，其中 A3 的效果最好，而 A2 组果皮硬度在贮藏前期和中期保持较好，贮藏 90 天后一直低于对照组，可能是由于此阶段果实的大量腐烂造成了果皮组织受损所致。"突尼斯 1 号"石榴经 5 种包装处理，各组果皮硬度和水分含量变化情况基本与"会理青皮软籽"石榴一致。

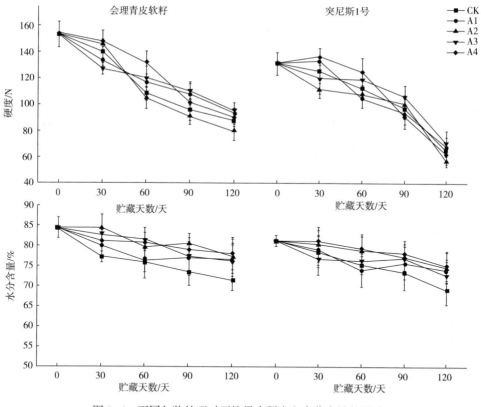

图 7-6 不同包装处理对石榴果皮硬度和水分含量的影响

PPO 和 POD 是参与果蔬酶促褐变的主要酶，其活性大小直接影响到石榴果皮的褐变程度。由图 7-7 可以看出，5 种包装处理均可在贮藏前期一定程度上抑制石榴果皮 PPO 活性，但贮藏后期效果不尽相同，而对于 POD 活性的影响不明显。"会理青皮软籽"石榴贮藏前期，对照组果皮 PPO 活性呈递增趋势，90 天达到 15.24 U/（g 鲜重）最大值后开始下降，此时 A2 组快速递增至 16.04 U/（g 鲜重），此后一直维持在较高的水平，而其他组在贮藏后期对 PPO 活性抑制作用较强。"突尼斯 1 号"石榴贮藏过程中，A1 和 A3 包装处理对果皮 PPO 活性的抑制效果一直相对较好。

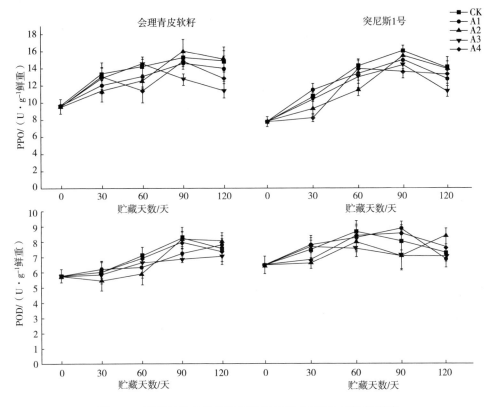

图 7-7　不同包装处理对石榴果皮 PPO 和 POD 活性的影响

将经 5 种包装处理的两个石榴品种果实在 6℃ 下贮藏 120 天后转置 20℃、货架期 7 天，其各指标的测定结果见表 7-1。由表 7-1 可知，A2 组虽然果实的失重率最低，但果实腐烂在货架期进一步加剧，两个石榴品种果实经处理在货架期 7 天时腐烂率已分别达到了 52.22% 和 57.78%，均与其他组差异显著（$P <$ 0.05），而果皮褐变指数也分别递增至 0.70 和 0.61。综合考虑，5 种包装处理中 A3 组对货架期果皮品质的保持最好，对石榴果实的失重和果皮的褐变能起到一定的抑制作用，且不会造成果实大量腐烂。

表 7-1　货架期 7 天时不同包装处理对石榴腐烂和果皮品质指标

品种	处理	失重率/%	腐烂率/%	硬度/N	水分/N	L^* 值	褐变指数
会理青皮软籽	CK	9.59±0.73a	31.11±3.08c	76.63±5.73a	70.51±2.15b	53.86±2.64a	0.56±0.06b
	A1	7.04±0.55ab	40.00±0.84b	72.42±3.85a	75.03±1.84a	55.07±3.07a	0.61±0.03ab
	A2	5.86±0.38b	52.22±1.44a	68.79±7.28a	75.29±1.66a	53.22±3.96a	0.70±0.06a
	A3	7.33±0.52ab	28.89±2.73c	82.51±9.52a	73.85±4.02ab	60.51±4.61a	0.40±0.04c
	A4	6.42±0.29b	37.78±3.26b	78.26±8.66a	76.27±3.47a	58.16±3.08a	0.58±0.05b
突尼斯1号	CK	11.15±0.75a	33.33±2.35c	56.72±6.48ab	66.37±2.80a	57.95±3.37a	0.50±0.03b
	A1	8.24±0.36ab	44.43±3.92b	60.47±4.05a	71.26±3.61a	60.64±5.25a	0.48±0.05b
	A2	7.13±0.84b	57.78±2.39a	48.36±6.39b	72.07±3.39a	59.58±1.94a	0.61±0.07a
	A3	8.52±0.40ab	31.11±1.60c	61.47±7.10a	70.94±4.52a	63.62±4.48a	0.37±0.02c
	A4	7.80±0.61b	41.11±2.86b	63.07±3.81a	71.68±3.76a	62.05±4.59a	0.57±0.06a

注　用 Duncan 法进行多重比较，同列中标有不同小写字母者表示组间差异显著（$P<0.05$），标有相同小写字母者表示组间差异不显著（$P>0.05$）。

7.4　物理保鲜

物理保鲜技术是现代果蔬保鲜中前景较好的一种新技术，贮藏效果好且无化学污染，常见的有减压贮藏、变温处理、热激处理、臭氧处理等。

7.4.1　减压贮藏

减压贮藏的原理是在减压条件下，贮藏室中空气各种组分分压都同比下降，造成必然的低 O_2、低 CO_2 环境，有效地抑制了果蔬的呼吸作用，且从根本上消除了 CO_2 中毒的危险，同时辅以机械制冷设备提供适宜低温，是气调贮藏的特殊形式。此外，减压贮藏能促进植物组织内气体成分向外扩散，扩散的速度与该气体在组织内外的分压差及扩散系数成正比，扩散系数又与外部的压力成反比，因此减压贮藏能大大加速组织内乙烯向外扩散，减少内源乙烯的含量。目前，减压贮藏应用于石榴贮藏的相关报道较少。张润光等将"净皮"石榴在 4℃、压力

· 134 ·

50.7 kPa 条件下贮藏，显著抑制了果实的呼吸作用和腐烂失重，延缓组织衰老，减轻果皮褐变，较好地保存籽粒风味和品质。

7.4.2　变温处理

贮藏过程的变温处理主要可以减轻果蔬的低温伤害。Farid 将"Shishe-Kab"石榴在 5℃下贮藏，每隔 6 天贮藏温度调至 17℃并维持 24 h，有效的抑制果实腐烂，延长货架期。张润光等将"净皮"石榴在 5℃下贮藏，每隔 6 天在 15℃下维持 24 h，抑制了果皮的褐变和果实的腐烂，能有效保持果粒 TSS 和 TA 含量，贮藏 120 天时果皮和籽粒保持了较高的感官品质。Wang 等对 5℃条件下贮藏的石榴果实每 6 天进行 1 次升温（15℃，维持 24 h）可明显减轻果皮褐变的症状，降低果实腐烂率，籽粒风味保持较好。此外，赵迎丽等研究发现，对新疆大籽石榴采取缓慢降温处理后，降低了 MAD 的积累和酚类物质的氧化速率，减轻了石榴果皮褐变和冷害的发生。

7.4.3　热激处理

热激处理是一种物理保鲜方法，具有诱导果蔬抗冷性、减轻冷藏期冷害发生、提高抗病能力等作用，常见的处理方法主要包括热水处理、热蒸汽处理和热空气处理等。Mirdehghan 等将石榴置于 45℃热水处理 4 min 后置于 2℃下贮藏，3 个月后发现热处理明显减轻了果实的冷害症状。樊爱萍等研究证实，用 38℃热水处理蒙自石榴 15 min，可有效减缓石榴品质下降和衰老，有利于维持其固有风味。张姣姣等用热空气协同茉莉酸甲酯处理石榴，显著抑制了石榴冷害的发生，果实各方面品质保持较好。此外，Aada 等发现，热处理结合间歇升温处理有利于石榴保持较好的外观品质和风味。

7.4.4　臭氧处理

臭氧作为一种强氧化剂，具有良好的防腐杀菌作用，且无有害残留，在食品行业已得到了广泛的应用。对多种新鲜果蔬产品研究发现，臭氧处理除了具有较好的抑菌作用外，还能在一定程度上抑制呼吸作用和氧化去除乙烯，延缓果蔬的衰老，有利于果蔬产品品质的保持。臭氧处理石榴，不仅起到杀菌抑菌作用，还可以有效抑制石榴果实的腐烂，进一步延缓籽粒的品质劣变。但需注意，臭氧处理对石榴果皮也会产生一些不良的影响，其浓度越高，抑制腐烂的效果越好，但果皮褐变却越严重。因此，采用臭氧处理来控制石榴腐烂时需特别注意处理的浓度，否则会严重影响石榴果皮的外部品质。一般对石榴进行臭氧处理，多采用臭氧气体。

将两个石榴品种果实分别用不同浓度的臭氧进行熏蒸处理：①CK 组：未经处理；②D1 组：采用臭氧发生器使臭氧浓度达到 5.0 mg/L，密闭熏蒸 1 h，每隔 7 天熏蒸一次；③D2 组：7.5 mg/L 臭氧熏蒸，处理方法同上，贮藏期主要指标测定结果如表 7-2 所示。由表 7-2 可知，臭氧处理能一定程度上抑制两个石榴品种果实的腐烂。贮藏 120 天时，经 5.0 mg/L 和 7.5 mg/L 臭氧处理的"会理青皮软籽"石榴，其腐烂率分别为 25.56% 和 23.33%，显著低于对照组（$P<0.05$），且籽粒 TA 含量和感官评分也显著高于对照组（$P<0.05$）。但需注意，贮藏后期臭氧处理组果皮褐变指数均与对照组接近，贮藏 120 天时，5.0 mg/L 和 7.5 mg/L 臭氧处理组褐变指数分别为 0.35 和 0.45，对照组此时为 0.38，可能频繁的臭氧处理促进了果皮的褐变，导致其亮度降低，而其他处理均未出现这一情况。臭氧处理"突尼斯 1 号"石榴，其效果基本与"会理青皮软籽"石榴一致。

表 7-2 臭氧处理对石榴腐烂和籽粒贮藏品质的影响

品种	时间/天	处理	失重率/%	腐烂率/%	果皮褐变指数	TSS/%	TA/%	维生素C/(mg·100g⁻¹)	籽粒感官评分
	0		0.00±0.00	0.00±0.00	0.00±0.00	14.40±1.22	0.49±0.03	8.69±0.51	9.30±0.70
	30	CK	0.41±0.03a	5.56±0.33a	0.11±0.04a	14.30±0.73a	0.51±0.05a	7.35±0.46a	9.20±0.55a
		D1	0.40±0.02a	4.33±0.15a	0.09±0.01a	14.70±0.95a	0.47±0.02a	8.52±0.92a	9.30±0.83a
		D2	0.43±0.05a	3.33±0.40a	0.13±0.05a	15.00±1.36a	0.48±0.03a	8.81±0.60a	9.40±0.68a
	60	CK	1.36±0.12b	10.00±0.77a	0.16±0.02a	14.00±1.08a	0.38±0.04a	7.16±0.59a	8.20±0.75a
会理青皮软籽		D1	1.75±0.14ab	6.67±0.48a	0.10±0.02a	13.30±1.16a	0.42±0.05a	7.77±0.82a	8.50±0.46a
		D2	2.03±0.08a	8.89±0.55a	0.11±0.02a	14.50±0.57a	0.44±0.03a	8.23±0.37a	8.40±0.38a
	90	CK	4.51±0.36a	18.89±2.16a	0.25±0.02a	11.90±0.59b	0.30±0.02b	6.99±0.35a	7.50±0.51a
		D1	3.35±0.41ab	13.33±1.40ab	0.28±0.03a	13.50±0.37a	0.40±0.03a	7.55±0.77a	7.90±0.47a
		D2	2.85±0.17b	11.11±0.79b	0.30±0.05a	12.90±0.85ab	0.30±0.02a	7.92±0.64a	8.20±0.65a
	120	CK	5.28±1.66a	32.22±4.75a	0.38±0.04a	11.30±0.44b	0.20±0.02b	5.28±0.41b	6.10±0.40b
		D1	4.23±0.34a	25.56±2.18b	0.35±0.03ab	12.40±0.96a	0.30±0.03a	6.04±0.79ab	7.10±0.52a
		D2	3.87±0.51a	23.33±0.73b	0.45±0.05a	12.70±0.48a	0.31±0.02a	6.86±0.93a	7.40±0.76a

续表

品种	时间/天	处理	失重率/%	腐烂率/%	果皮褐变指数	TSS/%	TA/%	维生素 C/（mg·100g⁻¹）	籽粒感官评分
	0		0.00±0.00	0.00±0.00	0.00±0.00	15.10±0.93	0.43±0.05	7.16±0.84	9.50±0.57
	30	CK	0.45±0.04a	3.56±0.62a	0.10±0.02a	14.50±0.58a	0.39±0.03a	6.84±0.46a	9.30±0.36a
		D1	0.42±0.02a	3.33±0.15a	0.08±0.02a	14.90±0.49a	0.38±0.04a	7.39±0.71a	9.20±0.71a
		D2	0.38±0.03a	2.22±0.28a	0.07±0.02a	15.30±0.75a	0.42±0.04a	7.05±0.90a	9.40±0.85a
突尼斯1号	60	CK	1.17±0.09a	8.89±0.39ab	0.14±0.04a	14.40±1.15a	0.35±0.03a	6.15±0.62a	8.30±0.27a
		D1	0.93±0.11a	6.77±0.80ab	0.18±0.03a	14.60±0.84a	0.41±0.04a	6.53±0.30a	8.70±0.33a
		D2	1.05±0.07a	3.33±0.24b	0.15±0.04a	14.90±1.58a	0.39±0.03a	7.06±0.46a	8.40±0.66a
	90	CK	4.32±0.52a	16.67±1.58a	0.26±0.04a	13.60±0.81a	0.28±0.02a	5.29±0.68a	7.40±0.80a
		D1	3.26±0.28ᵃ	12.22±0.77ab	0.23±0.03a	14.30±0.62a	0.36±0.04a	6.14±0.24a	7.80±0.65a
		D2	3.54±0.33a	10.00±0.51b	0.25±0.02a	14.10±0.75a	0.34±0.03a	6.62±0.47a	7.60±0.42a
	120	CK	6.17±1.47a	30.00±3.32a	0.36±0.04a	12.50±0.88a	0.15±0.02b	4.22±0.46a	6.00±0.40b
		D1	5.19±0.30a	24.33±2.60b	0.34±0.05a	13.10±0.69a	0.26±0.03a	5.58±1.29a	6.90±0.61a
		D2	4.88±0.19a	21.11±0.95b	0.38±0.03a	13.30±0.77a	0.28±0.03a	5.83±1.41a	7.10±0.39a

注　用 Duncan 法进行多重比较，同列中标有不同小写字母者表示组间差异显著（$P<0.05$），标有相同小写字母者表示组间差异不显著（$P>0.05$）。

7.5　化学保鲜

化学保鲜是利用各种化学药剂来抑制、杀死病原菌或提高果蔬的免疫力，减轻病害的发生，从而达到抑制腐烂变质、延长贮藏保鲜期的目的。杨宗渠等用甲基托布津、噻菌灵和多菌灵稀释 1000 倍浸果处理河阴石榴 1 min，均可显著降低贮藏期石榴的腐烂率。Sayyari 等发现石榴经不同浓度的乙酰水杨酸处理后，在 2℃ 下贮藏 84 天时，其总酚和总花青素含量仍高达 2.7 mg/g 和 1.3 mg/g。此外，多胺、水杨酸等对延长石榴贮藏期、延缓品质劣变也具有一定的效果。

果蔬化学保鲜所使用的保鲜剂一直以来以多菌灵、甲基托布津、特克多等广谱杀菌剂为主，其安全性以及易诱发病原菌产生抗药性等问题备受关注，寻找安全、能替代杀菌剂的新型保鲜剂已成为果蔬贮藏研究的热点问题。在此背景下，多糖、多酚、生物碱、醌类、挥发油（精油）类等植物源保鲜剂、食品添加剂因其安全、无毒、与环境兼容性好等优点在果蔬保鲜上的应用越来越受到人们的关注。

7.5.1 食品防腐剂

食品添加剂中包括了多种抗氧化剂和防腐剂，安全性高，使用方便，目前被广泛应用于各种食品防腐保鲜上。选择《食品安全国家标准　食品添加剂使用标准》（GB 2760—2014）中18种食品防腐剂，对石榴贮藏期5种病原菌进行室内毒力测定。从表7-3可以看出，供试18种食品防腐剂在500.0 mg/L浓度下对5种引起石榴贮藏期腐烂的病原菌均有一定的抑制作用，其中以98%脱氢乙酸钠、98% ε-聚赖氨酸、99%对羟基苯甲酸乙酯钠和99%对羟基苯甲酸乙酯这4种防腐剂的抑制效果最佳，抑制率均在90%以上；其次为98% 2,4-二氯苯氧乙酸、98%山梨酸钾和99.58%苯甲酸钠，3种食品防腐剂的抑制率均在50%以上；余下11种食品防腐剂的抑菌效果均较不理想，与前7种食品防腐剂之间差异均达到了显著水平（$P<0.05$），因此，可初步筛选出7种平均抑菌率大于50%的食品防腐剂进行下一步试验。

表7-3　18种食品防腐剂对几种病原菌菌丝生长的抑制率比较

食品添加剂	*Coniella granati*	*Neofusicoccum parvum*	*Botrytiscinerea*	*Botryosphaeria dothidea*	*Alternaria* sp.	平均值
98%脱氢乙酸钠	100	100	100	100	100	100a
ε-聚赖氨酸	100	100	100	100	100	100a
99%对羟基苯甲酸乙酯钠	100	100	100	100	100	100a
99%对羟基苯甲酸乙酯	100	100	98.5	96.8	97.8	98.6a
98% 2,4-二氯苯氧乙酸	78.9	73.1	70.6	75.1	75.2	74.6b
98%山梨酸钾	68.5	67.2	70.2	70.6	62.1	67.7c
99.58%苯甲酸钠	56.3	52.2	54.6	58.1	53.9	54.0d
99%二甲基二碳酸盐	32.7	34.8	33.5	36.4	35.1	34.5e
48%二氧化氯消毒粉	31.4	32.1	30.6	32.2	30.5	31.4e
58%双乙酸钠	28.5	25.3	23.7	22.9	23.8	24.8fg

续表

食品添加剂	*Coniella granati*	*Neofusicoccum parvum*	*Botrytiscinerea*	*Botryosphaeria dothidea*	*Alternaria* sp.	平均值
99%乙二胺四乙酸二钠	20.2	21.3	20.5	23.1	21.1	21.2gh
98%茶多酚	18.9	16.8	17.6	15.5	17.5	17.3h
99%丙酸钙	13.1	11.2	10.8	10.3	11.3	11.3i
98.5%亚硫酸钠	13.5	10.9	14.5	12.8	13.2	13.0i
97.5%焦亚硫酸钠	10.2	9.8	10.3	10.5	8.9	9.9j
单辛酸甘油酯	9.2	9.6	10.1	8.9	8.3	9.2j
50%纳他霉素	8.6	7.9	8.5	8.1	8.2	8.3j
2.5%乳酸链球菌素	6.9	7.2	6.5	7.2	7.2	7.0j

注　用 Duncan 法进行多重比较，同列中标有不同小写字母者表示组间差异显著（$P<0.05$），标有相同小写字母者表示组间差异不显著（$P>0.05$）。

由表 7-4 可知，初选出的 7 种食品防腐剂对 5 种供试病原菌菌丝的生长均表现出不同程度的抑制效应。检测 7 种食品防腐剂对各病原菌的毒力回归方程证实 y 与 x 之间均有显著或极显著的直线回归关系，其中有 4 种食品防腐剂对引起石榴腐烂的病原菌抑制作用较强。供试的 7 种食品防腐剂中，以脱氢乙酸钠的抑菌效果最好，其对 *Coniella granati*、*Neofusicoccum parvum*、*Botrytis cinerea*、*Botryosphaeria dothidea* 和 *Alternaria* sp. 毒力均最强，其 EC_{50} 分别为 16.5143 mg/L、14.4868 mg/L、22.5066 mg/L、30.9980 mg/L、17.3503 mg/L 和 22.0295 mg/L，EC_{90} 分别为 296.9825 mg/L、173.5392 mg/L、248.0846 mg/L、283.7855 mg/L 和 227.0526 mg/L，平均 EC_{50} 和 EC_{90} 分别仅为 21.3070 mg/L 和 245.8888 mg/L；其次为 ε-聚赖氨酸，其对各致病菌的平均 EC_{50} 和 EC_{90} 分别为 39.0589 mg/L 和 380.8487 mg/L；接下来为对羟基苯甲酸乙酯钠和对羟基苯甲酸乙酯，二者在抑菌效果上差异不大，EC_{50} 平均值分别为 51.5150 mg/L 和 52.5150 mg/L，平均 EC_{90} 依次为 490.2721 mg/L 和 612.4165 mg/L，对羟基苯甲酸乙酯钠抑菌效果略强；山梨酸钾和苯甲酸钠对 5 种致病菌的抑制作用最低，其平均 EC_{50} 分别达到 310.6587 mg/L 和 317.5907 mg/L，平均 EC_{90} 也分别高达 1629.9493 mg/L 和 1573.5050 mg/L。

表7-4 7种防腐剂对贮藏期石榴几种病原菌菌丝生长的抑制效应

食品保鲜剂	病原菌	毒力回归方程	相关系数	EC_{50}/ $(mg \cdot L^{-1})$	EC_{50}平均值/ $(mg \cdot L^{-1})$	EC_{90}/ $(mg \cdot L^{-1})$	EC_{90}平均值/ $(mg \cdot L^{-1})$
脱氢乙酸钠	*Coniella granati*	$y=1.0213x+3.7562$	0.9625**	16.5143		296.9825	
	Neofusicoccum parvum	$y=1.1884x+3.6203$	0.9583**	14.4868		173.5392	
	Botrytis cinerea	$y=1.2296x+3.3372$	0.9812**	22.5066	21.3070	248.0846	245.8888
	Botryosphaeria dothidea	$y=1.3327x+3.0125$	0.9612**	30.9980		283.7855	
	Alternaria sp.	$y=1.2650x+3.3011$	0.9582**	22.0295		227.0526	
ε-聚赖氨酸	*Coniella granati*	$y=1.3395x+2.8524$	0.9768**	40.1130		363.1280	
	Neofusicoccum parvum	$y=1.2804x+2.9658$	0.9026*	38.7902		388.7402	
	Botrytis cinerea	$y=1.4025x+2.7068$	0.8853*	43.1599	39.0589	353.8971	380.8487
	Botryosphaeria dothidea	$y=1.2795x+2.9316$	0.9518**	41.3589		415.1550	
	Alternaria sp.	$y=1.1865x+3.2162$	0.9212**	31.8723		383.3232	
对羟基苯甲酸乙酯钠	*Coniella granati*	$y=1.2735x+2.9012$	0.8956*	44.4689		451.2497	
	Neofusicoccum parvum	$y=1.2809x+2.8057$	0.9623**	51.6526		517.1766	
	Botrytis cinerea	$y=1.3023x+2.7315$	0.9531**	55.1973	51.5150	532.1367	490.2721
	Botryosphaeria dothidea	$y=1.2812x+2.8569$	0.9109*	47.0683		471.0217	
	Alternaria sp.	$y=1.4102x+2.5008$	0.9742**	59.1876		479.7756	
对羟基苯甲酸乙酯	*Coniella granati*	$y=1.2216x+2.8521$	0.9751**	57.3149		641.7764	
	Neofusicoccum parvum	$y=1.2884x+2.7058$	0.9722**	60.3473		596.1840	
	Botrytis cinerea	$y=1.0996x+3.1769$	0.9708**	45.4953	52.5150	666.0108	612.4165
	Botryosphaeria dothidea	$y=1.2964x+2.7113$	0.8982*	58.2676		567.5591	
	Alternaria sp.	$y=1.1078x+3.2116$	0.9489**	41.1501		590.5523	
2,4-二氯苯氧乙酸	*Coniella granati*	$y=4.1438x+0.8562$	0.9142*	228.5541		1226.2534	
	Neofusicoccum parvum	$y=4.0985x+0.9015$	0.9615**	256.3049		1452.0271	
	Botrytis cinerea	$y=4.0668x+0.9932$	0.9524**	236.7870	241.8300	1326.1916	1315.8453
	Botryosphaeria dothidea	$y=4.1891x+0.8109$	0.9052*	219.4450		1141.8880	
	Alternaria sp.	$y=4.2749x+0.7251$	0.9138*	268.0591		1432.8662	

续表

食品保鲜剂	病原菌	毒力回归方程	相关系数	EC_{50}/ $(mg \cdot L^{-1})$	EC_{50} 平均值/ $(mg \cdot L^{-1})$	EC_{90}/ $(mg \cdot L^{-1})$	EC_{90} 平均值/ $(mg \cdot L^{-1})$
山梨酸钾	*Coniella granati*	$y=4.4732x+0.5268$	$0.9428**$	293.7463		1496.4495	
	Neofusicoccum parvum	$y=4.3085x+0.6915$	$0.9522**$	288.6110		1556.5173	
	Botrytis cinerea	$y=4.2686x+0.7314$	$0.9766**$	310.1663	310.6587	1736.4747	1629.9493
	Botryosphaeria dothidea	$y=4.5432x+0.4568$	$0.9592**$	342.7559		1778.6221	
	Alternaria sp.	$y=4.6035x+0.3965$	$0.9574**$	318.0140		1581.6827	
苯甲酸钠	*Coniella granati*	$y=1.8692x+0.3922$	$0.9322*$	291.8225		1415.0106	
	Neofusicoccum parvum	$y=4.5765x+0.4235$	$0.9773**$	319.3308		1605.1909	
	Botrytis cinerea	$y=4.6469x+0.3531$	$0.9902**$	338.7575	317.5907	1688.9785	1573.5050
	Botryosphaeria dothidea	$y=4.5579x+0.4421$	$0.9517**$	281.9814		1377.7759	
	Alternaria sp.	$y=4.6772x+0.3228$	$0.8972*$	356.0613		1781.0178	

注 表中数据为 3 次重复试验的平均值。

将前期室内毒理试验筛选出对贮藏期引起石榴腐烂的几种病原菌具有较好抑制作用的 3 种食品防腐剂（脱氢乙酸钠、ε-聚赖氨酸和对羟基苯甲酸乙酯），按照室内毒理试验计算出的 EC_{90} 配置相应浓度的溶液，分别对石榴进行处理：①CK组：用清水浸果 5 min；②B1 组：用 250 mg/L 脱氢乙酸钠溶液浸果 5 min；③B2 组：用 400 mg/L ε-聚赖氨酸溶液浸果 5 min；④B3 组：用 500 mg/L 对羟基苯甲酸乙酯溶液浸果 5 min。3 种食品防腐剂应用于石榴果实保鲜上，其主要指标测定结果如表 7-5 所示。由表 7-5 可知，选用的 3 种食品防腐剂处理两个品种石榴，其中脱氢乙酸钠效果最好，其次是 ε-聚赖氨酸，二者均能较好地控制果实的腐烂，使其在较长时间内保持良好的品质，而对羟基苯甲酸乙酯效果较差。贮藏 120 天时，经脱氢乙酸钠和 ε-聚赖氨酸处理的"会理青皮软籽"石榴，其腐烂率分别 22.22% 和 24.43%，均显著低于对照组（$P<0.05$），同时也延缓了籽粒各成分含量的变化，果皮褐变指数和籽粒 TA 含量均与对照组差异显著（$P<0.05$）。

表7-5 不同食品防腐剂处理对石榴腐烂和籽粒品质的影响

品种	时间/天	处理	失重率/%	腐烂率/%	果皮褐变指数	TSS/%	TA/%	维生素C/(mg·100g⁻¹)	籽粒感官评分
	0		0.00±0.00	0.00±0.00	0.00±0.00	15.60±1.07	0.55±0.02	9.36±0.58	9.60±0.55
		CK	0.46±0.05a	4.43±0.53a	0.12±0.01a	14.50±0.55a	0.53±0.04a	8.74±0.72a	9.40±0.60a
	30	B1	0.42±0.03a	2.22±0.18a	0.09±0.01a	14.80±0.30a	0.57±0.05a	9.12±1.18a	9.40±0.26a
		B2	0.41±0.02a	3.33±0.40a	0.09±0.01a	16.00±0.72a	0.51±0.02a	9.04±0.64a	9.20±0.73a
		B3	0.50±0.07a	2.22±0.39a	0.10±0.02a	14.50±0.77a	0.54±0.03a	8.63±0.83a	9.50±0.48a
		CK	1.88±0.12a	6.67±0.16a	0.11±0.01a	13.60±0.36a	0.36±0.01a	8.22±0.49a	8.40±0.58a
	60	B1	1.69±0.09a	6.67±0.49a	0.13±0.02a	15.00±1.84a	0.39±0.05a	9.05±0.87a	8.60±0.77a
会理青皮软籽		B2	1.67±0.06a	5.43±0.22a	0.14±0.03a	14.30±0.89a	0.42±0.06a	8.84±0.60a	9.10±0.60a
		B3	1.54±0.17a	5.56±0.30a	0.13±0.01a	13.90±1.46a	0.41±0.03a	8.33±0.49a	8.60±0.39a
		CK	4.31±0.51a	17.78±4.27a	0.15±0.05a	11.80±0.63a	0.22±0.02a	7.51±0.88a	7.50±0.66a
	90	B1	3.90±0.21a	10.00±1.06b	0.16±0.01a	13.80±1.48a	0.27±0.05a	8.80±1.63a	8.40±0.59a
		B2	3.92±0.42a	13.33±2.93ab	0.18±0.02a	13.40±1.15a	0.24±0.03a	8.24±1.07a	8.20±0.18a
		B3	3.51±0.18a	12.22±1.50ab	0.17±0.04a	14.00±1.26a	0.22±0.03a	7.31±0.49a	7.80±0.55a
		CK	5.34±0.90a	28.89±1.36a	0.39±0.03a	12.60±1.05a	0.26±0.01b	6.76±0.47a	5.40±0.37b
	120	B1	4.30±0.33a	22.22±3.18b	0.25±0.05b	12.50±0.77a	0.38±0.02a	7.88±1.51a	6.80±0.80a
		B2	4.46±0.19a	24.43±2.27b	0.28±0.05b	13.10±1.10a	0.36±0.04a	7.40±1.73a	6.30±1.47a
		B3	5.02±0.65a	26.67±3.95ab	0.31±0.01a	12.20±0.94a	0.29±0.02b	6.35±0.82a	5.90±0.40ab
	0		0.00±0.00	0.00±0.00	0.00±0.00	15.60±1.03a	0.41±0.06	7.84±0.79	9.60±0.63
		CK	0.42±0.03a	4.33±0.22a	0.13±0.02a	16.10±1.50a	0.38±0.02a	7.36±0.42a	9.40±0.58a
	30	B1	0.37±0.05a	2.22±0.17a	0.10±0.01a	15.50±0.85a	0.40±0.04a	7.58±0.58a	9.50±0.46a
		B2	0.40±0.12a	5.56±0.60a	0.12±0.02a	15.70±0.46a	0.37±0.03a	7.92±0.91a	9.50±0.72a
突尼斯1号		B3	0.58±0.05a	2.22±0.29a	0.12±0.02a	16.20±1.28a	0.36±0.04a	6.81±0.74a	9.30±0.36a
		CK	1.17±0.08a	8.89±1.63a	0.26±0.04a	15.20±0.72a	0.33±0.03a	6.68±0.66a	8.50±0.50a
	60	B1	0.93±0.06a	5.56±0.82a	0.15±0.01b	15.50±1.15a	0.36±0.04a	7.36±0.30a	8.80±0.27a
		B2	1.22±0.23a	6.67±0.55a	0.22±0.03a	15.70±0.64a	0.35±0.02a	6.63±0.72a	9.00±0.56a
		B3	0.97±0.05a	10.00±2.44a	0.19±0.02a	14.90±0.58a	0.31±0.02a	7.14±0.54a	8.50±0.42a

续表

品种	时间/天	处理	失重率/%	腐烂率/%	果皮褐变指数	TSS/%	TA/%	维生素C/(mg·100g^{-1})	籽粒感官评分
突尼斯1号	90	CK	4.32±0.55a	16.67±2.16a	0.30±0.03a	14.40±1.52a	0.26±0.02a	5.20±0.61a	7.60±0.95a
		B1	3.55±0.22a	10.00±1.55b	0.20±0.02a	14.80±1.18a	0.33±0.05a	6.22±0.59a	8.00±0.33a
		B2	3.75±0.41a	12.22±0.80ab	0.22±0.02a	15.10±0.86a	0.30±0.04a	6.85±0.78a	8.10±0.51a
		B3	4.53±0.79a	15.56±1.84a	0.31±0.04a	14.60±0.55a	0.28±0.04a	5.79±0.42a	7.60±0.48a
	120	CK	5.56±0.33a	31.11±4.77a	0.35±0.04a	13.40±0.90a	0.16±0.03b	4.07±0.57a	5.80±0.55b
		B1	4.82±0.72a	23.33±1.90b	0.27±0.03ab	13.90±0.65a	0.28±0.04a	5.66±1.33a	6.80±0.73a
		B2	5.05±0.18a	25.56±3.31b	0.25±0.04b	14.10±1.14a	0.26±0.03a	5.04±0.61a	6.60±0.29a
		B3	5.48±0.87a	28.89±2.88a	0.33±0.05a	13.70±0.61a	0.19±0.02b	4.73±0.36a	6.10±0.46ab

　　注　用 Duncan 法进行多重比较，同列中标有不同小写字母者表示组间差异显著（$P<0.05$），标有相同小写字母者表示组间差异不显著（$P>0.05$）。

7.5.2　植物精油

　　植物精油作为一种易挥发、兼具抗氧化与抗菌及药用价值多重效果的次生代谢混合物，对植物病原菌的抑制活性一直受到研究者的广泛关注。Chu 等用百里香酚处理草莓能有效控制灰葡萄孢 *Botrytis cinerea* 和 *Monilinia fructicola* 引起的腐烂病。李鹏霞等发现丁香精油和丁香酚对采后苹果上的青霉、灰霉、炭疽、轮纹、褐腐和腐心6种主要致腐菌均有显著的抑制作用。张娜娜等的研究结果表明，4000 μg/mL 肉桂醛处理能够有效地控制番茄采后灰霉病的发生，延长其保鲜期。Thomidis 等研究发现，所使用的5种植物精油对石榴腐烂病的病原菌均具有较好抑制的效果。Marta 等将肉桂叶精油联合热超声波用于天然橙汁和石榴汁中酿酒酵母的灭活取得了较好的效果。目前国内鲜少有将植物精油用于石榴贮藏保鲜方面的报道。

　　在前期试验的基础上，将筛选出5种植物精油对石榴贮藏期腐烂主要病原菌进行抑菌试验，结果如表7-6所示。由表7-6所示可以看出，5种植物精油对5种病原菌菌丝生长均具有一定的抑制作用，且各处理间差异较大。以肉桂精油的抑菌效果最佳，其对 *Coniella granati*、*Neofusicoccum parvum*、*Botrytis cinerea*、*Botryosphaeria dothidea* 和 *Alternaria* sp. 的毒力均最强，其 EC_{50} 分别为 111.5009 μL/L、135.1154 μL/L、121.8500 μL/L、107.9082 μL/L 和 102.1464 μL/L，EC_{90} 分别为 774.1596 μL/L、844.2721 μL/L、778.1316 μL/L、672.7365 μL/L 和

856.4445 μL /L，平均 EC_{50} 和 EC_{90} 分别仅为 115.7042 μL /L 和 785.1489 μL /L；其次为百里香精油，对各致病菌的平均 EC_{50} 和 EC_{90} 分别为 151.1525 μL /L 和 1000.8667 μL /L；再次为丁香精油，EC_{50} 和 EC_{90} 平均值分别为 2098.9698 μL /L 和 2305.3493 μL /L；青蒿精油和蛇床子精油对 5 种致病菌的抑制作用最弱，平均 EC_{50} 分别达到 449.8513 μL /L 和 536.0293 μL，平均 EC_{90} 亦分别高达 2605.6776 μL /L 和 3175.3650 μL /L。本试验结果表明，供试 5 种精油中以 95% 肉桂醛的抑菌作用最佳，其对 5 种病原菌的毒力均最强，其平均 EC_{50} 和 EC_{90} 分别为 115.7042 mg/L 和 785.1489 mg/L，其次为百里香油。

表 7-6　5 种植物精油对石榴贮藏期几种病原菌菌丝生长的抑制作用

植物精油	病原菌	毒力回归方程	相关系数	EC_{50}/ (mL · L^{-1})	EC_{50} 平均值/ (mL · L^{-1})	EC_{90}/ (mL · L^{-1})	EC_{90} 平均值/ (mL · L^{-1})
青蒿油	*Coniella granati*	$y=4.6302x+0.3698$	0.9012*	480.4924		2654.3280	
	Neofusicoccum parvum	$y=4.4761x+0.5239$	0.9815**	459.1647		2655.4927	
	Botrytis cinerea	$y=4.3742x+0.6258$	0.8993*	440.8586	449.8513	2624.5480	2605.6776
	Botryosphaeria dothidea	$y=4.1852x+0.8148$	0.9825**	461.1753		3017.1735	
	Alternaria sp.	$y=4.7302x+0.2698$	0.9732**	407.5656		2076.8458	
肉桂	*Coniella granati*	$y=1.5229x+1.8822$	0.9252*	111.5009		774.1596	
	Neofusicoccum parvum	$y=1.6105x+1.5685$	0.9729**	135.1154		844.2721	
	Botrytis cinerea	$y=1.5916x+1.6802$	0.9029*	121.8500	115.7042	778.1316	785.1489
	Botryosphaeria dothidea	$y=1.6125x+1.7217$	0.9755**	107.9082		672.7365	
	Alternaria sp.	$y=1.3878x+2.2116$	0.9648**	102.1464		856.4445	
百里香	*Coniella granati*	$y=1.5201x+1.7521$	0.9665**	136.9732		954.4170	
	Neofusicoccum parvum	$y=1.6052x+1.5268$	0.9716**	145.7867		916.4802	
	Botrytis cinerea	$y=1.5984x+1.4689$	0.9592**	161.8627	151.1525	1025.5302	1000.8670
	Botryosphaeria dothidea	$y=1.6026x+1.4015$	0.9305*	175.9599		1109.4665	
	Alternaria sp.	$y=1.4758x+1.8552$	0.9059*	135.1799		998.4410	
丁香	*Coniella granati*	$y=1.3025x+2.0285$	0.9592**	191.1534		1842.1962	
	Neofusicoccum parvum	$y=1.2354x+2.1025$	0.9622**	221.5104		2414.2987	
	Botrytis cinerea	$y=1.2187x+2.2302$	0.8962*	187.3914	209.9698	2110.3866	2305.3493
	Botryosphaeria dothidea	$y=1.2201x+2.0658$	0.9772**	254.0299		2852.9263	
	Alternaria sp.	$y=1.1963x+2.2584$	0.9781**	195.7640		2306.9386	

续表

植物精油	病原菌	毒力回归方程	相关系数	EC_{50}/ $(mL \cdot L^{-1})$	EC_{50} 平均值/ $(mL \cdot L^{-1})$	EC_{90}/ $(mL \cdot L^{-1})$	EC_{90} 平均值/ $(mL \cdot L^{-1})$
蛇床子油	*Coniella granati*	$y=4.7488x+0.2512$	0.9773**	512.7239			
	Neofusicoccum parvum	$y=4.6797x+0.3203$	0.9552**	491.2911			
	Botrytis cinerea	$y=4.5049x+0.4951$	0.8969*	567.4702	536.0293		3175.365
	Botryosphaeria dothidea	$y=4.4982x+0.5018$	0.9586**	592.0908			
	Alternaria sp.	$y=4.2919x+0.7081$	0.8976*	516.5707			

注　表中数据为 3 次重复试验的平均值。

　　前期室内毒理试验筛选出对贮藏期引起石榴腐烂的几种病原菌抑制效果较好的 3 种植物精油，分别为肉桂精油、百里香精油和丁香精油。按照室内毒理试验计算出的 EC_{90} 配置相应处理浓度，分别对石榴果实进行处理：①CK 组：未经处理；②C1 组：800 μL/L 肉桂精油熏蒸处理；③C2 组：1000 μL/L 百里香精油熏蒸处理；④C3 组：2300 μL/L 丁香精油熏蒸处理。经其处理后的两个品种石榴贮藏期主要指标测定结果如表 7-7 所示。由表 7-7 可以看出，3 种植物精油处理均能一定程度上抑制果实的腐烂，使其在贮藏期保持较好的品质，其中肉桂精油的效果相对较好。贮藏 120 天时，经肉桂精油处理的"会理青皮软籽"石榴腐烂率和褐变指数分别为 24.43% 和 0.26%，均显著低于对照组（$P<0.05$），且有利于籽粒品质的保持；丁香精油和百里香精油处理对其腐烂也具有一定的抑制效果，丁香精油效果略好于百里香精油。此外，用 3 种植物精油处理"突尼斯 1 号"石榴，以肉桂精油的效果最好，其次是百里香精油。

表 7-7　不同植物精油熏蒸处理对石榴腐烂和籽粒品质的影响

品种	时间/天	处理	失重率/%	腐烂率/%	果皮褐变指数/%	TSS/%	TA/%	维生素 C/ $(mg \cdot 100g^{-1})$	籽粒感官评分
会理青皮软籽	0		0.00±0.00	0.00±0.00	0.00±0.00	15.90±0.83	0.53±0.04	11.04±0.62	9.30±0.48
	30	CK	0.63±0.04a	4.33±0.26a	0.10±0.03a	15.60±1.62a	0.55±0.07a	10.65±1.24a	9.00±0.60a
		C1	0.77±0.03a	3.33±0.40a	0.08±0.01a	15.70±1.94a	0.48±0.06a	10.98±0.85a	9.10±0.72a
		C2	0.65±0.05a	5.56±0.61a	0.11±0.04a	16.10±2.02a	0.56±0.07a	9.72±0.47a	9.00±0.55a
		C3	0.60±0.02a	3.33±0.52a	0.06±0.02a	16.00±1.18a	0.49±0.02a	10.40±1.05a	9.20±0.81a

续表

品种	时间/天	处理	失重率/%	腐烂率/%	果皮褐变指数/%	TSS/%	TA/%	维生素C/(mg·100g⁻¹)	籽粒感官评分
会理青皮软籽	60	CK	1.46±0.12a	8.89±1.27a	0.13±0.02a	15.20±0.75a	0.41±0.06a	9.39±0.58a	8.30±0.42a
		C1	1.33±0.21a	8.00±1.55a	0.11±0.01a	14.80±1.26a	0.46±0.07a	10.22±0.71a	8.60±0.40a
		C2	1.52±0.12a	6.67±0.84a	0.12±0.02a	15.50±0.95a	0.39±0.03a	9.51±0.84a	8.20±0.73a
		C3	1.08±0.07a	5.56±0.80a	0.13±0.02a	15.70±1.82a	0.45±0.02a	9.86±0.37a	8.50±0.38a
	90	CK	4.82±0.30a	17.76±1.53a	0.22±0.03a	13.60±0.55a	0.34±0.04a	8.27±0.59a	7.70±0.50a
		C1	5.13±0.52a	13.33±1.26ab	0.25±0.04a	14.00±1.26a	0.35±0.06a	8.58±0.66a	8.00±0.62a
		C2	4.70±0.28a	16.67±1.30ab	0.20±0.02a	14.40±0.83a	0.38±0.04a	8.74±0.92a	7.90±0.50a
		C3	4.85±0.36b	13.33±2.10b	0.18±0.03a	13.30±1.38a	0.33±0.02a	9.08±0.73a	8.10±0.32a
	120	CK	6.17±0.79a	30.00±3.38a	0.36±0.04a	11.90±0.77a	0.24±0.03a	6.95±0.38a	6.20±0.49a
		C1	5.29±0.68a	24.43±1.75b	0.26±0.03b	12.80±1.50a	0.30±0.02a	7.26±0.50a	7.00±0.67a
		C2	5.90±0.60a	26.67±4.41ab	0.29±0.04ab	13.10±1.33a	0.28±0.02a	7.79±0.72a	6.50±0.54a
		C3	5.31±0.57a	28.89±1.83a	0.32±0.03a	12.20±0.75a	0.27±0.03a	8.28±0.49a	6.30±0.44a
突尼斯1号	0		0.00±0.00	0.00±0.00	0.00±0.00	16.30±1.84	0.45±0.05	8.19±0.42	9.50±0.38
	30	CK	0.51±0.02a	4.43±0.62a	0.13±0.03a	15.70±1.12a	0.43±0.04a	7.58±0.75a	9.30±0.70a
		C1	0.55±0.06a	2.22±0.09a	0.09±0.01a	15.60±0.86a	0.42±0.03a	8.55±0.89a	9.40±0.53a
		C2	0.66±0.07a	4.43±0.65a	0.12±0.02a	15.90±1.63a	0.39±0.02a	7.36±0.36a	9.30±0.44a
		C3	0.68±0.05a	3.33±0.51a	0.10±0.01a	16.10±1.40a	0.40±0.04a	8.17±0.92a	9.20±0.62a
	60	CK	1.03±0.09a	8.89±1.42a	0.24±0.05a	15.60±0.71a	0.36±0.02a	6.92±0.51a	8.40±0.50a
		C1	1.07±0.11a	10.00±2.64a	0.19±0.02a	15.80±1.24a	0.38±0.02a	6.86±0.83a	9.00±0.66a
		C2	0.84±0.06a	7.56±0.60a	0.21±0.02a	16.00±2.20a	0.40±0.04a	6.62±0.69a	8.70±0.51a
		C3	0.80±0.06a	7.67±0.82a	0.17±0.01a	15.40±0.73a	0.37±0.02a	7.18±0.44a	8.80±0.77a
	90	CK	3.87±0.52a	18.89±3.29a	0.27±0.08a	14.80±1.42a	0.28±0.02b	6.33±0.46a	7.70±0.83a
		C1	3.29±0.27a	14.45±2.86a	0.22±0.03a	14.60±1.68a	0.34±0.07ab	7.07±0.55a	7.60±0.39a
		C2	4.04±0.63a	15.73±2.27a	0.24±0.03a	15.10±0.59a	0.29±0.04a	6.59±0.28a	8.40±0.62a
		C3	3.40±0.40a	13.33±1.60a	0.20±0.02a	15.40±0.80a	0.38±0.09a	7.21±0.63a	8.20±0.60a

续表

品种	时间/天	处理	失重率/%	腐烂率/%	果皮褐变指数/%	TSS/%	TA/%	维生素 C/(mg·100g⁻¹)	籽粒感官评分
突尼斯1号	120	CK	5.82±1.28a	27.78±2.84a	0.33±0.08a	13.40±1.46a	0.20±0.02b	5.85±0.71a	6.20±0.51a
		C1	4.55±0.50a	22.22±2.57b	0.23±0.03b	14.20±0.49a	0.31±0.03a	6.27±0.58a	7.50±0.67a
		C2	4.86±0.33a	24.43±1.89ab	0.29±0.04ab	14.00±0.85a	0.28±0.06ab	6.59±0.34a	7.30±0.89a
		C3	5.10±0.19a	25.56±3.40a	0.35±0.08a	13.70±1.21a	0.23±0.02b	7.04±0.50a	7.00±0.40a

注　用 Duncan 法进行多重比较，同列中标有不同小写字母者表示组间差异显著（$P<0.05$），标有相同小写字母者表示组间差异不显著（$P>0.05$）。

7.6　涂膜保鲜

涂膜保鲜是将蜡、脂类、明胶和淀粉等成膜物质制成一定浓度的混合液，将其均匀涂于果实表面，待其干燥后形成一层薄膜，从而实现阻断果实与外界气体交换和病原菌接触的机会，抑制呼吸代谢。涂膜剂中以壳聚糖、果胶、魔芋胶等研究较多。Mahmood 和 Karen 等研究发现，用壳聚糖涂膜处理石榴，对表面的霉菌和细菌具有较好的抑制作用。杨芳等研究结果显示，用果胶涂膜处理蒙自甜石榴能显著降低果实的腐烂率，延缓贮藏期间 TSS 和 TA 含量下降。董文明等研究发现，蜂胶与魔芋复合涂膜结合低温处理建水酸石榴，能有效抑制呼吸作用，延长货架期。Meighani 用 0.5% 和 1.0% 壳聚糖涂膜处理石榴，结果显示涂膜处理可显著抑制石榴腐烂失重，籽粒的风味物质保持较好，对呼吸强度也具有一定的抑制作用。

7.7　留树保鲜

留树保鲜是将果实保留在树上、延迟采收的挂树贮藏保鲜方法。20 世纪 70 年代在甜橙和红橘上开始试验获得成功。目前已在梨、苹果、葡萄、脐橙等果品上推广应用，目前一些石榴种植区域也有使用。留树保鲜栽培采用双层套袋方式，外层袋为白色纸袋，内层为可透气的聚乙烯薄膜袋。套袋前应喷多菌灵或甲基托布津 2 次进行杀菌，待最后一次杀菌药液晾干后，即进行套袋。先将内层袋套好，再套外层，在保护石榴果实不受病虫害危害的同时，还能有效抑制果实水分蒸腾，减缓光热传导，减少石榴裂果的发生。留树保鲜双层套袋处理后的果实一般于10月下旬成熟，较常规管理状态延时成熟约1个月。采收前1个星期左右去除外层纸袋，晾晒果实，使果实充分着色，即可采收。

留树保鲜主要作用包括以下4个方面：①可以有效地延缓果树成熟期，将石榴的成熟期推迟约1个月，极大地延长了鲜果出售期限；②可以增大石榴的平均单果重，果实糖度提高1度左右；③可以使秋梢的抽发量和长度均减少，使翌年果实品质提高（果实着生体位好）；④裂果减少，病斑少，果实外观鲜艳。

7.8 复合方法

要取得较好的石榴贮藏保鲜效果，往往并不是单一地使用某一种方法，而是将低温、气调、涂膜、间歇升温等多种方法有机结合起来，可以更好地抑制果皮褐变、降低腐烂率、保持果品风味，起到更好的贮藏保鲜效果。

将前期试验优选出的处理方法进行复合对石榴果实进行处理，处理方式和条件同前：①CK组：未经处理；②B1+D1组：250 mg/L脱氢乙酸钠+5.0 mg/L臭氧处理；③C1+D1组：800 μL/L肉桂精油+5.0 mg/L臭氧处理；④D5+D1组：(45±1)℃热空气+10.0 μmol/L茉莉酸甲酯+5.0 mg/L臭氧处理。石榴果实处理后，用0.01mm厚度的PE大袋整体包装，装箱后置于（6±1）℃、相对湿度80%~90%条件下贮藏。利用主成分分析法探讨了不同复合处理方法对两个品种石榴低温贮藏品质的影响，测定结果如表7-8和表7-9所示。由表7-8和表7-9可知，3种复合处理能更有效地控制石榴果实的腐烂，其中250 mg/L脱氢乙酸钠复合5.0 mg/L臭氧处理和800 μL/L肉桂精油复合5.0 mg/L臭氧处理效果较好，两个品种石榴在贮藏150天时腐烂率分别为24.43%和26.67%，均与对照组差异显著（$P<0.05$），籽粒TA和维生素C含量显著高于对照组（$P<0.05$），有利于其果皮和籽粒品质的保持。

将表7-8中"会理青皮软籽"石榴各组数据标准化后进行主成分分析，分析结果如表7-10所示。由表7-10可知，有两个主成分的特征值大于1，共提取两个主成分，其累计方差贡献率为86.7796%，可用这两个主成分较好地代替上述14个品质特性来评价与判断"会理青皮软籽"石榴果实的品质。

表 7-8　不同复合处理"会理青皮软籽"石榴贮藏品质的影响

时间/天	处理	失重率/%	腐烂率/%	果皮 L^*	果皮 a^*	果皮 $h°$	果皮褐变指数/%	硬度/N	籽粒 L^*	籽粒 a^*	籽粒 $h°$	TSS/%	TA/%	维生素 C/(mg·100g⁻¹)	籽粒感官评分
0		0.00±0.00	0.00±0.00	68.54±3.50	12.51±1.06	85.05±0.86	0.00±0.00	138.86±16.73	27.56±3.63	26.07±4.23	37.93±5.30	16.60±0.77	0.52±0.03	11.63±1.42	9.60±0.85
30	CK	0.46±0.03a	4.43±0.47a	62.37±8.41a	12.96±0.93a	84.35±0.55a	0.12±0.02a	123.55±9.70b	26.03±1.96a	24.12±0.85a	37.56±1.85a	14.50±0.38a	0.43±0.02a	11.84±0.75a	9.40±0.66a
	B1+D1	0.37±0.06a	3.33±0.30a	62.03±2.95a	14.61±1.59a	82.08±0.96a	0.11±0.01a	120.31±17.40b	27.33±0.82a	23.43±0.93a	36.51±1.50a	15.10±1.13a	0.46±0.04a	10.85±0.58a	9.50±0.62a
	C1+D1	0.43±0.03a	2.22±0.14a	60.38±5.84a	13.80±1.85a	83.90±0.68a	0.09±0.03a	141.75±6.33a	261.07±4.33a	25.52±0.28a	38.60±4.42a	15.80±0.46a	0.47±0.03a	11.79±0.44a	9.40±0.77a
	D5+D1	0.45±0.05a	5.56±0.44a	63.88±6.38a	12.28±1.54a	84.17±0.50a	0.10±0.02a	135.49±20.71a	216.82±3.93a	27.45±1.75a	38.16±1.46a	15.20±0.77a	0.45±0.04a	12.50±1.20a	9.40±0.53a
60	CK	1.88±0.16a	7.78±0.57a	63.01±4.82a	16.56±2.70a	83.24±1.77a	0.16±0.03a	130.91±15.58b	24.17±1.94a	23.44±4.49a	36.13±5.83a	13.60±0.39a	0.36±0.02b	11.57±0.37ab	8.40±0.80a
	B1+D1	1.77±0.05a	7.78±0.37a	61.28±3.80a	16.35±1.27a	83.79±1.45a	0.13±0.02a	140.52±19.44a	25.15±1.55a	24.01±4.18a	36.88±6.38a	14.00±0.58a	0.52±0.02a	12.06±0.77a	8.60±0.91a
	C1+D1	1.70±0.08a	6.67±0.22a	59.72±3.56a	17.40±0.85a	81.80±1.04a	0.15±0.03a	127.84±17.58b	26.96±0.84a	25.84±1.36a	35.47±1.51a	14.30±0.54a	0.49±0.04a	12.26±0.69a	8.40±0.74a
	D5+D1	1.58±0.11a	5.56±0.74a	64.55±5.84a	18.06±2.47a	81.93±0.72a	0.16±0.02a	139.09±22.63a	24.17±2.81a	26.82±2.51a	39.60±4.81a	13.70±1.11a	0.44±0.03ab	11.22±0.55a	8.80±0.95a

续表

时间/天	处理	失重率/%	腐烂率/%	果皮 L*	果皮 a*	果皮 h°	果皮褐变指数/%	硬度/N	籽粒 L*	籽粒 a*	籽粒 h°	TSS/%	TA/%	维生素C/(mg·100g⁻¹)	籽粒感官评分
90	CK	3.31±0.21a	17.78±1.33a	60.41±5.27a	12.23±1.82a	85.97±2.68a	0.22±0.04a	109.04±7.30a	23.83±1.97a	21.78±1.57a	35.83±4.08a	13.20±1.80a	0.30±0.02b	10.47±0.92a	7.50±0.83a
	B1+D1	2.90±0.38a	11.11±0.85b	59.28±2.74a	11.53±1.66a	85.27±2.74a	0.20±0.03a	101.91±14.26a	24.56±3.16a	23.02±4.17a	37.90±2.20a	13.70±1.66a	0.37±0.05a	11.88±1.35a	7.80±0.38a
	C1+D1	2.71±0.26a	12.22±0.77b	64.40±9.36a	11.58±1.63a	87.81±2.55a	0.17±0.03a	115.36±6.94a	22.60±4.47a	23.80±5.82a	36.40±3.81a	14.00±1.93a	0.42±0.04a	10.64±0.63a	8.30±0.49a
	D5+D1	3.17±0.35a	15.53±1.14a	57.36±4.19a	11.44±1.38a	86.81±2.52a	0.20±0.03ab	112.40±7.39a	25.58±2.86a	22.79±0.72a	35.42±6.29a	12.90±1.47a	0.37±0.04a	9.41±0.48a	8.50±0.55a
120	CK	5.25±1.73a	28.89±2.81a	51.82±5.58a	10.05±0.74a	88.87±1.37a	0.37±0.05a	80.30±5.96b	21.52±3.30a	19.30±1.64a	36.74±4.30a	12.80±0.68a	0.27±0.02a	8.25±0.58a	6.40±0.72b
	B1+D1	4.40±0.56a	18.89±2.64b	50.85±7.48a	10.63±1.16a	86.35±2.05ab	0.36±0.04a	89.63±10.07ab	23.88±3.37a	22.80±1.85a	37.70±2.64a	13.50±0.59a	0.32±0.03a	10.60±0.81a	8.00±0.94a
	C1+D1	4.87±0.29a	21.11±1.55b	53.40±3.36a	11.05±1.63a	83.60±0.70b	0.34±0.03a	95.71±9.22a	22.46±2.40a	20.52±2.49a	38.88±4.40a	13.00±0.82a	0.34±0.04a	8.79±0.37a	7.70±0.66ab
	D5+D1	4.02±0.45a	24.43±3.17ab	51.46±4.40a	8.49±0.60a	90.31±0.91a	0.38±0.05a	97.66±12.71a	21.73±4.28a	19.84±0.77a	34.31±2.95a	13.20±0.74a	0.28±0.04a	9.13±0.86a	8.20±0.50a

续表

时间/天	处理	失重率/%	腐烂率/%	果皮 L^*	果皮 a^*	果皮 $h°$	果皮褐变指数/%	硬度/N	籽粒 L^*	籽粒 a^*	籽粒 $h°$	TSS/%	TA/%	维生素C/(mg·100g^{-1})	籽粒感官评分
150	CK	6.33±0.92a	36.67±4.57a	48.22±4.72ab	7.18±0.12b	90.87±1.06a	0.47±0.05a	68.90±13.80c	20.30±1.57a	17.88±2.06a	39.19±4.71a	12.10±0.56a	0.17±0.03b	6.15±0.27b	5.00±0.44a
	B1+D1	5.07±0.52a	24.43±2.85c	51.62±5.05a	8.30±0.93ab	87.27±0.88ab	0.40±0.04a	89.50±7.95a	20.572±1.96a	19.91±3.86a	36.56±6.36a	13.30±0.61a	0.25±0.02a	8.44±0.48a	5.60±0.73a
	C1+D1	5.36±0.28a	27.78±3.38bc	50.57±11.30a	10.44±0.95a	85.71±0.69b	0.44±0.03a	75.86±11.75bc	20.150±3.18a	20.39±5.77a	35.07±5.52a	13.10±0.27a	0.28±0.02a	8.06±0.36a	6.50±0.89a
	D5+D1	6.18±0.96a	31.11±2.93ab	43.19±7.37b	6.82±1.80b	88.46±0.42a	0.41±0.02a	79.15±9.69ab	18.47±2.72a	15.56±1.90a	39.29±3.88a	12.70±0.85a	0.19±0.02b	6.62±0.59b	6.80±1.57a

注　用 Duncan 法进行多重比较，同列中标有不同小写字母者表示组间差异显著（$P<0.05$），标有相同小写字母者表示组间差异不显著（$P>0.05$）。

表7-9 不同复合处理对"突尼斯1号"石榴贮藏品质的影响

时间/天	处理	失重率/%	腐烂率/%	果皮 L*	果皮 a*	果皮 h°	果皮褐变指数/%	硬度/N	籽粒 L*	籽粒 a*	籽粒 h°	TSS/%	TA/%	维生素C/(mg·100g⁻¹)	籽粒感官评分
0		0.00±0.00	0.00±0.00	72.35±8.26a	32.16±2.62	51.07±3.27	0.00±0.00	125.73±9.46	28.79±1.83a	31.36±1.58	18.26±2.02	16.20±0.72	0.43±0.02	9.37±0.53	9.60±0.35
30	CK	0.48±0.02a	5.56±0.31a	65.73±3.17a	31.77±5.80a	49.55±2.80a	0.06±0.02a	107.58±16.72a	27.31±2.39a	30.25±3.80a	19.03±1.57a	15.70±0.38a	0.36±0.04a	8.85±0.62a	9.30±0.68a
	B1+D1	0.40±0.04a	2.22±0.12a	66.61±10.30a	30.51±4.28a	50.25±4.48a	0.07±0.01a	112.70±15.38a	25.51±2.34a	29.95±2.49b	18.02±0.86a	16.20±0.80a	0.38±0.04a	8.29±0.44a	9.20±0.88a
	C1+D1	0.39±0.05a	1.11±0.33a	70.57±7.75a	31.29±3.56a	49.41±2.85a	0.15±0.01a	116.81±18.47a	28.04±2.91a	31.14±3.31a	17.04±1.15a	15.80±0.80a	0.39±0.04a	9.40±0.93a	9.40±0.44a
	D5+D1	0.55±0.06a	3.33±0.68a	67.83±8.37a	32.16±3.84a	50.50±5.73a	0.13±0.02a	114.02±7.38a	26.63±1.86a	29.51±5.26a	17.80±0.73a	16.00±0.64a	0.35±0.03a	9.16±1.04a	9.20±0.69a
60	CK	1.17±0.24a	8.89±0.44a	67.40±8.59a	29.06±1.92a	48.15±2.28a	0.23±0.02a	99.29±5.59a	25.57±1.63a	25.66±1.64a	18.36±1.74a	15.30±0.84a	0.30±0.03b	8.22±0.62a	8.50±1.06a
	B1+D1	0.51±0.13a	4.43±0.92a	65.49±9.37a	28.61±4.50a	50.57±3.62a	0.19±0.01a	108.36±9.71a	26.93±0.77a	23.84±2.79 a	20.33±3.51a	15.80±0.71a	0.33±0.04ab	8.48±0.52a	8.70±0.71a
	C1+D1	0.63±0.11a	4.43±0.50a	66.72±9.46a	32.70±2.38a	48.36±5.70a	0.20±0.01a	107.74±5.72a	27.64±1.58a	26.97±5.26a	16.24±1.97a	15.70±0.30a	0.35±0.03ab	8.79.±0.84a	8.70±0.59a
	D5+D1	0.88±0.22 a	5.56±0.35a	68.80±10.61a	29.62±5.16a	50.82±2.84a	0.17±0.02a	105.37±8.43a	27.78±3.60a	26.52±2.58a	16.73±2.28a	15.40±0.49a	0.37±0.04a	7.92±0.43a	8.90±0.44a

续表

时间/天	处理	失重率/%	腐烂率/%	果皮 L*	果皮 a*	果皮 h°	果皮褐变指数/%	硬度/N	籽粒 L*	籽粒 a*	籽粒 h°	TSS/%	TA/%	维生素 C/(mg·100g⁻¹)	籽粒感官评分
90	CK	3.43±0.57a	17.76±1.58a	60.62±4.48ab	28.41±4.46a	51.74±2.46a	0.25±0.03a	96.31±15.47a	23.41±4.02a	26.30±1.37a	15.12±2.33a	14.50±0.82a	0.26±0.03a	7.46±0.52a	7.60±0.85a
	B1+D1	3.50±0.15a	11.11±0.94b	58.79±7.67b	26.70±2.88a	50.92±3.86a	0.26±0.02a	98.37±11.37a	24.85±1.48a	24.06±4.40a	16.89±1.31a	14.90±0.57a	0.30±0.04a	8.68±0.95a	7.40±0.77a
	C1+D1	3.04±0.22a	10.00±1.62b	64.31±10.58a	27.59±4.26a	51.05±2.36a	0.22±0.03a	96.42±10.32a	23.84±4.10a	25.72±3.38a	14.38±1.77a	15.00±0.74a	0.33±0.03a	7.75±0.34a	8.10±0.53a
	D5+D1	2.85±0.31b	12.22±0.86b	61.37±6.37ab	26.40±2.77a	53.31±1.53a	0.21±0.02a	101.85±8.95a	26.77±2.26a	26.93±4.61a	14.07±0.60a	14.70±0.55a	0.31±0.03a	7.25±0.74a	8.30±0.62a
120	CK	4.81±0.72a	33.33±4.57a	58.74±4.72a	24.84±2.40a	52.36±1.94a	0.31±0.05a	76.68±5.59ab	20.33±2.85a	24.73±2.06a	17.83±1.39a	13.10±0.59a	0.18±0.02b	6.14±0.42b	6.50±0.37a
	B1+D1	3.91±0.55ab	20.00±3.17c	51.38±6.67b	25.30±1.86a	52.81±4.62a	0.25±0.06a	82.72±6.84a	22.52±3.37a	25.59±2.35a	17.25±0.85a	13.80±0.37a	0.28±0.02a	8.22±0.83a	6.90±0.56a
	C1+D1	3.67±0.30b	23.33±4.72bc	56.83±9.06a	27.40±2.46a	50.66±5.35a	0.28±0.03a	85.31±9.52a	21.26±2.21a	25.05±4.28a	16.83±1.08a	14.20±0.52a	0.23±0.03ab	7.66±0.54ab	7.00±0.84a
	D5+D1	4.13±0.52a	26.67±1.30b	53.27±3.69ab	26.810±2.25a	53.28±2.39a	0.29±0.02a	73.50±11.83b	22.31±2.84a	24.53±5.08a	17.18±2.71a	13.50±0.70a	0.25±0.03a	7.03±0.44b	6.60±0.70a

续表

时间/天	处理	失重率/%	腐烂率/%	果皮 L^*	果皮 a^*	果皮 $h°$	果皮褐变指数/%	硬度/N	籽粒 L^*	籽粒 a^*	籽粒 $h°$	TSS/%	TA/%	维生素 C/ (mg·100g^{-1})	籽粒感官评分
150	CK	6.75±1.52a	45.33±2.85a	53.49±5.05a	22.73±0.74a	54.85±1.37a	0.43±0.04a	63.52±5.96b	17.39±3.30a	22.80±3.86a	19.07±4.30a	12.50±0.68a	0.12±0.02b	4.81±0.23b	5.10±0.72b
	B1+D1	5.48±0.83a	26.67±5.85c	55.72±8.95a	25.61±0.12a	56.82±1.06a	0.38±0.04a	71.70±13.80a	17.07±1.57a	25.68±1.82a	16.85±4.71a	13.30±0.56a	0.22±0.03a	6.27±0.62a	6.20±0.44a
	C1+D1	5.04±0.28a	28.89±3.38c	54.35±11.30a	26.06±0.95a	53.77±0.69a	0.37±0.03a	77.43±11.75a	18.26±3.18a	23.85±0.77a	18.66±5.52a	13.10±0.27a	0.18±0.02a	5.96±0.12a	6.10±0.89a
	D5+D1	6.38±1.36a	32.22±2.93b	49.20±7.37a	23.80±1.80a	55.76±0.42a	0.41±0.02a	68.57±9.69ab	16.80±2.72a	24.96±3.90a	17.57±3.88ab	12.70±0.85a	0.15±0.02b	5.38±0.52ab	5.70±0.57ab

注 用 Duncan 法进行多重比较，同列中标有不同小写字母者表示组间差异显著（$P<0.05$），标有相同小写字母者表示组间差异不显著（$P>0.05$）。

表 7-10　主成分分析两个主成分特征向量、特征值、贡献率及累计贡献率

指标	主成分 1	主成分 2
失重率（X_1）	-0. 2933	0. 0202
腐烂率（X_2）	-0. 2964	-0. 0261
果皮 L^* 值（X_3）	0. 2757	-0. 0800
果皮 a^* 值（X_4）	0. 2462	-0. 0054
果皮 $h°$（X_5）	-0. 2389	-0. 1341
果皮褐变指数（X_6）	-0. 2906	-0. 052
硬度（X_7）	0. 2856	0. 0453
籽粒 L^* 值（X_8）	0. 2769	-0. 0886
籽粒 a^* 值（X_9）	0. 2830	-0. 0139
籽粒 $h°$（X_{10}）	0. 0076	0. 9709
TSS 含量（X_{11}）	0. 2592	0. 0858
TA 含量（X_{12}）	0. 2865	0. 0055
维生素 C 含量（X_{13}）	0. 2760	-0. 0942
籽粒感官评分（X_{14}）	0. 2900	-0. 0527
特征值	11. 1006	1. 0485
贡献率（%）	79. 2901	7. 4896
累计贡献率（%）	79. 2901	86. 7796

由表 7-10 可知，第 1 和 2 主成分已经基本保留了所有指标的原有信息，累积贡献率为 86.7796%，且特征值均大于 1，可以用两个变量 Y_1 和 Y_2 代替原来的 14 个指标，则得出线性组合（其中 X_1 至 X_{14} 均为标准化后的变量）分别为：

$$Y_1 = -0.\,2933X_1 - 0.\,2964X_2 + 0.\,2757X_3 + 0.\,2462X_4 - 0.\,2389X_5 - 0.\,2906X_6 + 0.\,2856X_7 + 0.\,2769X_8 + 0.\,2803X_9 + 0.\,0076X_{10} + 0.\,2592X_{11} + 0.\,2865X_{12} + 0.\,2760X_{13} + 0.\,2900X_{14}$$

$$Y_2 = 0.\,0202X_1 - 0.\,0261X_2 - 0.\,0800X_3 - 0.\,0054X_4 - 0.\,1341X_5 - 0.\,0520X_6 + 0.\,0453X_7 - 0.\,0886X_8 - 0.\,0139X_9 + 0.\,9709X_{10} + 0.\,0858X_{11} + 0.\,0055X_{12} - 0.\,0942X_{13} - 0.\,0527X_{14}$$

以各主成分的贡献率为权重，利用主成分值与对应的权重相乘求和，构建样本综合评价模型：

$$F = 0.7929Y_1 + 0.0749Y_2$$

式中：Y_1 和 Y_2 为第1和2主成分得分，F 为综合评价得分，其分值越高，表明石榴品质越好。分别对不同复合处理的"会理青皮软籽"石榴在不同贮藏时间进行综合评价，其结果如图7-8所示。如图7-8所示，各组石榴果实品质的综合评价得分 F 值均随贮藏时间的延长而降低，各复合处理组果实综合评分在贮藏过程中均优于 CK 组。3种复合处理方法相比，脱氢乙酸钠复合臭氧处理和肉桂精油复合臭氧处理效果较好，贮藏150天时，经两种复合方法处理的果实综合评分明显高于对照组，均能使"会理青皮软籽"石榴较好地保持贮藏品质。

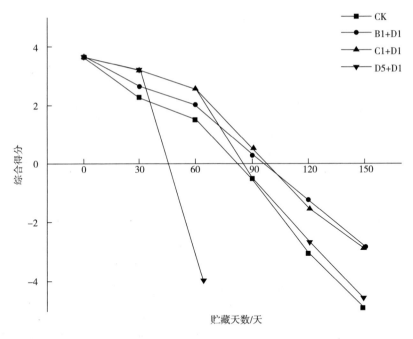

图7-8 复合处理"会理青皮软籽"石榴贮藏品质综合评价

将表7-9中"突尼斯1号"石榴各组数据标准化后进行主成分分析，分析结果如表7-11所示。由表7-11可知，有两个主成分的特征值大于1，共提取两个主成分，其累计方差贡献率为89.5497%，已经基本保留了所有指标的原有信息，可用这两个主成分较好地代替上述14个品质特性来评价与判断"突尼斯1号"石榴果实的品质。

表 7-11　主成分分析两个主成分特征向量、特征值、贡献率及累计贡献率

指标	主成分 1	主成分 2
失重率（X_1）	-0.2901	-0.1153
腐烂率（X_2）	-0.2865	0.0691
果皮 L^* 值（X_3）	0.2734	0.0442
果皮 a^* 值（X_4）	0.2773	0.0656
果皮 $h°$（X_5）	-0.2432	-0.1262
果皮褐变指数（X_6）	-0.2805	0.0142
硬度（X_7）	0.2895	-0.0202
籽粒 L^* 值（X_8）	0.2812	-0.0657
籽粒 a^* 值（X_9）	0.2321	-0.0734
籽粒 $h°$（X_{10}）	-0.0044	0.9696
TSS 含量（X_{11}）	0.2906	0.0233
TA 含量（X_{12}）	0.2867	-0.0927
维生素 C 含量（X_{13}）	0.2746	-0.0079
籽粒感官评分（X_{14}）	0.2923	-0.0103
特征值	11.4903	1.0467
贡献率（%）	82.0735	7.4763
累计贡献率（%）	82.0735	89.5497

用两个变量 Y_1 和 Y_2 代替原来的 14 个指标，则得出线性组合（其中 X_1 至 X_{14} 均为标准化后的变量）分别为：

$Y_1 = -0.2901X_1 - 0.2865X_2 + 0.2734X_3 + 0.2773X_4 - 0.2432X_5 - 0.2805X_6 + 0.2895X_7 + 0.2812X_8 + 0.2321X_9 - 0.0044X_{10} + 0.2906X_{11} + 0.2867X_{12} + 0.2746X_{13} + 0.2923X_{14}$

$Y_2 = -0.1153X_1 + 0.0691X_2 + 0.0442X_3 + 0.065X_4 - 0.1262X_5 + 0.0142X_6 - 0.0202X_7 - 0.0657X_8 - 0.0734X_9 + 0.9696X_{10} + 0.0233X_{11} - 0.0927X_{12} - 0.0079X_{13} - 0.0103X_{14}$

以各主成分的贡献率为权重，利用主成分值与对应的权重相乘求和，构建样本综合评价模型：

$$F = 0.8207Y_1 + 0.0748Y_2$$

式中：Y_1 和 Y_2 为第 1 和 2 主成分得分，F 为综合评价得分。分别对不同处理的

"突尼斯 1 号" 石榴在不同贮藏时间进行综合评分, 其结果如图 7-9 所示。由图 7-9 可知, 几种复合方法中, 贮藏前期肉桂精油复合臭氧处理效果较好, 而脱氢乙酸钠复合臭氧处理在贮藏后期效果更明显。贮藏 150 天时, 脱氢乙酸钠复合臭氧处理和肉桂精油复合臭氧处理综合评分均明显高于对照组, 能使 "突尼斯 1 号" 石榴保持了较好的贮藏品质。

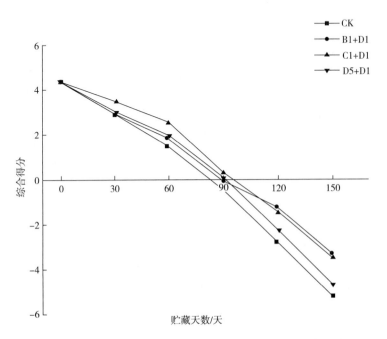

图 7-9　复合处理的 "突尼斯 1 号" 石榴贮藏品质综合评价

◆参考文献◆

[1] 盛立明. 石榴简易贮藏保鲜方法 [J]. 农业知识, 2015 (25): 1.

[2] Olaniyi Amos Fawole, Umezuruike Linus Opara. Effects of storage temperature and duration on physiological responses of pomegranate fruit [J]. Industrial Crops and Products, 2013, 47: 300-309.

[3] Oluwafemi J. Caleb, Pramod V. Mahajan, Umezuruike Linus Opara, et al. Modelling the respiration rates of pomegranate fruit and arils [J]. Postharvest Biology and Technology, 2012, 64: 49-54.

[4] 刘兴华, 胡青霞, 罗安伟, 等. 石榴果皮褐变相关因素及其控制研究 [J]. 西北农业大学学报, 1998, 26 (6): 51-55.

［5］朱慧波，张有林，宫文学. 新疆喀什甜石榴采后生理与贮藏保鲜技术［J］. 农业工程学报，2009，25（12）：339-344.

［6］杨宗渠，李长看，曲金柱，等. 河阴石榴的采后保鲜技术［J］. 2015，36（18）：267-271.

［7］Olaniyi Amos Fawole, Umezuruike Linus Opara. Effects of storage temperature and duration on physiological responses of pomegranate fruit［J］. Industrial Crops and Products, 2013, 47：300-309.

［8］Ebrahiema Arendse, Olaniyi Amos Fawole, Umezuruike Linus Opara. Effects of postharvest storage conditions on physiochemical and radical-scavenging activity of pomegranate fruit（cv. Wonderful）［J］. Scientia Horticulturae, 2014, 169：125-129.

［9］张润光. 石榴贮期生理变化及保鲜技术研究［D］. 西安：陕西师范大学，2005.

［10］Ifat Matityahu, Prosper Marciano, Doron Holland, et al. Differential effects of regular and controlled atmosphere storage on the quality of three cultivars of pomegranate（*Punica granatum* L.）［J］. Postharvest Biology and Technology, 2016, 115：132-141.

［11］Artés F, Villaescusa R, Tudela J A, et al. Modified atmosphere packaging of pomegranate［J］. Journal of Food Science, 2000, 65：1112-1116.

［12］贾晓昱，李喜宏，王伟，等. 石榴气调保鲜效果研究［J］. 中国果菜，2014，34（8）：6-9.

［13］张润光，张有林，邱绍明. 石榴复合贮藏保鲜技术研究［J］. 食品工业科技，2011，32（3）：363-365.

［14］Lu Zhang, Michael J. McCarthy. Effect of controlled atmosphere storage on pomegranate quality investigated by two dimensional NMR correlation spectroscopy［J］. LWT-Food Science and Technology, 2013, 54（1）：302-306.

［15］Sukhvinder Pal Singh, Zora Singh. Controlled and modified atmospheres influence chilling injury, fruit quality and antioxidative system of Japanese plums［J］. International Journal of Food Science and Technology, 2013, 48（2）：363-374.

［16］翟金霞，王伟，李喜宏，等. 石榴自发气调保鲜技术研究［J］. 食品科技，2013，38（10）：43-45.

［17］Nurten Selcuk, Mustafa Erkan. Changes in antioxidant activity and postharvest quality of sweet pomegranates cv. Hicrannar under modified atmosphere packaging［J］. Postharvest Biology and Technology, 2014, 92：29-36.

［18］杨万林，杨芳，陈锦玉，等. 贮藏时间对蒙自甜石榴营养品质及常温货架期间失重率的影响［J］. 保鲜与加工，2016，16（6）：40-44.

［19］朱雁青，胡花丽，胡博然，等. 薄膜包装对石榴采后生理及营养物质含量的影响［J］. 江苏农业学报，2015，31（5）：1154-1160.

［20］张润光，张有林，张志国. 石榴贮藏期间歇升温处理对果实品质的影响［J］. 食品与

发酵工业，2008，34（1）：160-163.

[21] 赵迎丽，李建华，施俊凤，等. 缓慢降温对石榴果实冷害发生及生理变化的影响 [J]. 中国农学通报，2009，25（18）：102-105.

[22] Mirdehghan S H, Rahemi M, MartíNez-Romero D, et al. Reduction of pomegranate chilling injury during storage after heat treatment: Role of polyamines [J]. Postharvest Biology and Technology, 2007, 44（1）：19-25.

[23] 樊爱萍，鲁丽香，刘卫. 采后热处理对蒙自石榴贮藏品质的影响 [J]. 红河学院学报，2014，12（5）：14-18.

[24] 张姣姣，郝晓磊，李喜宏，等. 热空气协同茉莉酸甲酯处理对冷藏石榴冷害及果实品质的影响 [J]. 中国果树，2016，5：29-33.

[25] Ben Abda J, Yahyaoui N, Mars M, et al. Effect of intermittent warming, hot water treatment and heat conditioning on quality of 'Jbali' stored pomegranate [J]. Acta Horticulturae, 2010, 877（3）：1433-1439.

[26] 张润光，张有林，田呈瑞，等. 减压处理对石榴采后某些生理指标及果实品质的影响 [J]. 陕西师范大学学报（自然科学版），2012，40（4）：94-97.

[27] Ghasemnezhad Mahmood, Zareh Somayeh, Rassa Mehdi, et al. Effect of chitosan coating on maintenance of aril quality, microbial population and PPO activity of pomegranate（*Punica granatum* L. cv. Tarom）at cold storage temperature [J]. Food Chemistry, 2013, 93：368-374.

[28] Karen Munhuweyi, Cheryl L. Lennox, Julia C. Meitz-Hopkins, et al. Investigating the effects of crab shell chitosan on fungal mycelial growth and postharvest quality attributes of pomegranate whole fruit and arils [J]. Scientia Horticulturae, 2017, 220：78-89.

[29] Karen Munhuweyi, Oluwafemi J. Caleb, Cheryl L. Lennox, et al. In vitro and in vivo antifungal activity of chitosan-essential oils against pomegranate fruit pathogens [J]. Postharvest Biology and Technology, 2017, 129：9-22.

[30] 杨芳，杨万林，王海丹，等. 不同涂膜保鲜剂对蒙自甜石榴冷藏品质的影响 [J]. 食品安全质量检测学报，2016，7（5）：2046-2050.

[31] 董文明，焦凌梅，董坤. 蜂胶/魔芋涂膜酸石榴保鲜技术研究 [J]. 食品科技，2006，12：154-157.

[32] Meighani Hossein, Ghasemnezhad Mahmood, Bakhshi Davood. Effect of different coatings on post-harvest quality and bioactive compounds of pomegranate（*Punica granatum* L.）fruits [J]. Journal of Food Science and Technology, 2015, 52（7）：4507-4514.

[33] 杨宗渠，李长看，曲金柱，等. 河阴石榴的采后保鲜技术 [J]. 食品科学，2015，36（18）：267-271.

[34] Mohammad Sayyari, Salvador Castillo, Daniel Valero, et al. Acetyl salicylic acid alleviates chilling injury and maintains nutritive and bioactive compounds and antioxidant activity during postharvest storage of pomegranates [J]. Postharvest Biology and Technology, 2011, 60（2）：

136-142.

[35] Asghar Ramezanian, Majid Rahemi. Chilling resistance in pomegranate fruits with spermidine and calcium chloride treatments [J]. International Journal of Fruit Science, 2011, 11 (3): 276-281.

[36] Kalyan Barman, Ram Asrey, Pal R K. Putrescine and carnauba wax pretreatments alleviate chilling injury, enhance shelf life and preserve pomegranate fruit quality during cold storage [J]. Scientia Horticulturae, 2011, 130 (4): 795-800.

[37] Barman Kalyan, Asrey Ram, Pal R K, et al. Influence of putrescine and carnauba wax on functional and sensory quality of pomegranate (*Punica granatum* L.) fruits during storage [J]. Journal of Food Science and Technology, 2014, 51 (1): 111-117.

[38] Sayyari M, Babalar M, Kalantari S, et al. Effect of salicylic acid treatment on reducing chilling injury in stored pomegranate [J]. Postharvest Biology Technology, 2009, 53 (3): 152-154.

[39] 马耀华, 谭小艳, 黄思良, 等. 石榴干腐病生防菌株 Z2 的鉴定及其培养条件的优化 [J]. 植物病理学报, 2015, 45 (4): 425-437.

[40] 崔欣悦, 任虹, 安磊. 植物源保鲜剂的研究进展 [J]. 中国调味品, 2014, 39 (9): 138-140.

[41] Runyoro D, Ngassapa O, Vagionas K, et al. Chemical composition and antimicrobial activity of the essential oils of four Ocimum species growing in Tanzania [J]. Food Chemistry, 2010, 19 (1): 311-316.

[42] 陈倩茹. 植物精油对樱桃番茄主要病原菌抑制效果的研究 [D]. 杭州: 浙江大学, 2014.

[43] Wilma du Plooy, Thierry Regnier, Sandra Combrinck. Essential oil amended coatings as alternatives to synthetic fungicides in citrus postharvest management [J]. Postharvest Biology and Technology, 2009, 53 (3): 117-122.

[44] Thomidis T, Filotheou A. Evaluation of five essential oils as bio-fungicides on the control of Pilidiella granati rot in pomegranate [J]. Crop Protection, 2016, 89: 66-71.

[45] Marta Sánchez-Rubio, Amaury Taboada-Rodríguez, Rita Cava-Roda, et al. Combined use of thermo-ultrasound and cinnamon leaf essential oil to inactivate Saccharomyces cerevisiae in natural orange and pomegranate juices [J]. LWT - Food Science and Technology, 2016, 73: 140-146.

[46] 史江莉, 仝瑞冉, 王森, 等. 低温气调贮藏对 "突尼斯软" 籽石榴果实品质的影响 [J]. 河南农业大学学报, 2022, 56 (5): 779-787.

[47] 范春丽, 刘晓娟, 李玉华, 等. 短波紫外线处理对石榴保鲜效果的影响 [J]. 郑州师范教育, 2021, 10 (6): 15-17.

[48] 樊爱萍, 曾丽萍, 孟金明, 等. 高压静电场结合自发气调对低温冷藏下蒙自石榴的保鲜效果研究 [J]. 食品研究与开发, 2021, 42 (8): 56-61.

[49] 寇莉萍, 张萌, 郭晓成, 等. 茉莉酸甲酯处理对石榴贮藏品质及相关酶活性的影响

[J]. 包装工程, 2021, 42 (9): 64-71.

[50] 姚昕, 涂勇. 食品防腐剂对石榴保鲜效果的影响 [J]. 现代农业科技, 2020 (21): 231-232, 235.

[51] 闫欣鹏, 张润光, 梁琪琪, 等. 低温结合 1-MCP 处理对突尼斯软籽石榴采后品质的影响 [J]. 食品与发酵工业, 2021, 47 (5): 147-155.

[52] 徐冉冉, 袁洋, 赵玉梅, 等. 低温气调贮藏对'突尼斯'软籽石榴贮后货架期品质的影响 [J]. 食品科学, 2020, 41 (9): 153-160.

[53] 蒋昭琼, 王志明, 陈敏, 等. 石榴贮藏品质研究 [J]. 四川农业与农机, 2019 (2): 27-28.

[54] 刘程宏, 郑华魁, 柴丽娜. 鲜食石榴贮藏保鲜技术研究进展 [J]. 食品安全质量检测学报, 2018, 9 (18): 4822-4827.

[55] 李媛. 温度波动对石榴贮藏效果的影响 [J]. 保鲜与加工, 2018, 18 (2): 15-18.

[56] 初丽君, 王琼, 王敏, 等. 不同厚度 PE 膜包装对鲜食石榴籽粒保鲜效果的影响 [J]. 保鲜与加工, 2017, 17 (6): 20-26.

[57] 姚昕, 涂勇. 植物精油对 2 种石榴采后病原真菌的抑菌效果 [J]. 四川农业科技, 2021 (12): 53-55.

[58] 李松远, 姚昕, 涂勇. 醚甲环唑与吡唑醚菌酯复配对石榴干腐病菌的联合毒力测定 [J]. 南方农业, 2021, 15 (34): 88-91.

[59] 姚昕, 涂勇. 不同食品防腐剂对石榴贮藏期主要病害防治效果的研究 [J]. 四川农业科技, 2020 (4): 34-36.

[60] 姚昕, 秦文. 苯醚甲环唑与异菌脲复配对石榴干腐病菌的联合毒力及贮藏期控制作用 [J]. 果树学报, 2017, 34 (8): 1033-1042.

[61] 姚昕, 涂勇. 不同生物农药对石榴褐斑病菌的室内毒力测定试验 [J]. 现代农业科技, 2015 (21): 125-126.

[62] 木潘木机, 王军, 吴艳. 会理青皮软籽石榴留树保鲜栽培技术 [J]. 四川农业科技, 2018 (3): 16-17.

[63] 李庆鹏, 郭芹, 李述刚, 等. 石榴贮藏保鲜加工与综合利用 [M]. 北京: 化学工业出版社, 2019.

[64] 赵文亚, 孙中贯. 石榴产品加工与保藏技术 [M]. 北京: 中国商业出版社, 2022.

第8章

石榴综合加工技术

随着石榴产量的逐年递增，为了解决丰产年份滞销、次果浪费等问题，需要大力发展石榴加工产业，加强传统加工产品的技术升级和新产品的研发，以推动石榴产业的全面发展。传统的石榴加工制品主要包括石榴汁、石榴酒、石榴茶等，当前我国石榴加工产业整体发展水平不高，加工技术不完善，资源高效利用率低，种类较少，产业链缺乏良好的衔接，从而造成产品质量良莠不齐，且缺乏对石榴叶、皮、籽等废弃物的加工利用技术。

8.1 石榴的加工特性

8.1.1 可食率

可食率是石榴食用品质和加工特性的重要指标之一，是浆果大小与皮厚程度的综合表现，与石榴果皮、隔膜所占比例密切相关。

$$可食率 = （石榴籽粒重/石榴果重）\times 100\%$$

8.1.2 出汁率

出汁率是指在特定条件（如品种、成熟度、榨汁设备及工艺条件）下果蔬汁重量与原料初始重量的比值，是果蔬汁加工产业重要的经济指标之一。通常实验室测得的出汁率往往比实际生产要高，果汁、果醋、果酒的生产应选择出汁率高的原料。

$$出汁率 = （果汁重/石榴果重）\times 100\%$$

8.1.3 总糖含量和总酸含量

总糖含量指食品中还原糖与蔗糖的总量，也可以用可溶性固形物含量来反映。总酸是指食品中所有酸性成分的总量，包括已离解成 H^+ 酸的浓度（游离态），也包括未离解的酸的浓度（结合态、酸式盐），石榴汁总酸含量一般用柠檬酸表示。总糖和总酸含量的高低对石榴风味产生重要的影响，通常含糖量高的石榴品种更适合鲜榨果汁的生产。

8.1.4　糖酸比

糖酸比指总糖和总酸含量的比值，与石榴汁的风味密切相关。在糖含量差异不大的情况下，总酸含量越低，糖酸比越高，口感越甜。

8.1.5　单宁含量

单宁主要存在于石榴果皮和隔膜处，因此鲜榨石榴汁往往含有较多的单宁，使其具有明显的涩味。榨汁方式对石榴汁中单宁含量产生明显的影响，可通过明胶吸附等方法进行脱涩处理。

8.2　石榴汁加工

石榴汁是目前石榴加工的主要产品之一，营养保健功效包括：①含有丰富的纤维素和鞣酸，可促进肠道蠕动，缓解便秘等消化不良问题；②含丰富的维生素C和多酚类物质，可增强身体免疫力，抵御病毒和细菌的侵袭；③含有多种抗氧化物质，可以清除自由基，降低血压，预防心血管疾病，具有一定的预防癌症功效。虽然石榴汁具有以上优点，但石榴汁仍不能过量饮用，否则会导致胃肠不适，医学研究建议每天饮用量不要超过 200 mL，同时石榴果汁糖分较高，糖尿病患者更应注意。

8.2.1　工艺流程

石榴汁的加工工艺流程为：

石榴→挑选→清洗→去皮→压榨→过滤、澄清→配料→脱气→杀菌、装罐→封盖、贴标

（1）石榴原果质量保证措施。根据项目组多年的研究及企业调研，为了保证良好的原果质量应做好以下几点：①建立相对严格的企业标准，产地实际处理生产用果以此为依据。在此过程中，以《石榴质量等级》（LY/T 2135—2018）、《石榴果品质量分级》（DB65/T 4477—2021）等为参照，结合企业、产地等实际情况，确定适合企业生产所需的相应果品标准。②在生产实际中应做到统一品

种，对不同的品种在收果时应就地进行初步挑选和分级，并有针对性地采取相应措施，以保证品种的统一性、等级的一致性，还应考虑石榴的酸度、可溶性固形物等指标，以期在生产中尽可能达到一致。

（2）挑选。选择无虫害、无腐烂、完熟期采收的石榴。

（3）清洗。石榴在采收和运输过程中会粘附一些灰尘或杂质，可以用清水冲洗，否则会在后续工序中污染籽粒。

（4）去皮。石榴果皮较厚，含有大量不良风味的可溶性物质，榨汁前需去皮，可采用人工去皮和机械去皮。人工去皮，先用刀在石榴顶端轻旋划出一圈，去掉萼部，从萼部至梗部平均纵切四刀（以不触及籽粒为度），再从萼部掰成四开，剥下籽粒。目前已有厂家成功研发了石榴专用去皮机，去皮过程为石榴从进料斗进入上破碎装置，经破碎辊的相对挤压和辊上刀片的利压，将整个石榴切分成若干小块，上破碎装置的破碎辊为不锈钢制作，两辊间隙可在 20~30 mm 间调整；然后进入下破碎装置进行二次破碎，下破碎辊为高弹性橡胶制造，对石榴籽粒损伤较小，两棍间隙可在 10~20 mm 间调整；经过两级破碎后，石榴皮与籽粒基本分离，落入分离装置中，在分离轴和转筛的旋转作用下，石榴籽粒及部分汁液从筛孔漏出，经出料口进入下一道工艺流程（经螺杆泵输送到榨汁机或其他），果皮从设备尾部排出。石榴专用去皮机大大缩短了生产时间，有效地提高了生产效率。

（5）压榨。将石榴籽粒输送到榨汁机中，压榨获得石榴汁。

（6）过滤、澄清。压榨所得的石榴汁，通常需要先采取振动筛滤的方法将残留在果汁中的果皮、种子、悬浮物筛去，再用板框式压滤机或离心机滤除细小的悬浮物质。由于石榴汁中存在蛋白质、果胶等胶态或溶解性物质会导致果汁混浊，需要进一步进行澄清处理，常用自然澄清法、酶澄清法、瞬间加热澄清法、冷冻澄清法、明胶-单宁澄清法等。

（7）配料。将过滤后的石榴汁输送入配料罐中，按配方进行配料。通常先将蔗糖、糖精钠、柠檬酸、苯甲酸钠等加入适量水中加热溶解，过滤获得糖浆，再将石榴汁与其他配料送入配料罐中，补充配方中余下的水，搅拌均匀。

（8）脱气。脱气的目的是排除果汁中的氧气，避免果汁成分被氧化，从而减少色泽、风味和营养的损失，且可防止金属器皿的腐蚀。常用排气方法主要包括：①抗氧化剂法，即在果汁装罐时加入抗坏血酸或需氧的酶类。②真空排气法，即将果汁置于 25~45℃、9~10 kPa 真空度下排气。③氮交换法，即每升石榴汁充入 0.7~0.9 L 氮气，氧气含量可降低到饱和值 5%~10%。

（9）杀菌、装罐。杀菌可以杀死微生物、钝化酶，保持石榴汁良好的品质，多采用高温瞬时杀菌（84℃杀菌60 s），杀菌后立即装罐。

（10）封盖、贴标。装罐后迅速封口并贴好商标，经自然冷却至室温即可。

8.2.2　产品质量

参照《石榴汁及石榴汁饮料》（GH/T 1357—2021）执行。

（1）感官指标。石榴汁感官品质应符合表8-1相关要求。

表8-1　石榴汁感官指标

项目	指标	检验方法
色泽	具有该产品应有的色泽	
滋味、气味	具有该品种应有的滋味、气味，无异味、无异臭	GB 7101—2022
状态	具有该产品应有的状态，无正常视力可见的外来杂质	

（2）理化指标。石榴汁理化指标应符合表8-2相关要求。

表8-2　石榴汁理化指标

项目	指标	检验方法
铅（以 Pb 计）/（mg/L）	≤0.04	GB 5009.12—2017
锌、铁、铜总和*/（mg/L）	≤20	GB 5009.13—2017、GB 5009.14—2017、GB 5009.90—2016
锡*（Sn）/（mg/L）	≤150	GB 5009.16—2014
其他污染物限量		应符合 GB 2762—2022 规定
农药最大残留限量		应符合 GB 2763—2021 规定

注　*仅适用于金属罐装的产品、采用镀锡薄板包装的饮料。

（3）微生物指标。石榴汁微生物指标应符合表8-3相关要求。

表8-3　石榴汁微生物指标

项目	采样方案*及限量				检验方法
	n	c	m	M	
菌落总数/（CFU/mL）	5	2	10^2	10^4	GB 4789.2—2022
大肠菌群/（CFU/mL）	5	2	1	10	GB 4789.3—2016
沙门氏菌/（CFU/mL）	5	0	0/25mL	—	GB 4789.4—2016
金黄色石榴球菌/（CFU/mL）	5	1	100	1000	GB 4789.10—2016
霉菌/（CFU/mL）	≤20				GB 4789.15—2016
酵母/（CFU/mL）	≤20				GB 4789.15—2016

注　*样品的采集及处理按 GB 4789.1—2016 和 GB/T 4789.21—2003 执行。

8.3　石榴酒加工

8.3.1　石榴发酵酒

石榴发酵酒是利用酵母菌将石榴汁中糖分发酵成为酒精的一种酒饮料，既保留了原料的风味与营养，同时也避免了因加热而造成生物活性成分的损失，符合国家提倡的"高度酒向低度酒转变""蒸馏酒向酿造酒转变""粮食酒向果露酒转变"的趋势。石榴酒酒体纯正，色泽光亮透明，酸甜爽口，保留了石榴"酸、甜、涩、鲜"的天然风味，含有大量的氨基酸、多种维生素等，具有生津消食、健脾益胃、降压降脂、软化血管、抗氧化、保健美容及止泻功能。除了利用石榴汁单独发酵外，还可以与其他原料配合共同发酵，从而增加了发酵酒类型的多样性。

8.3.1.1　工艺流程

石榴发酵酒的工艺流程为：

$$酵母$$
$$\downarrow$$

石榴预处理→二氧化硫（SO_2）处理→压榨→石榴汁→成分调整→主发酵→分离取酒→后发酵→分离取酒→陈酿→过滤澄清→成分调配→灌装、杀菌→包装、运输、贮存

（1）石榴预处理。挑选新鲜、个大、皮薄、味甜、完熟、无病虫害、无霉烂的石榴，采用手工或专用去皮机去壳、去膜，尽可能使石榴籽粒与隔膜分离，并对籽粒进行轻微破碎。以《石榴质量等级》（LY/T 2135—2018）、《石榴果品质量分级》（DB65/T 4477—2021）等为参照，结合企业、产地等生产实际，选择适合加工企业生产所需的相应原料。

（2）二氧化硫（SO_2）处理。SO_2处理可以选择性杀死有害微生物，特别是细菌，使酵母迅速繁殖成为优势种群，以便发酵能够顺利地进行，同时也可加速石榴汁中悬浮物的沉淀，起到抗氧化、增酸、促进色素溶解的作用。一般在生产中可在石榴籽粒破碎后适量添加偏重亚硫酸钾进行处理，按照 1 g 偏重亚硫酸钾产生约 560 mg SO_2 计算，控制浓度 30~100 mg/L。

（3）压榨。将石榴籽粒输送到压汁机中，压榨得到石榴汁。

（4）果汁成分调整。为酿造出优质的果酒，应根据需要对石榴汁糖分和酸度进行调整。一般成品酒的酒精度为 12%~14%（体积分数）或 16%~18%（体

积分数）。若石榴汁发酵后酒度达不到要求，可添加适量的白砂糖，或在发酵后补加同品种高酒度的蒸馏酒或酒精，但所加酒精量不可超过原果汁生成酒精量的10%，后补加酒精的果酒风味不及加糖发酵好。

果汁酸度在 0.8%~1.1% 较为适宜，既适合酵母菌发酵，又能赋予果酒清爽感。若果汁酸度过高，可适量加糖或浓缩果汁进行调整，也可用酒石酸钾中和多余的酸；若果汁酸度过低，可用酸度高的果汁进行调整。

（5）发酵。将石榴汁输入到发酵容器中，加入 0.2% 活性干酵母。活性干酵母在使用前需要进行活化，称取所需的果酒活性干酵母，加入 8% 蔗糖溶液100 mL 中，30℃ 下活化 30 min 即可，活化温度不宜超过 35℃。石榴酒发酵温度不应超过 26℃，当发酵液糖度下降到 1 g/mL 左右时，发酵基本停止，一般主发酵时间 4~5 天，结束后及时分离出前发酵酒。若石榴汁中含糖量较低，主发酵结束后可按 18 g/L 糖可生成 1% 酒精来补加适量白砂糖，保证成品酒酒度最终在12% 以上。后发酵需要在较低温度下进行，一般控制在 18~20℃，持续时间相对较长，需要 20~25 天，结束后及时分离取酒。石榴酒可适当带皮发酵，压榨后可增加果汁中单宁的含量，有利于石榴酒的澄清、色素稳定和丰富酒体结构。

（6）陈酿。新酿成的石榴酒酒体混浊、辛辣、粗糙、不适饮用，需要经过一段时间的贮存，以消除酵母味、生酒味、苦涩味和 CO_2 刺激味等，使酒质澄清透明，醇和芳香，一般在 10~16℃ 下贮存 3~6 个月，甚至更久，即可达到成熟，期间需定期进行倒桶和添桶。此外，也可通过冷冻处理达到成熟，即将发酵好的石榴酒在 6~7℃ 冰箱中贮存 3 个月，待蛋白质、胶体等沉淀物充分沉降后即可。

（7）过滤、澄清。石榴酒可采用小型硅藻土过滤机过滤，也可在其中加入适量硅藻土后进行真空抽滤或用 0.10% 明胶澄清处理。过滤后的果酒要求外观澄清透明、无悬浮物质、无沉淀，且色素、可溶性固形物和总酸保存率高。

（8）成品调配。石榴原酒经过陈酿过滤后，出厂前要按照成品的质量要求，对酒度、糖度、酸度、色泽等方面进行调配，使风味更加协调和典型。成品调配主要包括勾兑和调整两方面，勾兑是两种或两种以上原酒的选择与适当比例的混合，可以纠正某些缺陷，如一种酒过酸，而另一种酒风味过于平淡，勾兑可以使这两种酒的质量均得到改善。

调整是根据产品质量标准对勾兑酒的某些成分进行调整，包括：①酒度调整，若石榴原酒的酒度低于标准，可用石榴蒸馏白兰地或脱臭酒精来提高酒度。②糖度调整，用白砂糖来提高。③酸度调配，酸度不足，可加柠檬酸补足，1 g 柠檬酸相当于 0.935 g 酒石酸，而酸度过高则可用中性酒石酸钾中和。④调色，色泽过浅时可用色泽浓厚的石榴酒调配，也可用天然色素调配。⑤增香，香味不足时可用同类果品的天然香精进行调香,原汁发酵的石榴酒,一般不需增香。成品调整时,通常先泵入酒精,再送入原酒,最后送入糖浆和其他配料,充分搅拌混合,尽量减少空气接触。调配后的果酒会有较明显的生酒味,也易产生沉淀,需要再陈酿一段时间,或冷热处理后再经半年左右贮存,使酒味恢复协调后再可进入下一工序。

(9)灌装、杀菌。灌装、压盖后进行加热杀菌,水浴中缓慢升温至 78℃ 保持 25 min,分段冷却至室温,即得成品。

(10)包装、运输和贮存。包装材料应符合 NY/T 658—2015 要求及食品卫生标准要求,包装容器应清洁,封装严密,无漏气、漏酒现象,使用软木塞按照 GB/T 23778—2009 的规定执行,包装储运图示标志按照 GB/T 191—2008 规定执行。用软木塞(或替代品)封装的酒,在贮运时,应"倒放"或"卧放"。运输和贮存时,应保持清洁,避免强烈振荡、日晒、雨淋,防止冰冻,装卸时应轻拿轻放。存放地点应阴凉、干燥、通风良好,严防日晒、雨淋,严禁火种。成品不应与潮湿地面直接接触,不应与有毒、有害、有异味、有腐蚀性的物品同贮运。运输温度宜保持在 5~35℃,贮藏温度宜保持在 5~25℃。

8.3.1.2 产品质量标准

参照《绿色食品 果酒》(NY/T 1508—2017)执行。

(1)感官指标。石榴发酵酒感官品质应符合表 8-4 相关要求。

表 8-4 石榴发酵酒感官指标

项目	要求	检验方法
外观	具有本品正常色泽,酒液清亮,无明显沉淀物、悬物和混浊现象;装瓶超过 1 年的果酒允许有少量沉淀	
香气	具有原果实特有的香气,陈酒还应具有浓郁的酒香,且与果香混为一体,无突出的酒精气味,无异味	GB/T 15038—2006
滋味	具有该产品固有的滋味,醇厚纯净而无异味,甜型酒应甜而不腻,干型酒应酸而不涩,酒体协调	
典型性	具有标示品种及产品类型的特征和风味	

(2)理化指标。石榴发酵酒理化指标应符合表 8-5 相关要求。

表 8-5 石榴发酵酒理化指标

项目	指标	检验方法
酒精度[a](20℃)/%(体积分数)	7~18	GB 5009.225—2016
总酸(以酒石酸计)/(g/L)	4.0~9.0	

续表

项目	指标	检验方法
挥发性酸（以乙酸计）/（g/L）	≤1.0	GB 5009. 225—2016
总糖（以石榴糖计）/（g/L）　干型果酒[b]	≤4.0	GB/T 15038—2006
半干型果酒[c]	4. 1~12. 0	
半甜型果酒	12. 1~50. 0	
甜型果酒	≥50. 1	
干浸出物[d]/（g/L）	≥12. 0	

注　a 酒精度标签标示值与实测值之差不得超过±1.0%（体积分数）；b 当总糖与总酸的差值≤2.0 g/L 时，含糖最高为9.0 g/L；c 当总糖与总酸的差值≤2.0 g/L 时，含糖最高为18.0 g/L；d 如已有相应国家或行业标准的果酒，其浸出物要求可按其相应规定执行。

（3）微生物限量。石榴发酵酒微生物限量应符合表8-6相关要求。

表8-6　石榴发酵酒微生物限量

项目	指标	检验方法
菌落总数/（CFU/mL）	≤50	GB 4789. 2—2022
大肠菌群/（CFU/mL）	≤3. 0	GB 4789. 3—2016

（4）食品安全要求。石榴发酵酒应符合 GB 2760—2014 和 GB 2762—2022 规定。

8.3.2　石榴白兰地

石榴白兰地属于蒸馏酒，是在石榴发酵酒的酿造过程中增加了蒸馏工序。白兰地是一种烈性酒，酒度在30%~70%，通常在45%左右，在橡木桶内需要经过长时间的陈酿后再进行调配勾兑才能得到成品白兰地，成品具有鲜亮透明的颜色、愉快的芳香、柔软协调的口味。

8.3.2.1　工艺流程

石榴白兰地的工艺流程为：

石榴汁→发酵→石榴原酒→蒸馏→陈酿→过滤→成品调配→装瓶

（1）石榴原酒酿造。同石榴发酵酒的酿造。

（2）蒸馏。蒸馏是白兰地酿制的主要步骤，对产品的质量影响较大。原酒的组分复杂，蒸馏是将全部酒精蒸馏出来，提高酒精含量，分开酒液中挥发性组分和非挥发性组分，可反复蒸馏。除了酒精外的一些挥发性组分，如酯类、缩醛类、杂醇油等能赋予白兰地优良的风味和香气，应在蒸馏出来后尽量保留在酒液中，而乙醛、沸点较高的杂醇油（如戊醇、乙二醇等）杂质有毒、具臭味，蒸馏时应尽量排除。白兰地蒸馏方式主要包括非连续性壶式蒸馏和连续性塔式蒸馏。壶式蒸馏器由蒸馏罐、预热器和冷凝器所组成，酒中芳香物质含量高、风味良好，但操作不连续、无分馏作用。连续性塔式蒸馏器常用于制造高浓度白兰地，操作连续化、有分馏作用、酒度高，但获得的白兰地风味和香味较差。

（3）陈酿。蒸馏出的酒体具有强烈的刺激性气味，不宜直接饮用，一般应在橡木桶中陈酿一年以上。陈酿过程中，可除去新酒的不良气味，在酯化与聚合双重作用下改进白兰地的风味，蒸发损耗大于发酵酒，酸类、缩醛和酯类含量有所增加，醛类和杂醇油则相对减少，酒体的整体风味、口感明显改善。成熟方法包括自然成熟和人工成熟两种。自然成熟是将白兰地贮藏于橡木桶内，置于阴暗、通风处，让其自然成熟，通常时间较长，为 4~5 年。为了缩短成熟的时间，可采用人工成熟，包括吸附-洗提法、还原法、氧化法等方法。

（4）成品调配。由于原料产地、原料酒、蒸馏年份的差别，成熟后的石榴白兰地品质会有所差异。为了保证品质的一致性，装瓶前需要进行调配，先按蒸馏年份和桶别进行评味后混合勾兑，再根据质量标准调整糖度、酸度和酒度，有的还需进行调香和调色。

8.3.2.2　产品质量标准

参照《白兰地》（GB/T 11856—2008）、《食品安全国家标准　蒸馏酒及其配制酒》（GB 2757—2012）和《枸杞白兰地》（DBS64/517—2016）执行。

（1）感官指标。石榴白兰地感官品质应符合表 8-7 相关要求。

表 8-7　石榴白兰地感官指标

项目	级别				检验方法
	特级（XO）	优级（VSOP）	一级（VO）	二级（VS）	
外观	澄清透明，有光泽，无明显悬浮物（使用软木塞允许有少量软木渣），允许有微量沉淀				GB/T 11856—2008
色泽	金黄色至赤黄色	金黄色至赤黄色	金黄色	浅金黄色至金黄色	

项目	级别				检验方法
	特级（XO）	优级（VSOP）	一级（VO）	二级（VS）	
香气	具有和谐的石榴香、陈酿的橡木香、醇和的酒香，幽雅浓郁	具有和谐的石榴香、陈酿的橡木香、醇和的酒香，幽雅	具有石榴香，橡木香及酒香，香气谐调、浓郁	具有石榴香，酒香及橡木香，无明显的刺激感和异味	
口味	醇和、甘洌、圆润、细腻、丰满、绵延	醇和、甘洌、丰满、绵柔	醇和、甘洌、完整、无杂味	较纯正、无邪杂味	GB/T 11856—2008
风格	具有本品独特风格	具有本品突出风格	具有本品明显风格	具有本品应有风格	

（2）理化指标。石榴白兰地理化指标应符合表8-8相关要求。

表8-8　石榴白兰地理化指标

项目	级别				检验方法
	特级（XO）	优级（VSOP）	一级（VO）	二级（VS）	
酒龄/年	≥6	≥4	≥3	≥2	
酒精度（20℃）ᵃ/[%（体积分数）]	20.0~44.0				
非酒精挥发物总量（挥发物+酯类+醛类+糠醛+高级醇）/（g/L）[100%（体积分数）乙醇）]	≥2.50	≥2.00	≥1.25	—	GB/T 11856—2008
铜（Cu）/（mg/L）	≤6.0				
甲醇ᵇ/（g/L）	≤2.0				GB/T 5009.48—2003
氰化物ᵇ（以 HCN 计）/（mg/L）	≤8.0				

注　a 酒精度允许误差为标签明示值的±1.0%（体积分数），20℃；b 甲醇、氰化物指标均按 100% 酒精度折算。

（3）食品安全要求。石榴白兰地应符合 GB 2760—2014、GB 2762—2022 和 GB 2763—2021 规定。

8.3.3　石榴泡酒

石榴泡酒是以白酒为基酒，石榴籽粒为主要原料，添加或不添加适量白砂糖等辅料，经浸泡、澄清、过滤、灌装等工艺，改变了原基酒风格的配制酒。

8.3.3.1　工艺流程

石榴泡酒的工艺流程为：

基酒 + 冰糖或白糖

↓

石榴预处理 → 石榴籽粒 → 调配 → 浸泡 → 过滤 → 灌装

（1）石榴预处理。挑选新鲜、皮薄、完熟、无病虫害、无霉烂的甜石榴或酸石榴，采用手工或专用去皮机剥皮、去膜，石榴籽粒与隔膜尽可能分离，部分去除果皮和隔膜。根据项目组多年的试验研究及生产实践，可部分保留石榴皮与隔膜，使其中的单宁、黄酮类等活性物质溶入酒体中，从而改善泡酒的风味、保健功效。

（2）基酒质量要求。基酒是生产石榴泡酒的关键原料之一，选择酒精度在 52% 以上的粮食酒（如凉山越西等地方酒厂生产的粮食高度白酒），其相关指标应符合《蒸馏酒及其配制酒》（GB 2757—2012）、《食品安全国家标准　食品添加剂使用标准》（GB 2760—2014）、《食品安全国家标准　食品中污染物限量》（GB 2762—2022）等相关国家标准。

（3）调配。调配是生产石榴泡酒的关键环节，参考基本配方为石榴籽粒∶白酒∶冰糖（或白砂糖）＝ 1∶1∶（0.4 ~ 0.5），此配方泡制的石榴酒具有色泽鲜艳、口感适口、入口醇和的特点。

（4）浸泡、过滤、灌装。将盛装泡酒的容器密封后放于阴凉干燥处，静置 2 ~ 3 个月，期间每隔一段时间振荡摇匀，使石榴籽粒与基酒充分混合。浸泡结束后，石榴泡酒过滤灌装。

8.3.3.2　产品质量标准

参照《石榴酒（配制酒）》（Q/T ZRQ0003S—2021）标准，并结合凉山本地实际情况制订适合相关企业的产品质量标准执行。

（1）感官指标。石榴泡酒感官品质应符合表 8-9 相关要求。

表 8-9　石榴泡酒感官指标

项目	指标	检验方法
色泽	具有本品应有的色泽	
澄清程度	澄清透明、有光泽，无明显悬浮物（使用软木塞封口的酒允许有 3 个以下不大于 1mm 的软木渣）	
香气、风味	具有相应的果香和酒香，和谐纯正，具有本品的独特风味	GB/T 15038—2006
滋味	醇和、舒顺、协调，酒体完整	

（2）理化指标。石榴泡酒理化指标应符合表 8-10 相关要求。

表 8-10　石榴泡酒理化指标

项目	指标	检验方法
酒精度（20℃）/%（体积分数）	≥3.0	GB 5009.225—2016
总糖（以石榴糖计）/（g/L）	≤300.0	GB/T 15038—2006
挥发酸（以乙酸计）/（g/L）	≤1.2	GB/T 15038—2006
干浸出物，g/L	≥4.0	GB/T 15038—2006
铅（以 Pb 计）/（mg/L）	≤0.18	GB 5009.12—2017

注　酒精度标签标示值与实测值不得超过 ±1.0%（体积分数），20℃。

（3）微生物指标。石榴泡酒微生物指标应符合表 8-11 相关要求。

表 8-11　石榴泡酒微生物指标

项目	采样方案及限量[a]			检验方法
	n	C	m	
沙门氏菌	5	0	0/25mL	GB 4789.4
金黄色石榴球菌	5	0	0/25mL	GB 4789.10

注　a 样品的分析及处理按 GB 4789.1 执行。

（4）食品安全要求。石榴泡酒应符合 GB 2760—2014、GB 2761—2022、GB 2762—2022 和 GB 2763—2021 规定。

8.3.4　石榴糯米酒

糯米酒在我国具有悠久的历史，是以糯米为主要原料利用甜酒曲发酵而成，酿造方法简单，味道甜美。项目组在糯米酒发酵过程中适量添加石榴汁进行共同发酵，开发一款新型果味糯米酒，以期丰富糯米酒的种类，为石榴籽粒加工提供新的方向。

8.3.4.1　工艺流程

石榴糯米酒的工艺流程为：

糯米→淘洗、浸泡→蒸熟、冷却→拌曲混合→发酵→过滤、装瓶→封口灭菌

石榴→去皮→压榨取汁→石榴汁

（1）石榴汁制备。选择新鲜、皮薄、完熟、无病虫害、无霉烂石榴为原料，

清洗后采用手工或专用去皮机剥皮、去膜，尽可能使石榴籽粒与隔膜分离，压榨初过滤，得到石榴汁备用。

（2）糯米淘洗、浸泡。选择颗粒饱满的糯米，清洗后按水与糯米质量比 2：1 加水浸泡 12 h，直至可用手将糯米搓成粉末状。

（3）蒸熟、冷却。将浸泡好的糯米滤去水分，水开后蒸煮 40 min，蒸好后摊开冷却。

（4）拌曲、混合。按比例将酒曲和石榴汁加入晾凉的糯米中，搅拌均匀。

（5）发酵。密封后恒温发酵。

（6）过滤、装瓶。发酵结束后，用多层滤布进行过滤，除去多余的酒糟和杂质，将得到的糯米酒装瓶。

（7）封口灭菌。封口后采用巴氏杀菌法（70℃灭菌 30 min）对米酒进行杀菌，即得成品。

8.3.4.2　工艺条件优化

项目组在前期试验的基础上，确定了石榴糯米酒发酵工艺基础条件为：以糯米 500 g 为基质，其他辅料按基质的质量百分比计，30%石榴汁添加量，0.7%酒曲添加量，28℃发酵 3 天。单因素试验考察石榴汁添加量（10%、20%、30%、40%、50%）、酒曲添加量（0.6%、0.7%、0.8%、0.9%、1.0%）、发酵温度（16℃、20℃、24℃、28℃、32℃）和发酵时间（1 天、2 天、3 天、4 天、5 天）对石榴糯米酒品质的影响，以感官评分和酒度作为评价指标，各水平重复 3 次。在单因素的试验结果的基础上，再对石榴糯米酒的加工工艺条件按 $L_9(3^4)$ 正交表进行正交试验优化。

单因素试验，初步确定石榴糯米酒的工艺条件为 30%石榴汁添加量、0.7%酒曲添加量、28℃发酵温度和 3 天发酵时间。在单因素的试验基础上，进一步进行正交试验优化工艺条件，结果见表 8-12。由表 8-12 看出，对石榴糯米酒感官品质影响的 4 个因素，按大小顺序依次为 A（石榴果汁添加量）＞D（发酵时间）＞B（酒曲添加量）＞C（发酵温度），最优工艺组合为 $A_2B_2C_2D_2$，即石榴汁添加量为 30%、酒曲添加量为 0.7%、28℃发酵 3 天；影响石榴糯米酒酒度的 4 个因素，按大小顺序依次为 B（酒曲添加量）＞A（石榴汁添加量）＞D（发酵时间）＞C（发酵温度），最优工艺组合为 $A_2B_3C_2D_3$，即石榴汁添加量为 30%、酒曲添加量 0.8%、28℃发酵 4 天。综合考虑，最优的工艺组合是 $A_2B_2C_2D_2$，即 30%石榴原浆添加量、0.7%酒曲添加量、28℃发酵 3 天，在此条件下发酵得到的石榴糯米酒感官评分为 91.8 分，酒度为 12.6%（体积分数）。

表 8-12　石榴糯米酒工艺正交优化试验设计与结果

试验号	因素				Y 感官评分	酒度/%（体积分数）
	A 石榴果汁添加量/%	B 酒曲添加量/%	C 发酵温度/℃	D 发酵时间/天		
1	1（20）	1（0.6）	1（24）	1（2）	75.2	9.7
2	1	1	2（28）	2（3）	87.2	11.3
3	1	1	3（32）	3（4）	78.8	12.5
4	2（30）	2（0.7）	2	3	89.4	13.3
5	2	2	3	1	87.3	11.7
6	2	2	1	2	85.2	13.1
7	3（40）	3（0.8）	3	2	84.1	10.4
8	3	3	1	3	82.3	11.6
9	3	3	2	1	79.4	12.8
感官评分 K_1	241.2	248.7	242.7	241.9		
K_2	262.9	256.8	256	256.5		
K_3	245.8	243.4	250.2	250.5		
k_1	80.4	82.9	80.9	80.6		
k_2	87.3	85.6	85.3	85.5		
k_3	81.9	81.1	83.4	83.5		
R_1	6.9	4.5	4.4	4.9		
主次因素	$A > D > B > C$					
最佳组合	$A_2B_2C_2D_2$					
酒度 K_1	33.5	33.4	34.4	34.2		
K_2	38.1	34.6	37.4	34.8		
K_3	34.8	38.4	34.6	37.4		
k_1	11.17	11.13	11.47	11.40		
k_2	12.70	11.53	12.47	11.60		
k_3	11.60	12.80	11.53	12.47		
R_1	1.53	1.67	0.94	1.07		
主次因素	$B > A > D > C$					
最佳组合	$A_2B_3C_2D_3$					

8.3.4.3　产品质量标准

参照《绿色食品　米酒》（NY/T 1885—2017）执行。

（1）感官指标。石榴糯米酒感官品质应符合表 8-13 相关要求。

表 8-13　石榴糯米酒感官指标

项目	要求	检验方法
形态	无明显可见固形物的乳浊状或透明至半透明液体，允许有微量聚集物	
色泽	浅红色，色泽好	NB/T 1885—2017
气味	具有米酒特有的清香与石榴的果香，融合协调，醇香浓郁	
滋味	口感柔和，酸甜适中	
杂质	无肉眼可见的外来异物或杂质	

（2）理化指标。石榴糯米酒理化指标应符合表 8-14 相关要求。

表 8-14　石榴糯米酒理化指标

项目	指标	检验方法
还原糖/（g/100g）	≥2.5	GB/T 5009.7—2016
蛋白质/（g/100g）	≥0.2	GB/T 5009.5—2016
总酸（以乳酸计）/（g/100g）	0.05～1.0	GB/T 12456—2021
酒精度/%（体积分数）	>0.5	GB 5009.225—2016

（3）微生物指标。石榴糯米酒微生物指标应符合表 8-15 相关要求。

表 8-15　石榴糯米酒微生物限量

项目	指标	检验方法
菌落总数[a,b]/（CFU/mL）	≤50	GB 4789.2—2022
大肠菌群[b]/（CFU/mL）	≤3.0	GB 4789.3—2016
商业无菌[c]	商业无菌	GB 4789.26—2013

注　a 仅限于非灭菌的产品；b 仅限于非罐头加工生产的产品；c 仅限于罐头加工工艺的罐装产品。

（4）食品安全要求。石榴糯米酒应符合 GB 2760—2014、GB 2761—2022、GB 2762—2022 和 GB 2763—2021 规定。

8.3.5 玫瑰茄石榴果酒

玫瑰茄（*Hibiscus sabdariffa* L.）为锦葵科一年生草本植物，别名洛神花、芙蓉茄、山茄子、红果梅、苏丹茶，原产于西非至南亚，现今主要分布在亚热带和热带地区，我国福建、台湾、云南等地已有大面积种植。玫瑰茄花为食药两用，主要利用的部分为花萼，颜色为深红偏紫黑色，用水浸泡后浸提液不仅色泽鲜艳而且香气清新怡人。玫瑰茄含有维生素 C、氨基酸、柠檬酸、苹果酸、果胶、天然色素等物质，不仅能生津解暑、消除疲劳，还具有抗糖尿病、抗肿瘤、降血压、调血脂、抗动脉粥样硬化等药用功效。目前，玫瑰茄已经被广泛应用于制作凉茶、热饮、发酵饮料、果酒、口香糖、果冻糖果、冰淇淋、巧克力等产品中，在食品工业中被用作着色剂、调味剂。项目组在石榴酒的发酵过程中，适量添加玫瑰茄，探究了复合酒酿造的工艺条件，希望开发出一款新型风味、体态均匀、兼具果香花香、营养保健功效的复合果酒。

8.3.5.1 工艺流程

玫瑰茄石榴果酒的工艺流程为：

亚硫酸钠+玫瑰茄粉　酵母

　　　↓　　　　↓

石榴汁制备→混合→主发酵→过滤→后发酵→陈酿→澄清→灌装、杀菌

（1）石榴汁制备。选择新鲜、皮薄、完熟、无病虫害、无霉烂石榴为原料，清洗后采用手工或专用去皮机剥皮、去膜，使石榴籽粒与隔膜尽可能分离，压榨过滤，得到石榴汁备用。

（2）混合。添加适量亚硫酸钠对石榴汁进行 SO_2 处理，静置 12 h 后，加入一定量玫瑰茄粉混合均匀。

（3）发酵。将石榴汁放入发酵容器中，加入预先活性化好的酿酒酵母进行发酵，发酵温度不要超过 26℃，当发酵液糖度下降到 1 g/mL 左右时，发酵基本停止，一般主发酵时间 6~8 天。主发酵结束后，分离出前酒。后发酵一般在18~20℃下进行 20~25 天，结束后及时分离取酒。

（4）陈酿。发酵完成后，将新酒在 6~7℃下贮藏 3 个月，可达到成熟。

（5）澄清。可采用小型硅藻土压滤机过滤，也可在果酒中加入 1.3 g/L 皂土，30℃下澄清 52 h 再过滤，得到的果酒外观澄清透明、无悬浮物质，酒体醇厚浓郁。

（6）灌装、杀菌。进行灌装、压盖后，可采用加热杀菌，水浴中缓慢升温至 78℃保持 25 min，分段冷却至室温，即得成品。

8.3.5.2　工艺优化

项目组在前期试验的基础上，对玫瑰茄石榴酒发酵工艺进行优化。单因素试验分别设置玫瑰茄添加量（0、0.5%、1.0%、1.5%、2.0%）、酿酒酵母接种量（0.01%、0.015%、0.02%、0.025%、0.03%）、发酵温度（20℃、22℃、24℃、26℃、28℃）和发酵时间（4 天、5 天、6 天、7 天、8 天），以感官评分和酒度作为考察指标，考察各因素对玫瑰茄石榴酒品质的影响。在单因素试验的基础上，设计响应面优化工艺条件。

单因素试验初步确定玫瑰茄石榴酒发酵工艺条件适宜水平为 1.0% 玫瑰茄添加量、0.02% 酵母接种量、发酵温度 24℃ 和发酵时间 6 天。根据单因素试验结果，对玫瑰茄添加量、酵母接种量、发酵温度和发酵时间 4 个因素采用 4 因素 3 水平响应面优化试验设计，以感官评分和酒精度为响应值，结果见表 8-16。

表 8-16　玫瑰茄石榴酒发酵工艺响应面优化试验设计与结果

编号	A 玫瑰茄添加量/%	B 酵母接种量/%	C 发酵温度/℃	D 发酵时间/天	Y_1 感官评分/分	Y_2 酒精度/%（体积分数）
1	1.0	0.020	22	5	77.20	8.7
2	0.5	0.020	22	6	79.60	9.0
3	0.5	0.020	24	5	80.98	7.8
4	1.0	0.020	24	6	89.91	7.5
5	1.0	0.020	22	7	77.04	7.3
6	1.0	0.015	24	5	80.85	9.2
7	0.5	0.025	24	6	83.16	8.4
8	1.0	0.025	26	6	80.09	9.4
9	1.5	0.020	26	6	80.64	8.7
10	1.0	0.020	24	6	90.73	8.2
11	1.5	0.025	24	6	85.49	8.9
12	1.0	0.015	26	6	77.11	8.4
13	1.0	0.025	24	7	78.22	9.5
14	0.5	0.015	24	6	82.48	8.2
15	1.0	0.025	24	5	80.93	8.3

续表

编号	A 玫瑰茄添加量/%	B 酵母接种量/%	C 发酵温度/℃	D 发酵时间/天	Y_1 感官评分/分	Y_2 酒精度/%（体积分数）
16	1.5	0.020	24	5	82.31	9.0
17	1.0	0.020	26	5	77.60	7.9
18	1.5	0.015	24	6	84.96	7.9
19	1.0	0.025	22	6	77.80	7.8
20	1.0	0.015	24	7	80.02	9.4
21	1.5	0.020	24	7	80.29	8.6
22	0.5	0.020	26	6	78.06	7.8
23	1.0	0.020	24	6	90.07	7.2
24	1.0	0.015	22	6	79.82	8.6
25	0.5	0.020	24	7	76.47	9.2
26	1.0	0.020	24	6	89.22	8.5
27	1.0..	0.020	26	7	73.31	9.2
28	1.5	0.020	22	6	82.09	8.6
29	1.0	0.020	24	6	91.31	8.1

以感官评分和酒精度为响应值，使用 Design-Expert 13.0 软件对表 8-16 数据进行分析，得到感官评分和酒精度与玫瑰茄添加量、酵母接种量、发酵温度和发酵时间之间的二次多项回归方程：

$$Y_1 = 90.25 + 1.25A + 0.0375B - 0.5617C - 1.21D - 0.0375AB + 0.0225AC + 0.6225AD +$$
$$1.25BC - 0.4700BD - 1.03CD - 2.91A^2 - 3.61B^2 - 7.43C^2 - 6.83D^2$$

$$Y_2 = 9.34 + 0.2833A - 0.1917B - 0.2000C - 0.2417D - 0.1750AB + 0.7250AC + 0.35AD -$$
$$0.1750BC + 0.0250BD - 0.35CD - 0.5950A^2 - 0.6325B^2 - 0.32C^2 - 0.5825D^2$$

由表 8-17 方差分析结果可知，感官评分的模型极显著（$P<0.01$），失拟项不显著（$P>0.05$），决定系数 $R^2 = 0.9852$，校正决定系数为 $R^2_{Adj} = 0.9705$。综上所述，感官评分的二次回归方程拟合度较好，该模型能够准确分析和预测玫瑰茄石榴酒的感官评分，确定最佳发酵工艺。在此模型中，一次项 A 和 D 对感官评分影响极显著（$P<0.01$），C 影响显著（$P<0.05$），交互项 BC 影响极显著（$P<0.01$），CD 影响显著（$P<0.05$），二次项 A^2、B^2、C^2 和 D^2 影响极显著（$P<$

0.01），其余项均不显著（$P>0.05$）。根据 F 值大小，可以判断各因素对玫瑰茄石榴酒感官品质影响的主次顺序：A（玫瑰茄添加量）$>D$（发酵时间）$>C$（发酵温度）$>B$（酵母接种量），即玫瑰茄添加量影响最大，其次为发酵时间，再次为发酵温度，酵母接种量影响较小。

表8-17 玫瑰茄石榴酒感官评分响应面回归模型方差分析

方差来源	Y_1感官评分/分					
	平方和	自由度	均方	F 值	P 值	显著性
模型	623.21	14	44.51	66.75	< 0.0001	＊＊
A	18.83	1	18.83	28.23	0.0001	＊＊
B	0.0169	1	0.0169	0.0253	0.8759	—
C	3.79	1	3.79	5.68	0.0319	＊
D	17.57	1	17.57	26.35	0.0002	＊＊
AB	0.0056	1	0.0056	0.0084	0.9281	—
AC	0.0020	1	0.0020	0.0030	0.9568	—
AD	1.55	1	1.55	2.32	0.1496	—
BC	6.25	1	6.25	9.37	0.0085	＊＊
BD	0.8836	1	0.8836	1.32	0.2690	—
CD	4.26	1	4.26	6.39	0.0241	＊
A^2	55.03	1	55.03	82.52	< 0.0001	＊＊
B^2	84.66	1	84.66	126.95	< 0.0001	＊＊
C^2	358.47	1	358.47	537.54	< 0.0001	＊＊
D^2	302.28	1	302.28	453.27	< 0.0001	＊＊
剩余	9.34	14	0.6669	—	—	
失拟项	6.77	10	0.6773	1.06	0.5232	—
纯误差	2.56	4	0.6407	—	—	
总和	632.54	28	—	—	—	

注 ＊表示对结果影响显著（$0.01<P<0.05$），＊＊表示对结果影响极显著（$P<0.01$）。

以感官评分为响应值，根据回归方程建立响应面图，结果见图8-1。响应曲面越陡峭表明响应值对玫瑰茄石榴酒发酵条件的改变越敏感，而响应面等高线图越接近椭圆说明交互效应越显著。由图8-1可知，BC 和 CD 响应面较陡峭，等高线接近于椭圆形，说明 *BC* 和 *CD* 交互项对结果影响显著，即酵母接种量与发酵温度、发酵温度与发酵时间的交互作用对玫瑰茄石榴酒感官评分影响显著，其余因素之间交互作用影响不显著，与方差分析结果基本一致。

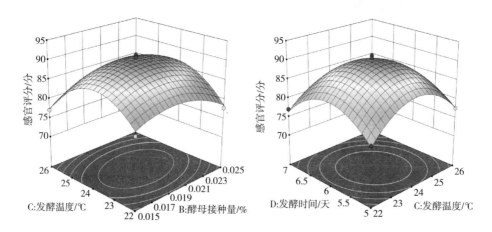

图 8-1　各因素交互作用对玫瑰茄石榴酒感官评分影响的响应曲面图

酒精度的模型极显著（$P<0.01$），失拟项不显著（$P>0.05$），决定系数 $R^2 = 0.9628$，校正决定系数为 $R^2_{Adj} = 0.9255$。综上所述，酒精度的二次回归方程拟合度较好，该模型能够准确分析和预测玫瑰茄石榴酒的酒精度，确定最佳发酵工艺。在此模型中，一次项 *A*、*B*、*C* 和 *D* 对模糊综合评分影响极显著（$P<0.01$），交互项 *AC*、*AD*、*CD* 影响极显著（$P<0.01$），二次项 A^2、B^2、C^2 和 D^2 影响极显著（$P<0.01$），其余项均不显著（$P>0.05$）。根据 *F* 值大小，可以判断各因素对玫瑰茄石榴酒酒精度影响的主次顺序：*A*（玫瑰茄添加量）>*D*（发酵时间）>*C*（发酵温度）>*B*（酵母接种量），即玫瑰茄添加量影响最大，其次为发酵时间，再次为发酵温度，酵母接种量影响较小（表 8-18）。

表 8-18　玫瑰茄石榴酒酒精度响应面回归模型方差分析

方差来源	Y_2 酒精度/%（体积分数）					
	平方和	自由度	均方	*F* 值	*P* 值	显著性
模型	11.10	14	0.7929	25.85	< 0.0001	＊＊
A	0.9633	1	0.9633	31.40	< 0.0001	＊＊
B	0.4408	1	0.4408	14.37	0.0020	＊＊
C	0.4800	1	0.4800	15.65	0.0014	＊＊

续表

方差来源	Y_2 酒精度/%（体积分数）					
	平方和	自由度	均方	F 值	P 值	显著性
D	0.7008	1	0.7008	22.84	0.0003	＊＊
AB	0.1225	1	0.1225	3.99	0.0655	—
AC	2.10	1	2.10	68.53	< 0.0001	＊＊
AD	0.4900	1	0.4900	15.97	0.0013	＊＊
BC	0.1225	1	0.1225	3.99	0.0655	—
BD	0.0025	1	0.0025	0.0815	0.7795	—
CD	0.4900	1	0.4900	15.97	0.0013	＊＊
A^2	2.30	1	2.30	74.85	< 0.0001	＊＊
B^2	2.59	1	2.59	84.59	< 0.0001	＊＊
C^2	0.6642	1	0.6642	21.65	0.0004	＊＊
D^2	2.20	1	2.20	71.74	< 0.0001	＊＊
剩余	0.4295	14	0.0307	—	—	—
失拟项	0.3575	10	0.0357	1.99	0.2656	—
纯误差	0.0720	4	0.0180	—	—	—
总和	11.53	28	—	—	—	—

注　＊表示对结果影响显著（$0.01<P<0.05$），＊＊表示对结果影响极显著（$P<0.01$）。

　　由图 8-2 可知，AC、AD 和 CD 响应面较陡峭，等高线接近于椭圆形，说明 AC、AD 和 CD 交互项对酒精度影响显著，即玫瑰茄添加量与发酵温度、玫瑰茄添加量与发酵时间、发酵温度与发酵时间的交互作用对玫瑰茄石榴酒酒精度影响显著，其余因素之间交互作用影响不显著，与方差分析结果基本一致。

　　通过 Box-Behnken 软件分析，在 1.10% 玫瑰茄添加量、0.020% 酵母接种量、发酵温度 23.94℃、发酵时间 5.92 天的发酵条件下，感官评分达到最大的理论值为 90.43 分；在 1.22% 玫瑰茄添加量、0.019% 酵母接种量、发酵温度 24.75℃、发酵时间 5.81 天的发酵条件下，酒精度达到最大的理论值为 9.42%（体积分数）。为了方便实际操作，将玫瑰茄石榴酒最佳发酵工艺参数修正为：1.00% 玫瑰茄添加量、0.020% 酵母接种量、发酵温度 24℃、发酵时间 6 天。根据修正后的工艺条件进行 3 次重复试验，玫瑰茄石榴酒感官评分和酒精度分别为 91.20%

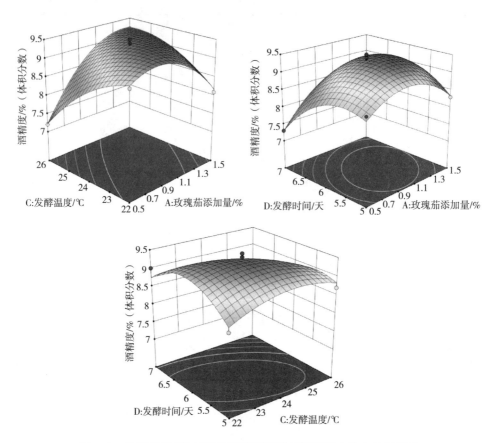

图 8-2　各因素交互作用对玫瑰茄石榴酒酒精度影响的响应曲面图

（体积分数）和 9.50%（体积分数），与模型预测值接近，说明该模型进行的试验设计可行，可信度较高。

8.3.5.3　产品质量标准

参照《绿色食品　果酒》（NY/T 1508—2017）执行。

8.4　石榴果醋加工

果醋一般含醋酸 5%~7%，可作为调味品或饮品直接食用。根据原料处理方式，可将果醋加工方式分为鲜果制醋、果汁制醋、鲜果浸泡制醋及果酒制醋 4种。鲜果制醋是将果实破碎榨汁后，进行酒精发酵和醋酸发酵；果汁制醋是直接用果汁进行酒精发酵和醋酸发酵；鲜果浸泡制醋是将鲜果浸泡在一定浓度的酒精溶液或食醋溶液中，待鲜果的果香、果酸及部分营养物质进入酒精溶液或食醋溶液后，再进行醋酸发酵；果酒制醋是以经过酒精发酵的果酒为原料，只进行醋酸发酵。果醋发酵的方法包括固态发酵、液态发酵及固-液发酵法，使用的发酵方法根据果品的种类和品种的不同而定。果醋富含维生素、氨基酸和碳水化合物，具有调节人体酸碱平衡、提高免疫力、改善肥胖和糖尿病、降血脂、降血压、增加血管弹性、清除体内自由基等保健功能，在保健品市场上拥有较大的开发潜力，发展前景广阔。

8.4.1　固态发酵石榴果醋

8.4.1.1　工艺流程

固态发酵石榴果醋的工艺流程为：

$$酵母菌\qquad 醋酸菌$$
$$\downarrow\qquad\quad\downarrow$$

石榴预处理→石榴籽粒→酒精发酵→醋酸发酵→封醅→淋醋→→调配→过滤→杀菌→灌装

（1）石榴预处理。挑选新鲜、个大、皮薄、味甜、完熟、无病虫害、无霉烂的石榴，可采用手工或专用去皮机剥皮、去膜，使石榴籽粒与隔膜尽可能分离，并将石榴籽粒进行轻微破碎。

（2）酒精发酵。向破碎的石榴籽粒中加入 3%～5% 活化的酵母，酒精发酵期间每间隔 1 h 开空气压缩机搅拌一次，在 25～28℃ 下发酵 5～7 天，当酒精度达到 6.8～7.5%（体积分数）时停止发酵，得到石榴酒精发酵醪。

（3）醋酸发酵、封醅。在石榴酒精发酵醪中加入麸皮、谷壳或米糠等作为疏松剂，添加量一般为原料量的 50%～60%，再接入醋母液 10%～20%（也可用未消毒的优良生醋接种），充分搅拌均匀制成醋醅，装入发酵容器中，稍加覆盖，控制品温在 30～35℃，每日翻拌一次，充分供给空气，促进醋酸发酵。发酵 10～15 天后加入 2%～3% 食盐，搅拌均匀，压实压紧，即得醋坯。第二天翻醅，再加盖封严 3～4 天，进行后熟陈化，当醋酸含量达到 4.3～4.5 g/100mL，即可淋醋。

（4）淋醋。淋醋器由一个底部凿有小孔的瓦缸或木桶制成，距缸底 6～10 cm 处放置滤板，铺上滤布。将成熟的醋醅放置在淋醋器中，从上面缓慢地淋入约与醋坯量相等的凉开水，醋液从缸底水孔流出，此次淋出的醋称为头醋。继续加入凉开水再淋，即为二醋，其醋酸含量较低，可供淋头醋使用。

（5）陈酿。与果酒相同，陈酿可使果醋变得澄清，香气更浓，风味更为醇正。陈酿时将果醋装满桶或坛中密封，静置 1~2 个月即可。

（6）调配。根据产品标准要求，对陈酿后的果醋进行酸度等指标的调整。

（7）过滤、杀菌、灌装。用过滤设备进行过滤（如采用硅藻土处理），再在 90℃下杀菌 30 min，趁热进行包装或灌装，自然沉淀澄清，即得成品。

8.4.1.2 产品质量标准

参照《绿色食品　果醋饮料》（NY/T 2987—2016）执行。

（1）感官指标。石榴果醋感官品质应符合表 8-19 相关要求。

表 8-19　石榴果醋感官指标

项目	要求	检验方法
色泽	深红棕色，色泽好	
滋味和气味	滋味纯正，酸甜协调，石榴发酵特有的香气，无异味	NY/T 2987—2016
组织状态	均匀液体，澄清透明，允许有少量沉淀	
杂质	无肉眼可见的外来异物或杂质	

（2）理化指标。石榴果醋理化指标应符合表 8-20 要求。

表 8-20　石榴果醋理化指标

项目	指标	检验方法
总酸（以乙酸计）/（g/kg）	≥3.0	GB/T 12456—2021
游离矿酸/（mg/L）	不得检出（<5）	GB/T 5009.233—2016
铜/（mg/100g）	≤5	GB/T 5009.13—2017
铁/（mg/100g）	≤15	GB/T 5009.90—2016
锌/（mg/100g）	≤5	GB/T 5009.14—2017
铜、铁、锌总和[a]/（mg/100g）	≤20	—

注　a 仅限于金属罐装的果醋饮料产品。

（3）微生物指标。石榴果醋微生物指标符合表 8-21 要求。

表 8-21　石榴果醋微生物指标

项目	指标	检验方法
霉菌和酵母，CFU/mL	≤20	GB 4789.15—2016

（4）食品安全要求。石榴果醋应符合 GB 2760—2014、GB 2762—2022 和 GB 2763—2021 规定。

8.4.2　液态发酵石榴果醋

8.4.2.1　工艺流程

液态发酵石榴果醋的工艺流程为：

酵母菌　　　醋酸菌

↓　　　　　↓

石榴预处理→石榴汁→酒精发酵→醋酸发酵→调配→过滤→杀菌→装罐

（1）石榴汁制备。选择新鲜、完熟、籽大皮薄的石榴，清洗干净后采用手工或专业去皮机去皮、去膜，使石榴籽粒与隔膜尽可能分离，压榨得到石榴汁，向其中加入 60 mg/L SO_2 静置处理 12 h，再进行过滤，可用过滤机，也可在石榴果汁中加入果胶酶 0.09 g/L，40℃的条件下酶解 2 h。得到澄清透明的果汁用白砂糖调整糖度到 20%左右，用柠檬调酸至 pH 4.0 左右。

（2）酒精发酵。将活化的酵母接种至石榴果汁中，于 26~30℃下进行酒精发酵 5~7 天，至完全不产生气泡为止，酒度在 7%（体积分数）左右。

（3）醋酸发酵。按发酵后石榴原汁量的 1/3 加入醋酸菌母液进行醋酸发酸。发酵温度控制在 30℃左右，应在避光条件下进行。发酵前期每天搅拌一次，当总酸度不再上升，发酵液酸度（以醋酸计）为 5.0%~5.8%、酒精含量微量时，即终止发酵。

（4）调配、过滤、杀菌、装罐。与固态发酵石榴果醋基本一致。

8.4.2.2　产品质量标准

液态发酵石榴果醋产品质量标准与固态发酵石榴果醋基本一致。

8.4.3　石榴调配醋

选择成熟新鲜石榴，分离得到石榴籽粒，清洗，沸水烫漂 15 s，压榨获得石榴汁。将白醋、冰糖、石榴汁和水按适宜比例调配，白醋：冰糖：石榴汁：水 = 1：3：60：60，pH 值为 6.2 左右，可溶性固形物含量为 13%左右，搅匀后灌装，100℃高温杀菌 5 min，得石榴调配醋饮料。

8.5　石榴糖制品加工

果蔬糖制品是利用食糖，让其渗入原料组织内部，降低水分活度，提高渗透压，以控制有害微生物的活动，防止食品腐败变质。一般微生物细胞处在等渗环境中，细胞内外水分处于相对平衡状态，其生命活动所需要的水分、营养物质依靠微生物自身的高渗透作用从环境中摄取，得以生长繁殖。一般微生物自身渗透压多在350~1670 kPa，1%葡萄糖可以产生121 kPa的渗透压，1%蔗糖可以产生71 kPa的渗透压。当糖的浓度达到60%~70%时，可产生4549~8086 kPa渗透压。因此，产品中含有大量糖分时就能大大提高制品的渗透压，且远大于微生物自身的渗透压，减少了微生物生命活动能利用的自由水分，并对微生物产生反渗透作用，使微生物细胞内的水分通过细胞膜转移到高渗溶液中，造成细胞内水分不足，无法进行正常的生理活动，导致其发生质壁分离或处于生理干燥而休眠、假死，从而抑制了微生物的活动，防止食品腐败变质。此外，食糖具有一定的抗氧化作用，主要是由于氧在糖液中溶解度小于在水中的溶解度，且随着溶液浓度的增加而下降。

8.5.1 石榴果冻

8.5.1.1 工艺流程

石榴果冻的工艺流程为：

溶胶→煮胶→过滤
↓
石榴汁制备→调配→灌装→封口→杀菌→冷却→干燥→包装

（1）石榴汁制备。选择新鲜、成熟、籽大皮薄的石榴，用清水洗净，采用手工或专业去皮机去皮，去膜，使石榴籽粒与隔膜尽可能分离，压榨取汁备用。若产品要求完全透明，果汁则需要进行澄清处理。

（2）溶胶、煮胶、过滤。将果冻粉、白砂糖按比例混合均匀，在搅拌条件下缓慢加入冷水中，不断搅拌使其基本溶解，也可静置一段时间，使胶充分吸水熔胀。将胶液边加热边搅拌至煮沸，使胶完全溶解，并在微沸的状况下维持8~10 min，除去表面泡沫。趁热用100目不锈钢过滤网过滤，以除去杂质和可能存在的胶粒，获得的料液备用。

（3）调配。向石榴果汁中加入适量的溶胶、柠檬酸、糖、香精、色素等，搅拌均匀。

（4）灌装、封口。调配好的料液立即灌装到已消毒的容器中，并及时封口，不能堆放。对于没有实现机械化自动灌装的工厂，灌装时不要一次性把混合液加入，否则不等灌装完成就会发生凝固，灌装前包装盒要先消毒，灌装后立即加盖封口。

（5）杀菌、冷却。由于果冻灌装温度较低（一般低于80℃），因此灌装后要进行巴氏杀菌。封口后的果冻由传送带送至温度为85℃热水中杀菌10 min，杀菌后的果冻应立即冷却降温至 40℃ 左右，以便能最大限度地保持其色泽和风味，可以用干净的冷水喷淋或浸泡冷却。

（6）干燥、包装。用 50~60℃ 热风进行干燥 18~20 h，以便使果冻杯外表的水分充分蒸发掉，避免包装袋中出现水蒸气，防止产品在贮藏销售过程中长霉。

8.5.1.2　成品质量标准

参照《果冻》（GB/T 19883—2018）执行。

（1）感官指标。石榴果冻感官品质应符合表 8-22 相关要求。

表 8-22　石榴果冻感官指标

项目	指标	检验方法
色泽	紫红色或红色，晶莹透亮，均匀一致	
滋味、气味	酸甜可口，石榴风味突出	GB/T 19883—2018
状态	呈凝胶状，软硬适中，无气泡	
口感	滑爽细腻，弹性好，耐咀嚼	

（2）理化要求。可溶性固形物（以折光计）≥15 g/100g。

（3）食品安全指标。应符合 GB/T 2760—2014、GB/T 2762—2012、GB/T 14880—2012 规定。

8.5.2　石榴果糕

8.5.2.1　工艺流程

石榴果糕的工艺流程为：

其他辅料　白砂糖+溶胶
↓　　↓

石榴汁制备→混合调配→熬煮浓缩→注模→冷却→脱模→切分→干燥→包装

（1）石榴汁制备。将石榴清洗去皮，籽粒压榨取汁，双层纱布过滤备用。

（2）溶胶。称取一定量胶凝剂，加入到适量水中，吸水溶胀后充分加热溶解，保温备用。

（3）混合调配、熬煮浓缩。将石榴果汁、白砂糖及其他辅料按一定比例混合，煮沸后改为文火，不断搅拌。临近浓缩终点时加入适量胶凝剂，搅拌均匀，再取少量浓缩物料滴于冷水中，如若未发生散化即为熬煮终点。

（4）倒模和冷却。将浓缩好的物料注模，表面刮平，控制果糕厚度约为 1.0 cm，室温下自然冷却。

（5）脱模、切分和干燥。将冷却成型的果糕脱模，切分成 2 cm×5 cm 小块，置于 55℃ 下干燥 20 h，期间翻面两次，待表面不粘手即可。

（6）包装。干燥好的果糕经臭氧发生器消毒后，用糯米纸包裹，再加外包装即得成品。

8.5.2.2 配方优化

（1）石榴山楂复合果糕。以感官评分为评价指标，单因素试验固定山楂果浆和石榴汁质量 500 g，分别考察石榴汁添加量（25%、30%、35%、40%、45%）、白砂糖添加量（25%、30%、35%、40%、45%）、复合胶凝剂组成（琼脂与黄原胶质量比为 3∶1、2∶1、1∶1、1∶2、1∶3）和复合胶凝剂添加量（2.0%、3.0%、4.0%、5.0%、6.0%）对石榴山楂复合果糕感官品质的影响。在单因素试验结果基础上，采用 Box-Benhnken 试验设计原理进行响应面试验设计。

单因素试验初步确定石榴山楂复合果糕的配方为 40% 石榴汁、35% 白砂糖和 4% 复合胶凝剂（琼脂与黄原胶质量比为 1∶2）。以单因素试验结果为基础，设计 3 因素 3 水平优化响应面 17 组，试验结果见表 8-23。对表 8-23 数据进行多元回归拟合后，得到各因素与石榴山楂复合果糕感官评分之间互相影响的二次多项回归模型如下：

$$Y = -189.81750 + 10.30050A + 3.34450B + 7.92000C + 0.02200AB + 0.10500AC + 0.15500BC - 0.14160A^2 - 0.06960B^2 - 2.36500C^2$$

表 8-23 石榴山楂复合果糕配方优化响应面试验设计与结果

试验号	A 石榴汁 添加量/%	B 白砂糖 添加量/%	C 复合胶凝剂 添加量/%	Y 感官评分
1	35	30	4	85.2
2	45	30	4	86.1
3	35	40	4	83.5
4	45	40	4	86.5
5	35	35	3	85.9
6	45	35	3	86.2
7	35	35	5	82.1
8	45	35	5	84.5
9	40	30	3	88.6
10	40	40	3	87.1
11	40	30	5	84.3
12	40	40	5	85.9
13	40	35	4	91.7

续表

试验号	A 石榴汁 添加量/%	B 白砂糖 添加量/%	C 复合胶凝剂 添加量/%	Y 感官评分
14	40	35	4	90.6
15	40	35	4	89.6
16	40	35	4	90.8
17	40	35	4	90.2

回归模型的方差分析见表 8-24。由表 8-24 可知，回归模型 $P<0.01$，说明该模型极显著；一次项中，C（复合胶凝剂添加量）影响极显著（$P<0.01$），A（石榴汁添加量）影响显著（$P<0.05$），B（白砂糖添加量）影响不显著，说明单因素中复合胶凝剂添加量和石榴汁添加量对石榴山楂复合果糕感官品质影响更大。根据 F 值大小，可以判断对石榴山楂复合果糕感官品质影响的主次顺序为 $C>A>B$。交互作用项 BC 影响显著（$P<0.05$），其余不显著，二次项 A^2、B^2、C^2 均为极显著（$P<0.01$）。失拟项不显著（$P=0.8910>0.05$），相关系数 $R^2=0.9781$，校正决定系数 $R^2_{\text{Adj}}=0.9499$，可见回归方程拟合度好，该模型成立，可进行分析和预测。

表 8-24　石榴山楂复合果糕配方回归模型方差分析

方差来源	平方和	自由度	均方	F 值	P 值	显著性
模型	123.63	9	13.74	34.71	< 0.0001	＊＊
A	5.28	1	5.28	13.34	0.0081	＊
B	0.1513	1	0.1513	0.3822	0.5560	—
C	15.13	1	15.13	38.22	0.0005	＊＊
AB	1.21	1	1.21	3.06	0.1239	—
AC	1.10	1	1.10	2.79	0.1390	—
BC	2.40	1	2.40	6.07	0.0432	＊
A^2	52.76	1	52.76	133.32	< 0.0001	＊＊
B^2	12.75	1	12.75	32.21	0.0008	＊＊
C^2	23.55	1	23.55	59.50	0.0001	＊＊
总残差	2.77	7	0.3958	—	—	—
失拟项	0.3625	3	0.1208	0.2007	0.8910	
纯误差	2.41	4	0.6020	—	—	—
总和	126.40	16	—	—	—	—

注　＊表示差异显著（$0.01<P<0.05$），＊＊表示差异极显著 $P<0.01$。

　　各因素间交互作用对石榴山楂复合果糕感官品质影响的响应面图见图 8-3。由图 8-3 可知，其中白砂糖添加量和复合胶凝剂添加量交互作用的响应面曲图较陡，表明两者交互作用对石榴山楂复合果糕感官评分影响较大，与表 8-24 方差分析结果一致。根据回归模型预测最优配方为 40.43% 石榴汁、34.54% 白砂糖和 3.70% 复合胶凝剂，感官评分预测值为 90.8248。

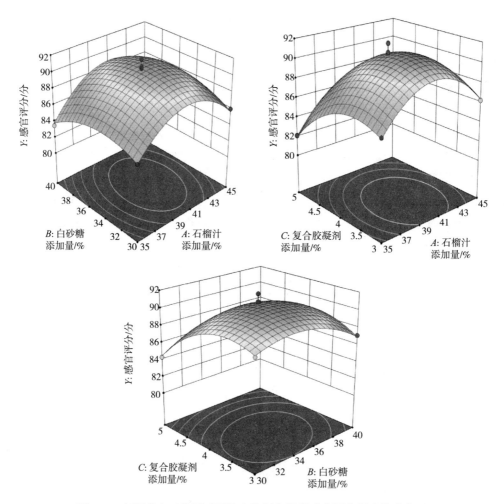

图 8-3　各因素交互作用对石榴山楂复合果糕感官评分影响的响应面

　　为验证预测的准确性，考虑到实际可操作性和可行性，确定最优配方：40% 石榴汁、35% 白砂糖和 3.7% 复合胶凝剂。该条件下经过 3 次平行试验，测得石榴山楂复合果糕感官评分为 91.2，与理论预测值基本吻合，说明响应面分析法对石榴山楂复合果糕配方优化是可行的。

（2）石榴桑葚复合果糕。以桑葚果浆和石榴汁混合物为基质，固定每组混合物总质量为 500 g，以感官模糊综合评分为评价指标，单因素试验分别考察石榴汁基质占比（15%、20%、25%、30%、35%）、白砂糖添加量（20%、25%、30%、35%、40%）和明胶添加量（2.0%、2.5%、3.0%、3.5%、4.0%）对石榴桑葚复合果糕感官品质的影响。根据单因素试验结果，对影响石榴桑葚复合果糕感官品质的石榴汁基质占比、白砂糖添加量和明胶添加量 3 个因素采用 3 因素 3 水平响应面优化试验设计，以感官模糊综合评分为响应值。

单因素试验初步确定石榴桑葚复合果糕的配方为 30% 石榴汁、35% 白砂糖和 3% 明胶。在单因素试验结果的基础上，进一步进行 3 因素 3 水平响应面优化试验，对 17 个样品 4 个方面进行评价，获得感官模糊数学感官综合评分，结果见表 8-25。

表 8-25　石榴桑葚复合果糕配方响应面优化试验设计与结果

编号	A 石榴汁基质占比/%	B 白砂糖添加量/%	C 明胶添加量/%	Y 感官模糊综合评分
1	25	30	3.0	79.72
2	35	30	3.0	82.04
3	25	40	3.0	82.58
4	35	40	3.0	84.56
5	25	35	2.5	78.94
6	35	35	2.5	79.92
7	25	35	3.5	79.00
8	35	35	3.5	82.46
9	30	30	2.5	81.20
10	30	40	2.5	83.02
11	30	30	3.5	80.72
12	30	40	3.5	86.88
13	30	35	3.0	90.74
14	30	35	3.0	89.14
15	30	35	3.0	91.28
16	30	35	3.0	90.98
17	30	35	3.0	90.24

以模糊综合评分为响应值，利用 Design-Expert. 13. 0 软件对表 8-25 数据进行分析，得到模糊综合评分与石榴汁基质占比、白砂糖添加量、明胶添加量之间的二次多项回归方程：

$$Y = 90.4800 + 1.0900A + 1.6700B + 0.7475C - 0.0850AB + 0.6200AC + 1.0900BC - 5.5600A^2 - 2.6900B^2 - 4.83C^2$$

由表 8-26 可知，模型极显著（$P < 0.01$），失拟项不显著（$P > 0.05$），决定系数 $R^2 = 0.9888$，校正决定系数为 $R^2_{Adj} = 0.9743$。综上所述，模糊综合评分的二次回归方程拟合度较好，可以对石榴桑葚复合果糕配方进行预测。根据 F 值大小，可以判断各元素对石榴桑葚复合果糕感官品质影响的主次顺序为 B（白砂糖添加量）$> A$（石榴汁基质占比）$> C$（明胶添加量），即白砂糖添加量影响最大，其次为石榴汁占比，明胶添加量影响最小。在此模型中，一次项 A 和 B 对模糊综合评分影响极显著（$P < 0.01$），C 影响显著（$P < 0.05$），交互项 BC 影响显著（$P < 0.05$），二次项 A^2、B^2、C^2 影响极显著（$P < 0.01$），其余项均不显著（$P > 0.05$）。

表 8-26　石榴桑葚复合果糕配方响应面回归模型方差分析

方差来源	平方和	自由度	均方	F 值	P 值	显著性
模型	329. 01	9	36. 56	68. 53	< 0. 0001	＊＊
A	9. 55	1	9. 55	17. 90	0. 0039	＊＊
B	22. 31	1	22. 31	41. 82	0. 0003	＊＊
C	4. 47	1	4. 47	8. 38	0. 0232	＊
AB	0. 0289	1	0. 0289	0. 0542	0. 8226	—
AC	1. 54	1	1. 54	2. 88	0. 1334	—
BC	4. 71	1	4. 71	8. 83	0. 0208	＊
A^2	130. 30	1	130. 30	244. 26	< 0. 0001	＊＊
B^2	30. 42	1	30. 42	57. 03	0. 0118	＊＊
C^2	98. 35	1	98. 35	184. 36	0. 0005	＊＊
总残差	3. 73	7	0. 5335	—	—	—
失拟项	0. 9235	3	0. 3078	0. 4381	0. 7382	—
纯误差	2. 81	4	0. 7027	—	—	—
总和	332. 74	16	—	—	—	—

注　＊表示差异显著（$0.01 < P < 0.05$），＊＊表示差异极显著 $P < 0.01$。

　　以感官模糊综合评分为响应值，响应曲面越陡峭表明响应值对石榴桑葚复合果糕各组分的改变越敏感，反之则影响越小，而响应面等高线图反映出交互效应的强弱，越接近椭圆说明越显著。由图 8-4 可知，白砂糖添加量和明胶添加量的交互作用对模糊综合评分影响显著，其余因素之间交互作用影响不显著，与方差分析结果基本一致。

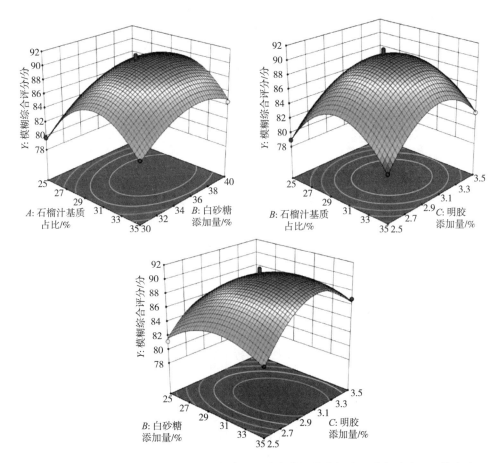

图 8-4　各因素交互作用对石榴桑葚复合果糕感官模糊综合评分影响的响应面及等高线

　　通过 Box-Behnken 响应面分析石榴桑葚复合果糕的回归曲线模型，得到最优配方为 30.51% 石榴汁基质占比、36.66% 白砂糖和 3.06% 明胶，感官模糊综合评分预测值为 90.8558。结合实际调整最佳石榴桑葚复合果糕配方为 30% 石榴汁占比、35% 白砂糖和 3.0% 明胶，该条件下经过 3 次平行试验，测得产品感官模糊综合评分为 91.3，与理论预测值基本吻合，说明响应面分析法对石榴桑葚复合果糕配方优化是可行的。

8.5.2.3 成品质量标准

参考《蜜饯质量通则》（GB/T 10782—2021）和《刺梨果糕》（T/GZCX 013—2021）执行。

（1）感官指标。石榴果糕感官品质应符合表8-27相关要求。

表8-27 石榴果糕感官指标

项目	指标	检验方法
色泽	具有该产品应有的色泽，色泽正常	
滋味、气味	酸甜可口，石榴风味突出，无异常	
组织状态	块型大小基本一致，表面光滑，具有较好的弹性和咀嚼性，无肉眼可见外来杂质	T/GZCX 013—2021
杂质	无肉眼可见外来异常杂质	

（2）理化指标。石榴果糕理化指标应符合表8-28要求。

表8-28 石榴果糕理化指标

项目	指标	检验方法
水分，%	≤55	GB 5009.3—2016
总糖（以葡萄糖计），%	≤70	GB/T 10782—2021

（3）微生物指标。石榴果糕微生物指标应符合表8-29要求。

表8-29 石榴果糕微生物指标

项目	采样方案及限量[a]				检验方法
	n	C	m	M	
菌落总数，CFU/g	5	2	10^2（10^3）	10^3（10^4）	GB 4789.2—2022
大肠菌群，CFU/g	5	2	10	10^2	GB 4789.3—2016
霉菌，CFU/g	≤50				GB 4789.15—2016
沙门氏菌、金黄色葡萄球菌	应符合 GB 29921 中即食果蔬制品类的规定				GB 4789.4—2016

注　a 样品的分析及处理按 GB 4789.1—2016 和 GB 4789.24—2003 执行。

（4）食品安全指标。应符合 GB/T 2760—2014、GB/T 2762—2012 和 GB/T 14880—2012 要求。

8.5.3 石榴凝胶糖果

8.5.3.1 工艺流程

石榴凝胶糖果的工艺流程为：

其他辅料

↓

石榴汁制备→混合调配→熬煮→倒模→冷藏→脱模→干燥→上糖粉→包装

（1）石榴汁制备。将石榴清洗去皮，籽粒压榨取汁，过滤备用。

（2）混合调配。将石榴汁与其他辅料混合，搅拌均匀。

（3）熬煮。加热混合液沸腾后改为小火，保持微沸状态，不间断地搅拌熬煮，临近浓缩终点前加入凝胶剂和柠檬酸，搅拌均匀并去除泡沫。

（4）倒模、冷藏。熬制好的浓缩液趁热倒入模具中，振荡使气泡溢出，撇去表面的浮沫，在室温下冷却成形，脱模处理后放入冰箱内冷藏。

（5）干燥、上糖衣。将软糖在50℃下烘干至表面无水分溢出，取出冷却，撒上结晶糖粉，拌匀，筛去多余糖粉。

（6）包装。将处理好的软糖进行密封包装，即得成品。

8.5.3.2 配方优化

（1）石榴草莓软糖。以感官评分为评价指标，固定石榴汁和草莓浆总质量500g，其他配料按其质量的百分比计，白砂糖与赤藓糖醇添加量20.00%，琼脂与明胶添加量7.00%，分别考察石榴汁和草莓浆比例（3∶7、4∶6、5∶5、6∶4、7∶3）、白砂糖与赤藓糖醇比例（7∶3、6∶4、5∶5、4∶6、3∶7）、柠檬酸添加量（0.05%、0.10%、0.15%、0.20%、0.25%）和复合胶凝剂组成（琼脂与明胶质量比为1∶1、1∶2、1∶3、1∶4和1∶5）对石榴草莓软糖感官品质的影响。在单因素试验的基础上，进一步进行正交优化。

单因素试验初步确定石榴草莓软糖配方为石榴汁与草莓果浆质量比为6∶4、白砂糖与赤藓糖醇质量比为4∶6、0.20%柠檬酸和7%复合胶凝剂（琼脂与明胶质量比为1∶2）。在单因素试验的基础上，进一步进行4因素3水平正交优化试验，试验结果见表8-30。

表8-30　石榴草莓软糖配方正交试验设计与结果

处理号	A 石榴汁与草莓果浆质量比	B 白砂糖与赤藓糖醇质量比	C 柠檬酸添加量/%	D 琼脂与明胶质量比	Y 感官评分
1	1（5∶5）	1（3∶7）	1（0.15）	1（1∶1）	84.2

续表

处理号	A 石榴汁与草莓 果浆质量比	B 白砂糖与赤藓 糖醇质量比	C 柠檬酸 添加量/%	D 琼脂与明胶 质量比	Y 感官评分
2	1	2 (4:6)	2 (0.20)	2 (1:2)	91.2
3	1	3 (5:5)	3 (0.25)	3 (1:3)	83.6
4	2 (6:4)	1	2	3	83.3
5	2	2	3	1	84.0
6	2	3	1	2	86.7
7	3 (7:3)	1	3	2	85.5
8	3	2	1	3	86.0
9	3	3	2	1	83.3
K_1	259.0	253.0	256.9	251.5	—
K_2	254.0	261.2	257.8	263.4	—
K_3	254.8	253.6	253.1	252.9	—
k_1	86.3	84.3	85.6	83.8	—
k_2	84.7	87.1	85.9	87.8	—
k_3	84.9	84.5	84.4	84.3	—
R	1.6	2.8	1.5	4.0	—
因素主次			$D>B>A>C$		—
最优组合			$A_1B_2C_2D_2$		—

由表 8-30 可见,对感官影响因素主次关系为 D(琼脂与明胶质量比例)$>B$(白砂糖与赤藓糖醇质量比)$>A$(石榴汁与草莓果浆质量比)$>C$(柠檬酸添加量),最佳配方组合为 $A_1B_2C_2D_2$,即石榴汁与草莓果浆的比例为 5:5;白砂糖与赤藓糖醇的比例为 4:6;柠檬酸的添加量为 0.20%;琼脂与明胶的比例为 1:2。

(2)石榴芭乐软糖。以感官评分为评价指标,固定石榴汁与芭乐果浆质量共 500g,其他配料按其质量的百分比计,15% 赤藓糖醇、0.5% 柠檬酸和 10% 胶凝剂,分别考察石榴汁和芭乐果浆比例(7:3、6:4、5:5、4:6 和 3:7)、赤藓糖醇添加量(10.0%、12.5%、15.0%、17.5% 和 20%)、柠檬酸添加量(0.1%、0.3%、0.5%、0.7% 和 0.9%)和复合胶凝剂组成(明胶和琼脂比例为 1:1、2:1、3:1、1:2 和 1:3)对石榴芭乐软糖感官品质的影响。在单因素的基础上,按 $L_9(3^4)$ 正交进一步优化配方。

　　单因素试验初步确定石榴芭乐软糖的配方为石榴汁与芭乐果浆质量比为
6∶4、15%赤藓糖醇、0.50%柠檬酸和7%复合胶凝剂（明胶与琼脂质量比为
2∶1）。在单因素试验结果的基础上，进一步进行4因素3水平正交优化试验，
试验结果见表8-31。由表8-31可看出，对石榴芭乐软糖品质影响的主次顺序
为 D（明胶和琼脂的配比）$>A$（石榴汁和芭乐果浆的比例）$>C$（柠檬酸添加
量）$>B$（赤藓糖醇添加量），即明胶和琼脂比例对软糖的影响最大，其次为石榴
汁与芭乐果浆质量比和柠檬酸添加量，影响最小是赤藓糖醇添加量，最优组合为
$A_1B_2C_2D_2$，即芭乐果浆∶石榴汁为4∶6、15.0%赤藓糖醇、0.5%柠檬酸和10%
凝胶剂（明胶∶琼脂为2∶1）。

表 8-31　石榴芭乐软糖配方正交试验设计与结果

处理号	A 石榴汁与芭乐果浆比例	B 赤藓糖添加量/%	C 柠檬酸添加量/%	D 琼脂与明胶质比例	Y 感官评分
1	1（4∶6）	1（12.5）	1（0.3）	1（1∶1）	78.10
2	1	2（15.0）	2（0.5）	2（2∶1）	88.12
3	1	3（17.5）	3（0.7）	3（3∶1）	85.25
4	2（5∶5）	1	2	3	83.10
5	2	2	3	1	73.58
6	2	3	1	2	81.53
7	3（6∶4）	1	3	2	76.94
8	3	2	1	3	79.47
9	3	3	2	1	72.38
k_1	83.82	79.38	79.70	74.69	—
k_2	79.40	80.39	81.20	82.20	—
k_3	76.26	79.72	78.59	82.60	—
R	7.56	1.01	2.61	7.91	—
因素主次			$D>A>C>B$		
最优组合			$A_1B_2C_2D_2$		—

8.5.3.3　成品质量标准

参考《糖果　凝胶糖果》（SB/T 10021—2017）执行。

（1）感官指标。石榴凝胶糖果感官品质应符合表 8-32 的相关要求。

表 8-32　石榴凝胶糖果感官指标

项目	指标	检验方法
色泽	具有该产品应有的色泽，色泽正常	
滋味、气味	酸甜可口，石榴风味突出，无异常	
组织状态	块形较完整，大小基本一致，有弹性和咀嚼性，无皱皮，无明显变形，无粘连	SB/T 10021—2017
杂质	无正常视力可见外来异常杂质	

（2）理化指标。石榴凝胶糖果理化指标应符合表 8-33 的相关规定。

表 8-33　石榴凝胶糖理化指标

项目	指标	检验方法
干燥失重/（g/100g）	≤35	SB/T 10021—2017
还原糖（以葡萄糖计）/%	≥10	GB 5009.7—2016

（3）食品安全指标。应符合 GB/T 2760—2014、GB/T 2762—2022 和 GB/T 14880—2012 的规定。

8.5.4　石榴布丁

8.5.4.1　工艺流程

石榴布丁的工艺流程为：

其他辅料
↓

石榴汁制备→混合调配→均质→过滤→包装→冷藏定型

（1）石榴汁制备。将石榴清洗去皮，籽粒压榨取汁，双层纱布过滤备用。

（2）混合配料。石榴粉预先以 1∶1 比例溶于温水中备用。称取一定量的鲜榨石榴汁、纯牛奶、淡奶油和木糖醇预热，将溶胀好的明胶加入，保持在 60~70℃，待搅拌融化后冷却至 40℃以下，缓慢加入石榴粉水溶液，搅拌均匀备用。

（3）均质。将布丁液用均质机处理均匀。

（4）过滤。用纱布对调配好的布丁液进行过滤，重复操作直到布丁液细腻且无泡沫。

（5）包装。将布丁液分装入布丁杯中，除去泡沫后盖上盖子，冷却至室温。

（6）冷藏定型。将冷却至室温的布丁放入4℃冰箱中冷藏4~5 h，即得产品。

8.5.4.2 配方优化

以牛奶50.0 g、奶油25.0 g、石榴汁50.0 g、石榴粉10.0 g、木糖醇10.0 g和明胶5.0 g作为基本配方，以感官评分作为评价指标，考察石榴汁（30 g、40 g、50 g、60 g和70 g）、石榴粉（30.0 g、32.5 g、35.0 g、37.5 g和40.0 g）、木糖醇（2.0 g、4.0 g、6.0 g、8.0 g和10.0 g）、奶油（20.0 g、22.5 g、25.0 g、27.5 g和30.0 g）和明胶（3.0 g、4.0 g、5.0 g、6.0 g和7.0 g）不同的添加量对石榴布丁感官品质的影响，并进一步进行优化。

单因素试验初步确定石榴布丁配方为60.0 g石榴汁、15.0 g石榴粉、35.0 g奶油、6.0 g木糖醇和5.0 g明胶。在单因素试验结果的基础上，通过使用Design-Expert 8.0.6软件中的Box-Behnken模式对石榴粉、木糖醇和明胶3个因素进行三水平的优化试验设计，将感官评分作为响应值，响应面试验设计如表8-34所示，方差分析结果见表8-35。得到石榴布丁感官评分对石榴粉、木糖醇、明胶的拟合方程为：

$$Y = 85.38 + 0.17A + 0.49B - 1.16C - 0.10AB + 0.9AC + 0.52BC - 2.68A^2 - 1.45B^2 - 1.70C^2$$

表 8-34 石榴布丁配方响应面优化试验设计与结果

试验号	A 石榴粉添加量/g	B 木糖醇添加量/g	C 明胶添加量/g	Y 感官评分
1	10.0	4.0	5.0	80.2
2	20.0	4.0	5.0	81.0
3	10.0	8.0	5.0	81.7
4	20.0	8.0	5.0	82.1
5	10.0	6.0	4.0	83.0
6	20.0	6.0	4.0	81.3
7	10.0	6.0	6.0	78.9
8	20.0	6.0	6.0	80.8
9	15.0	4.0	4.0	83.6
10	15.0	8.0	4.0	83.2
11	15.0	4.0	6.0	80.2
12	15.0	8.0	6.0	81.9

试验号	A 石榴粉添加量/ g	B 木糖醇添加量/ g	C 明胶添加量/ g	Y 感官评分
13	15.0	6.0	5.0	85.6
14	15.0	6.0	5.0	85.0
15	15.0	6.0	5.0	85.2
16	15.0	6.0	5.0	85.6
17	15.0	6.0	5.0	85.5

由表 8-35 知，整个模型的 $F < Pr < 0.0001$，表明此回归模型极显著，在统计学上有意义；模型的失拟项 $P = 1.56 > 0.05$，表明该模型的预测值与实际值高度拟合；决定系数 $R^2 = 0.9916 > 0.9$，调整系数 $R^2_{Adj} = 0.9809$，二者之间差值小于 0.2，说明该模型拟合度好，可用于分析和预测石榴布丁的工艺配方。其中，C（明胶）与 B（木糖醇）影响极显著，根据 F 值的大小，得到各因素主效应关系应为 C（明胶）$> B$（木糖醇）$> A$（石榴粉）；两两因素交互作用，AC 与 BC 影响极显著，二次项 A^2、B^2、C^2 对石榴布丁感官评分均有极显著影响。

表 8-35 石榴布丁配方响应面回归模型的方差分析

方差来源	平方和	自由度	均方	F 值	Pr>F	显著性
模型	74.05	9	8.23	92.08	< 0.0001	* *
A	0.24	1	0.24	2.74	0.1417	—
B	1.90	1	1.90	21.28	0.0024	* *
C	10.81	1	10.81	120.99	< 0.0001	* *
AB	0.040	1	0.040	0.45	0.5249	—
AC	3.24	1	3.24	36.26	0.0005	* *
BC	1.10	1	1.10	12.34	0.0098	* *
A^2	30.19	1	30.19	337.80	< 0.0001	* *
B^2	8.88	1	8.88	99.41	<0.0001	* *
C^2	12.20	1	12.20	136.58	< 0.0001	* *
残差	0.63	7	0.089	—	—	—
失拟项	0.34	3	0.11	1.56	0.3299	—

续表

方差来源	平方和	自由度	均方	F 值	Pr>F	显著性
纯误差	0.29	4	0.072	—	—	—
总偏差	74.68	16	—	—	—	—

注　"*"代表 P<0.05，表示差异显著；"**"代表 P<0.01，表示差异极显著。

由图 8-5 可知，响应面图形的开口呈现为凸形结构，说明三组响应值均存在最大值。从颜色和倾斜率来看，AB 变化趋势较慢，斜率较低，说明对试验结果影响不显著，AC 与 BC 变化趋势快，斜率较高，说明对试验结果有较大影响；从坡度等高线来看，AB 图形呈现为圆形，说明石榴粉与木糖醇交互作用不显著，AC 与 BC 的图形呈现为椭圆形，说明明胶与石榴粉和木糖醇之间交互作用显著，与方差分析基本一致。

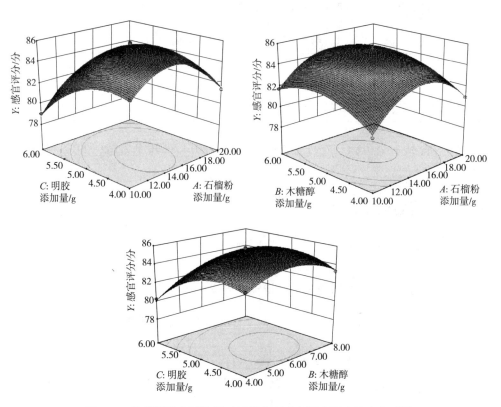

图 8-5　各单因素交互作用对石榴布丁感官评分影响的响应面图

通过 Design-Expert 8.0.6 软件分析得到石榴布丁的最优工艺配方为石榴粉 14.9 g、木糖醇 6.2 g、明胶 4.8 g，根据实际情况调整为石榴粉 15.0 g、木糖醇

6.0 g、明胶5.0 g，在此工艺条件下试验验证，做3组平行试验，取平均分作为最终得分，制得的石榴布丁感官评分为86.2分，与预测值较接近。

8.5.4.3 产品质量标准

（1）感官指标。石榴布丁感官品质应符合表8-36相关要求。

表8-36 石榴布丁感官指标

项目	指标	检验方法
色泽	紫红色或红色，晶莹透亮，均匀一致	
滋味、气味	酸甜可口，石榴风味突出	GB/T 19883—2018
状态	呈凝胶状，软硬适中，无气泡	
口感	滑爽细腻，弹性好，耐咀嚼	

（2）理化要求。石榴布丁理化指标应符合表8-37相关要求。

表8-37 石榴布丁理化指标

项目	指标	检验方法
蛋白质/（g/100g）	≥1	GB 5009.5—2016
可溶性固形物（以折光计）/（g/100g）	≥15	GB 5009.7—2016

（3）食品安全指标。应符合GB/T 2760—2014、GB/T 2762—2012和GB/T 14880—2012的规定。

8.5.5 石榴柚子果酱

8.5.5.1 工艺流程

石榴柚子果酱的工艺流程为：

石榴→挑选、清洗→去皮→压榨取汁

柚子→挑选、清洗→去皮→去囊衣→果肉→混合调配→熬煮→灌装→密封→杀菌→冷却

柚子皮→去白瓤→切丝→脱苦

（1）石榴汁制备。将石榴清洗去皮，石榴籽粒压榨取汁，双层纱布过滤备用。

（2）柚子预处理。柚子除去果皮和囊衣，果肉撕成小块备用。柚子皮经清洗后，去除白瓤，切成细丝后先置于10%盐水中浸泡10 min，冲洗，再置于沸水中烫漂1 min，冷却后备用。

（3）混合调配和熬煮。将柚子果肉、果皮、石榴果汁及冰糖按一定比例混合，加热煮沸后改为文火，临近终点时加入一定量的柠檬酸、蜂蜜和 0.20% 羧甲基纤维素钠（CMC），搅拌均匀。冰糖与蜂蜜添加总量为原料总质量的 40%。

（4）装罐。趁热装入已灭菌的玻璃罐中，迅速密封。装罐过程中酱体温度维持在 80~90℃，每批次 30 min 内完成。

（5）杀菌和冷却。采用常压杀菌，100℃下杀菌 15~20 min，分段冷却至 40℃。

8.5.5.2　配方优化

以感官评分为评价指标，单因素试验分别考察柚子果肉与石榴果汁质量比（3∶7、4∶6、5∶5、6∶4、7∶3）、柚子皮添加量（5%、10%、15%、20%、25%）、冰糖与蜂蜜质量比（2∶8、3∶7、4∶6、5∶5、6∶4）和柠檬酸添加量（0.4%、0.6%、0.8%、1.0%、1.2%）对石榴柚子果酱感官品质的影响。在单因素试验的基础上，按 $L_9(3^4)$ 正交表安排试验进行优化。

单因素试验初步确定石榴柚子果酱的配方为柚子果肉与石榴果汁质量比为 5∶5、20% 柚子皮、冰糖与蜂蜜质量比为 3∶7 和 1.00% 柠檬酸。在单因素试验结果的基础上，进一步进行正交试验，对 9 个样品进行评价，结果见表 8-38。由表 8-38 可知，各因素对石榴柚子果酱感官品质的影响顺序为：A（柚子果肉与石榴果汁质量比）>D（柠檬酸添加量）>B（柚子皮添加量）>C（冰糖与蜂蜜质量比）。石榴柚子果酱最优配方为 $A_2B_3C_3D_2$，由于正交试验中未出现，因此需进行验证试验。按最优组合 $A_2B_3C_3D_2$ 制成的产品的感官评分为 87.96，且大于组合 $A_2B_3C_1D_2$，最佳配方为柚子果肉与石榴果汁质量比为 5∶5，柚子皮添加量为 25.0%，冰糖与蜂蜜质量比为 4∶6，柠檬酸添加量为 1.00%。

表 8-38　石榴柚子果酱正交设计与结果

试验号	A 柚子果肉与石榴果汁质量比	B 柚子皮添加量/%	C 冰糖与蜂蜜质量比	D 柠檬酸添加量/%	Y 感官评分
1	1（4∶6）	1（15）	1（2∶8）	1（0.8）	79.99
2	1	2（20）	2（3∶7）	2（1.0）	81.59
3	1	3（25）	3（4∶6）	3（1.2）	80.24
4	2（5∶5）	1	2	3	82.86
5	2	2	3	1	85.12
6	2	3	1	2	87.09
7	3（6∶4）	1	3	2	83.56

试验号	A 柚子果肉与 石榴果汁质量比	B 柚子皮 添加量/%	C 冰糖与 蜂蜜质量比	D 柠檬酸 添加量/%	Y 感官评分
8	3	2	1	3	82.55
9	3	3	2	1	84.44
k_1	80.61	82.14	83.21	83.18	
k_2	85.02	83.09	82.96	84.08	
k_3	83.57	83.92	82.97	81.88	
R	4.41	1.78	0.25	2.20	

8.5.5.3 产品质量标准

参考《果酱》（GB/T 22474—2008）执行。

（1）感官要求。石榴柚子果酱感官品质应符合表 8-39 相关要求。

表 8-39 石榴柚子果酱感官指标

项目	指标	检验方法
色泽	紫红色，均匀一致	
滋味、气味	酸甜可口，石榴和柚子香气浓郁，融合协调，口味纯正， 无异味	GB/T 22474—2008
组织状态	均匀，无明显分层和析水，无结晶	
杂质	无可见杂质，无霉变	

（2）理化要求。石榴柚子果酱理化指标应符合表 8-40 相关要求。

表 8-40 石榴柚子果酱理化指标

项目	指标	检测方法
可溶性固形物（以折光计），g/100g	≥25	GB/T 10786—2022
总糖，g/100g	≥65	GB 5009.7—2016
无机砷（以 As 计），mg/kg	≤0.5	GB 5009.11—2014
铅（以 Pb 计），mg/kg	≤1.0	GB 5009.12—2017
锡[a]（以 Sn 计），mg/kg	≤250	GB 5009.16—2014

注 a 仅限马口铁罐。

（3）食品安全指标。应符合 GB/T 2760—2014、GB/T 2762—2022 和 GB

4789.26—2013 规定。

8.6　石榴酸奶加工

8.6.1　搅拌型石榴酸奶

8.6.1.1　工艺流程

搅拌型石榴酸奶的工艺流程为：

石榴原汁+辅料

↓

牛乳→混合调配→预热→均质→杀菌→冷却→发酵→冷却搅拌→灌装→冷藏后熟

（1）石榴原汁制备。选择成熟度高、粒大饱满、新鲜、无损伤的石榴，清洗、去皮、取籽、漂洗后，于榨汁机中打浆过滤，收集滤液冷藏备用。

（2）混合调配。在牛乳中加入适量石榴汁和其他辅料，搅拌均匀。

（3）预热、均质、杀菌、冷却。将调配的石榴乳液加热至60℃，均质后在90~95℃下保温杀菌5 min，并不断搅拌，自然冷却至室温。石榴搅拌型酸奶参考配方：13.0%石榴汁，2.5%木糖醇，3.5%白砂糖，0.2%酸奶菌接种量。

（4）发酵。向调配乳中加入适量酸奶发酵剂，搅拌均匀后置于42~45℃下发酵6 h。

（5）冷却、搅拌、灌装。发酵结束后将温度降至18℃左右，降温过程中不断搅拌，约10℃时进行灌装。

（6）冷藏后熟。灌装密封后置于2~6℃下冷藏12~24 h后熟。

8.6.1.2　产品质量标准

参考《食品安全国家标准　发酵乳》（GB 19302—2010）执行。

（1）感官指标。搅拌型石榴酸奶感官品质应符合表8-41相关要求。

表 8-41　搅拌型石榴酸奶感官指标

项目	指标	检验方法
色泽	粉红色，均匀一致	
滋味、气味	具有发酵乳和石榴特有的风味，融合协调，无异味	GB 19302—2010
组织状态	组织细腻、均匀，良好的黏稠度，顺滑、无粉涩感、乳脂感强、无气泡、无乳清析出	

（2）理化要求。搅拌型石榴酸奶理化指标应符合表 8-42 要求。

表 8-42　搅拌型石榴酸奶理化指标

项目	指标	检验方法
脂肪/（g/100g）	≥2.5	GB 5009.6—2016
蛋白质/（g/100g）	≥2.3	GB 5413.39—2010
酸度/°T	≥70.0	GB 5009.239—2016

（3）微生物指标。搅拌型石榴酸奶微生物指标应符合表 8-43 要求。

表 8-43　搅拌型石榴酸奶微生物指标

项目	采样方案[a] 及限量（若非指定，均以 CFU/g 或 CFU/mL 表示）				检验方法
	n	C	m	M	
大肠菌群	5	2	1	5	GB 4789.3—2016
金黄色葡萄球菌	5	0	0/25 g（mL）	—	GB 4789.10—2016
沙门氏菌	5	0	0/25 g（mL）	—	GB 4789.4—2016
酵母	≤100				GB 4789.15—2016
霉菌	≤30				

注　a 样品的分析及处理按 GB 4789.1 和 GB 4789.18 执行。

（4）污染物限量和真菌毒素限量。应符合 GB/T 19302—2010、GB/T 2760—2014、GB/T 2761—2017、GB/T 2762—2022 和 GB/T 14880—2012 要求。

8.6.2　凝固型石榴酸奶

8.6.2.1　工艺流程

凝固型石榴酸奶的工艺流程为：

　　　　　　　石榴粉+其他辅料
　　　　　　　　　　↓
全脂灭菌乳→预热→配料→混匀→均质→杀菌→冷却→接种→搅拌→灌装→发酵→冷藏后熟

（1）乳液制备。将全脂奶预热到 55℃搅拌均匀，并保持恒温。

（2）配料。用少量水将石榴粉、稳定剂和赤藓糖醇溶解，再与乳液混合，搅拌均匀。

（3）均质。将混合乳液通过均质乳化机进行均质处理。

（4）杀菌、冷却。将均质处理后的乳液加热至 90℃ 保持 5 min，再冷却至 43℃ 以下。

（5）接种。对杀菌冷却后的乳液无菌接种酸奶发酵剂，搅拌均匀。

（6）灌装。接种后灌装到已杀菌的塑料盒中，并封口。

（7）发酵。置于 42~45℃ 下发酵 5~6 h。

（8）冷藏后熟。发酵结束后，将凝固型酸奶置于 2~6℃ 下冷藏 12~24 h 进行后熟。

8.6.2.2　发酵工艺优化

基本工艺：参考传统凝固型酸奶配方，以 500g 全脂灭菌乳为基质，其他配料按基质质量的百分比计，分别为 8% 石榴粉、8% 赤藓糖醇、0.4% 果胶和 0.1% 发酵剂，43℃ 发酵 8 h。

单因素试验分别考察石榴粉添加量（2%、4%、6%、8% 和 10%）、赤藓糖醇添加量（2%、4%、6%、8% 和 10%）、果胶添加量（2%、4%、6%、8% 和 10%）和发酵时间（7 h、8 h、9 h、10 h 和 11 h）对凝固型石榴酸奶感官品质、酸度和持水性的影响。在单因素试验的基础上，进一步对凝固型石榴酸奶工艺进行优化。

单因素试验初步确定凝固型石榴酸奶工艺为 8% 石榴粉、8% 赤藓糖醇、4% 果胶和发酵 8 h，进一步采用 4 因素 3 水平的正交试验进行优化，结果见表 8-44。由表 8-44 可知，影响凝固型石榴酸奶感官品质的因素主次顺序为 A（石榴粉添加量）$>B$（赤藓糖醇添加量）$>D$（发酵时间）$>C$（果胶添加量），最佳的配方组合为 $A_2B_2C_2D_2$，即 8% 石榴粉添加量，8% 赤藓糖醇添加量，0.4% 稳定剂果胶添加量，发酵 8 h。按最佳组合为 $A_2B_2C_2D_2$ 所制得的凝固型石榴酸奶，感官评分高达 92.3 分。

表 8-44　凝固型石榴酸奶正交设计与结果

试验号	因素				
	A 石榴粉添加量/%	B 赤藓糖醇添加量/%	C 果胶添加量/%	D 发酵时间/h	Y 感官评分
1	1 (6)	1 (6)	1 (2)	1 (7)	78.2
2	1	2 (8)	2 (4)	2 (8)	89.4
3	1	3 (10)	3 (6)	3 (9)	86.3
4	2 (8)	1	2	3	85.8
5	2	2	3	1	90.2

试验号	因素				Y 感官评分
	A 石榴粉 添加量/%	B 赤藓糖醇 添加量/%	C 果胶 添加量/%	D 发酵时间/ h	
6	2	3	1	2	88.6
7	3 (10)	1	3	2	76.8
8	3	2	1	3	82.4
9	3	3	2	1	79.9
K_{1j}	253.9	240.8	249.2	248.3	—
K_{2j}	264.6	262.0	255.1	254.8	—
K_{3j}	239.1	254.8	253.3	254.5	—
$\bar{K}_{1j}$	84.63	80.27	83.07	82.77	—
$\bar{K}_{2j}$	88.20	87.33	85.03	84.93	—
$\bar{K}_{3j}$	79.70	84.93	84.43	84.83	—
R_j	8.50	7.07	1.97	2.17	—
主次顺序	$A>B>D>C$				—
优水平	$A_2B_2C_2D_2$				—

8.6.2.3 产品质量标准

参考《食品安全国家标准 发酵乳》（GB 19302—2010）执行。

（1）感官要求。食品凝固型石榴酸奶应符合表 8-45 相关要求。

表 8-45 凝固型石榴酸奶感官指标

项目	指标	检验方法
色泽	粉红色，均匀一致	
滋味、气味	具有发酵乳和石榴特有的风味，融合协调，无异味	GB 19302—2010
组织状态	组织细腻、均匀，表面光滑平整、无裂纹、切面平整光滑、质感坚实、弹性好、无粉末感、无糊口感、无气泡、无乳清析出	

（2）理化要求。应符合 GB 19302—2010 相关要求。

（3）食品安全指标。应符合 GB/T 19302—2010、GB/T 2760—2014、GB/T 2761—2017、GB/T 2762—2012 和 GB/T 14880—2012 相关要求。

8.7 石榴花加工利用

石榴花多于 5~7 月开放，一般分为 3 批，可以坐果的花只占总花量的 10% 左右，不能结果的钟状花和部分筒状花会自然脱落。通常为了促进石榴花坐果、提高产量、改善品质，需要进行适当的疏花，因此会产生大量废弃的石榴花，故其资源十分丰富，但目前废弃的石榴花作为废弃物没有得到合理的开发利用，造成了大量的浪费。石榴花收集后，经简单处理即可食用，具有石榴花特有的清香，且脆嫩可口。此外，石榴花含有多酚类、黄酮类、三萜类、多糖类、皂苷类等多种化合物，具有止痒、止泻、止血消炎、抗氧化、降三高、抗动脉硬化和护肝等功效，是一种天然的绿色食品。石榴种植各地均有鲜食石榴花的习惯，目前仅有云南蒙自有小规模生产的香辣石榴花酱、石榴花软罐头等产品，四川会理、西昌等地的石榴花均未得到开发利用，具有较大的发展空间，鉴于此现将项目组在石榴花开发利用方面的一些研究成果总结如下。

8.7.1 素石榴花

8.7.1.1 工艺流程

素石榴花的工艺流程为：

食盐水 氯化钙
↓ ↓
石榴花→挑选→清洗→脱涩→硬化→脱水→包装

（1）挑选、清洗。挑选新鲜、完整、半开的石榴花，去除花丝、花蒂、花瓣部分，清水淘洗。

（2）脱涩。石榴花中的涩味主要来源于单宁物质，可用 3% 食盐溶液按花：盐水 = 1：（1.5~2.0）比例焯水处理。石榴花脱涩处理时，开水下锅，再次沸腾后保持 10 min 捞出，用流动水漂洗进行脱盐与冷却。

（3）硬化。硬化处理可采用 0.1%~0.2% 氯化钙（$CaCl_2$）浸泡处理 24 h，多次漂洗后捞出沥水备用，以去除多余硬化剂，防止硬度过大造成口感粗糙。

（4）贮藏。预处理后的石榴花，后续可采用以下几种方法进行贮存。

干制：将处理后的石榴花在 90~100℃ 下进行烘干，包装后贮存。这一方法的主要优点是加工简便，易于操作，缺点是风味相对较差，且在食用前需复水处理后才可烹饪。

盐渍：盐渍法分干腌和湿腌两种，石榴花多采用湿腌法。通常用 15%~20% 食盐溶液浸泡石榴花，盐液与原料质量等比，能较好地保存其风味。

冻藏：冻藏是将石榴花冻结并在此状态下贮藏，能较好地保持石榴花口感、风味、脆度，但设备相对昂贵，不易长途运输。

8.7.1.2 质量指标

（1）感官指标。素石榴花相关感官品质应符合表 8-46 相关要求。

表 8-46 素石榴花感官指标

项目	指标
外观	具有石榴花固有形状，且无其他杂物
风味	无明显涩味，具有明显的石榴花清香
脆度	脆嫩可口

（2）理化指标。素石榴花理化指标应符合表 8-47 相关要求。

表 8-47 素石榴花理化指标

项目	指标	检验方法
钙（以 Ca 计）/(g/kg)	1.0	GB 1886.45—2016
铅（以 Pb 计）/(mg/kg)	0.18	GB 5009.12—2017

（3）食品安全指标。应符合 GB 2760—2014 和 GB 2762—2022 相关要求。

8.7.2 石榴花调味酱

8.7.2.1 工艺流程

石榴花调味酱的工艺流程为：

原料→预处理→炒酱→装瓶→封口→杀菌→冷却→成品

（1）石榴花预处理。挑选花型完整的石榴花，去掉花丝、花蒂、花瓣部分，清水淘洗，沸水热烫 2 min，冷水浸泡 24 h，沥干后备用。

（2）炒酱。锅中倒入一定量菜籽油，加热至 110℃，依次按比例加入辅料和石榴花，快速炒制出锅。

（3）装罐、杀菌。将上述食材趁热装入玻璃罐中，罐内留 5 mm 左右的顶隙，旋紧瓶盖，1.01 MPa、121℃高压灭菌 30 min，反压冷却至略高于室温即可。

8.7.2.2 配方优化

（1）风味石榴花酱。在前期试验基础上得到风味石榴花酱的基础配方：以石榴花和花生碎混合物 500 g 为基准，其他物料按其质量的百分比计，石榴花与花生碎质量比 7：3，30.0% 菜籽油，30.0% 豆瓣酱，6.0% 蒜粒，4.0% 姜末，15.0% 辣椒粉，2.5% 花椒粉，3.0% 食盐，2.0% 白糖，0.20% I+G，2.0% 白芝麻。在基础配方下，单因素试验分别考察石榴花与花生碎质量比（9：1、8：2、7：3、6：4 和 5：5）、辣椒粉添加量（10.0%、12.5%、15.0%、17.5% 和 20.0%）、花椒粉添加量（1.5%、2.0%、2.5%、3.0% 和 3.5%）、食盐添加量（1.0%、2.0%、3.0%、4.0% 和 5.0%）、白糖添加量（1.0%、2.0%、3.0%、4.0% 和 5.0%）和 I+G 添加量（0.05%、0.10%、0.15%、0.20% 和 0.25%）对风味石榴花酱感官品质的影响。根据单因素试验结果，对主要影响风味石榴花酱感官品质的 4 个因素进行正交优化试验。

单因素试验初步确定风味石榴花酱的主料配方为石榴花与花生碎质量比为 8：2、17.5% 辣椒粉、2.5% 花椒粉、2.0% 盐、3.0% 白糖和 0.15% I+G，进一步选择石榴花与花生碎质量比、辣椒粉添加量、花椒粉添加量和食盐添加量进行 4 因素 3 水平正交试验优化，对 9 个样品感官品质进行评价，结果见表 8-48。由表 8-48 正交试验结果和极差分析可知，对风味石榴花酱感官模糊综合评分产生影响的因素排序：A（石榴花与花生碎质量比）$>C$（花椒粉添加量）$>B$（辣椒粉添加量）$>D$（食盐添加量）；风味石榴花酱最佳配方为 $A_2B_3C_2D_3$，即石榴花与花生碎质量比为 8：2、20.0% 辣椒粉、2.5% 花椒粉和 3.0% 食盐。$A_2B_3C_2D_3$ 这一组合未包含在正交试验中，因此需要进行验证试验。按正交优化的最佳配方制作风味石榴花酱，并进行感官模糊数学评价，评分为 90.98 分，高于正交试验中分值最高分组 $A_2B_2C_3D_1$ 的 90.22 分。

表 8-48 风味石榴花酱配方正交设计与结果

编号	A 石榴花与花生碎质量比	B 辣椒粉添加量/%	C 花椒粉添加量/%	D 食盐添加量/%	Y 模糊综合评分
1	1 (9：1)	1 (15.0)	1 (2.0)	1 (1.0)	78.98
2	1	2 (17.5)	2 (2.5)	2 (2.0)	83.91
3	1	3 (20.0)	3 (3.0)	3 (3.0)	84.63
4	2 (8：2)	1	2	3	89.07
5	2	2	3	1	90.22
6	2	3	1	2	88.23
7	3 (7：3)	1	3	2	83.93

编号	A 石榴花与 花生碎质量比	B 辣椒粉 添加量/%	C 花椒粉 添加量/%	D 食盐 添加量/%	Y 模糊综合评分
8	3	2	1	3	84.54
9	3	3	2	1	86.78
K_1	247.52	251.98	251.75	255.98	—
K_2	267.52	258.67	259.76	256.07	—
K_3	255.25	259.64	258.78	258.24	—
k_1	82.51	83.99	83.92	85.33	—
k_2	89.17	86.22	86.59	85.36	—
k_3	85.08	86.55	86.26	86.08	—
R	6.66	2.56	2.67	0.75	—

（2）石榴花肉酱。在前期预试验基础上，以石榴花和猪肉馅混合物为基准，其他物料按其质量百分比计，固定 6.0% 蒜粒、4.0% 黄姜、0.6% 五香粉和 0.20% I+G，对影响产品品质较大的石榴花、菜籽油、豆瓣酱、辣椒粉、花椒粉、白糖几种配料进行单因素试验，即石榴花主料占比（50%、55%、60%、65%、70%）、菜籽油添加量（20.0%、25.0%、30.0%、35.0%、40.0%）、豆瓣酱添加量（10.0%、15.0%、20.0%、25.0%、30.0%）、辣椒粉添加量（10.0%、12.5%、15.0%、17.5% 和 20.0%）、花椒粉添加量（1.5%、2.0%、2.5%、3.0% 和 3.5%）、白糖添加量（1.0%、2.0%、3.0%、4.0% 和 5.0%）进行单因素试验，以模糊数学感官综合评分作为判定依据，筛选出各因素较适宜的水平。根据单因素试验结果，进一步进行响应面优化试验。

单因素试验初步确定石榴花肉酱配方为石榴花在主料中占比为 60%、菜籽油添加量为 35%、豆瓣酱添加量为 25%、辣椒粉添加量为 15%、花椒粉添加量为 2.0% 和白糖添加量为 3.0%。在单因素试验结果的基础上，进一步进行 4 因素 3 水平响应面优化试验，对 29 个样品的感官进行评价，结果见表 8-49。

表 8-49　石榴花肉酱响应面优化试验设计与结果

编号	A 石榴花 占比/%	B 菜籽油 添加量/%	C 豆瓣酱 添加量/%	D 辣椒粉 添加量/%	Y 模糊综合评分
1	60	40	20	15.0	87.42
2	60	35	20	17.5	89.68

续表

编号	A 石榴花 占比/%	B 菜籽油 添加量/%	C 豆瓣酱 添加量/%	D 辣椒粉 添加量/%	Y 模糊综合评分
3	60	35	25	15.0	90.94
4	60	35	20	12.5	89.18
5	60	35	25	15.0	90.68
6	60	35	25	15.0	91.58
7	65	35	25	12.5	87.94
8	60	30	25	17.5	88.76
9	55	30	25	15.0	85.16
10	55	35	20	15.0	87.74
11	65	35	20	15.0	89.92
12	65	35	25	17.5	89.06
13	60	35	25	15.0	91.38
14	60	35	30	12.5	86.40
15	55	35	25	17.5	87.82
16	65	35	30	15.0	88.70
17	60	30	30	15.0	87.44
18	60	40	30	15.0	87.92
19	55	40	25	15.0	86.36
20	65	40	25	15.0	87.34
21	60	30	25	12.5	86.60
22	60	30	20	15.0	88.26
23	55	35	25	12.5	83.58
24	60	35	30	17.5	89.00
25	60	40	25	12.5	85.96
26	60	35	25	15.0	92.06
27	65	30	25	15.0	88.80
28	55	35	30	15.0	86.96
29	60	40	25	17.5	87.20

以模糊综合评分为响应值，使用 Design-Expert 13.0 软件对表 8-50 数据进行分析，得到模糊综合评分与石榴花占比、菜籽油添加量、豆瓣酱添加量、辣椒粉添加量之间的二次多项回归方程：

$$Y=91.33+1.18A-0.2350B-0.4817C+0.9883D-0.6650AB-0.1100AC-0.7800AD+$$
$$0.3300BC-0.2300BD+0.5250CD-2.12A^2-2.39B^2-0.9698C^2-1.90D^2$$

表 8-50 石榴花肉酱响应面回归模型方差分析

方差来源	平方和	自由度	均方	F 值	P 值	显著性
模型 Model	103.51	14	7.39	22.46	< 0.0001	＊＊
A	16.66	1	16.66	50.61	< 0.0001	＊＊
B	0.6627	1	0.6627	2.01	0.1779	—
C	2.78	1	2.78	8.46	0.0115	＊
D	11.72	1	11.72	35.60	< 0.0001	＊＊
AB	1.77	1	1.77	5.37	0.0361	＊
AC	0.0484	1	0.0484	0.1470	0.7072	—
AD	2.43	1	2.43	7.39	0.0166	＊
BC	0.4356	1	0.4356	1.32	0.2693	—
BD	0.2116	1	0.2116	0.6427	0.4361	—
CD	1.10	1	1.10	3.35	0.0886	—
A^2	29.29	1	29.29	88.95	< 0.0001	＊＊
B^2	37.20	1	37.20	112.99	< 0.0001	＊＊
C^2	6.10	1	6.10	18.53	0.0007	＊＊
D^2	23.41	1	23.41	71.11	< 0.0001	＊＊
剩余	4.61	14	0.3292			
失拟项	3.44	10	0.3437	1.17	0.4764	
纯误差	1.17	4	0.2931	—	—	—
总和	108.12	28	—	—	—	—

注 ＊表示对结果影响显著（0.01<P<0.05），＊＊表示对结果影响极显著（P<0.01）。

由表 8-50 方差分析结果可知，模型极显著（P<0.01），失拟项不显著（P>

0.05），决定系数 $R^2 = 0.9574$，校正决定系数为 $R_{Adj}^2 = 0.9147$。综上所述，模糊综合评分的二次回归方程拟合度较好，该模型能够准确分析和预测石榴花肉酱的感官模糊综合评分，确定最佳工艺配方。在此模型中，一次项 A 和 D 对模糊综合评分影响极显著（$P<0.01$），C 影响显著（$P<0.05$），交互项 AB 和 AD 影响显著（$P<0.05$），二次项 A^2、B^2、C^2 和 D^2 影响极显著（$P<0.01$），其余项均不显著（$P>0.05$）。根据 F 值大小，可以判断各因素对石榴花肉酱感官品质影响的主次顺序：A（石榴花占比）$> D$（辣椒粉添加量）$>C$（豆瓣酱添加量）$>B$（菜籽油添加量），即石榴花占比影响最大，其次为辣椒粉添加量，再次为豆瓣酱添加量，菜籽油添加量影响较小。

以模糊综合评分为响应值，根据回归方程建立响应面图，结果见图 8-6。由图 8-6 可知，AB 和 AD 响应面较陡峭，等高线接近于椭圆形，说明 AB 和 AD 交互项对结果影响显著，即石榴花占比与菜籽油添加量、石榴花占比与辣椒粉添加量的交互作用对石榴花肉酱感官模糊综合评分影响显著，其余因素之间交互作用影响不显著，与方差分析结果基本一致。

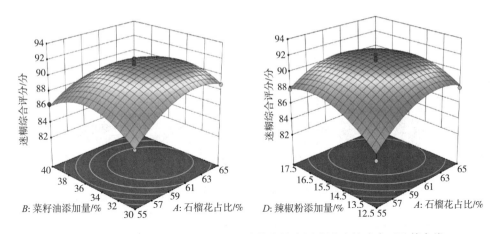

图 8-6 各因素交互作用对石榴花肉酱模糊综合评分影响的响应面及等高线

通过 Box-Behnken 响应面分析石榴花肉酱感官模糊综合评分的回归曲线模型，得到最优配方为 61.34% 石榴花占比、34.45% 菜籽油添加量、23.83% 豆瓣酱添加量和 15.45% 辣椒粉添加量，感官模糊综合评分预测值为 91.6438。结合实际调整最佳石榴花肉酱配方为 60.0% 石榴花占比、35.0% 菜籽油添加量、25.0% 豆瓣酱添加量和 15.0% 辣椒粉添加量，这一条件下进行 3 次平行试验，测得产品模糊综合评分为 91.36，与理论预测值基本吻合，说明响应面分析法对石榴花肉酱配方优化是可行的。

8.7.2.3　产品质量标准

（1）感官要求。石榴花酱感官品质应符合表8-51相关要求。

表 8-51　石榴花酱感官指标

项目	指标	检验方法
色泽	具有产品应有的色泽	
滋味、气味	具有产品应有的滋味和气味，石榴花的清香突出，无异味	T/MSAH 003—2022
组织状态	具有产品应有的状态，无肉眼可见外来异物	

（2）理化要求。石榴花酱理化指标应符合表8-52相关要求。

表 8-52　石榴花酱理化指标

项目	指标	检测方法
酸价（以脂肪计）（KOH）/（mg/g）	≤ 5.0	GB 5009.229—2016
过氧化值（以脂肪计）/（g/100 g）	≤ 0.25	GB 5009.227—2016
无机砷（以 As 计）/（mg/kg）	≤ 0.1	GB 5009.11—2014
铅（以 Pb 计）/（mg/kg）	≤ 0.8	GB 5009.12—2017
黄曲霉毒素 B_1/（μg/kg）	≤5.0	GB 5009.22—2016

（3）微生物指标。石榴花酱微生物指标应符合表8-53相关要求。

表 8-53　石榴花酱微生物指标

项目	采样方案[a]及限量（若非指定，均以/25g 或/25mL 表示）				检验方法
	n	C	m	M	
大肠菌群[b]/[CFU/g（mL）]	5	2	10	10^2	GB 4789.3—2016
沙门氏菌[b]	5	0	0	—	GB 4789.10—2016
金黄色葡萄球菌[b]	5	1	100 CFU/g（mL）	100 CFU/g（mL）	GB 4789.10—2016

注　a 样品的分析及处理按 GB 4789.1 和 GB 4789.18 执行；b 仅限于即食类的产品。

8.8　石榴叶加工利用

　　石榴树每年都要进行疏枝及徒长枝的修剪，修剪下来的枝条与嫩叶通常作为废物丢弃，没有得到合理的开发利用，造成资源浪费。针对这一实际情况，课题组根据本地石榴叶、芽的特征，参照茶叶加工工艺，研制出了石榴绿茶、石榴红茶和石榴乌龙茶，加大了资源利用。绿茶属于非发酵茶，具有绿叶清汤的特征，干茶色泽和冲泡后的茶汤、叶底均以绿色为主调；红茶属于全发酵茶，鲜叶经过发酵加速了茶多酚的酶促氧化，形成了红叶红汤、香甜味醇的特征；乌龙茶属于半发酵茶，既部分保留了石榴叶特有的成分，又具有乌龙茶品质特征，兼有红茶和绿茶的特点，且性温健胃，具有醇厚感，饮后回甘快、余味长、喉韵明显，香气持久浓厚，冷闻幽香明显，耐泡。

8.8.1　石榴绿茶

8.8.1.1　工艺流程

石榴绿茶的工艺流程为：

石榴叶、芽→摊晾→杀青→揉捻→炒制→冷却→包装

（1）芽、叶选择。选择长 2.0~2.5 cm 新梢和叶长 2.0~2.5 cm、宽 0.6~0.8 cm 的嫩叶，且无病虫危害、霉烂及其他夹杂物，若打农药的石榴叶芽，要过安全间隔期才能采摘。

（2）晒青。一般可在下午 17：00~18：00 日照阳光稍弱一些时，把鲜叶均匀摊铺在晒青布上，厚度通常在 1~2 cm，晒青 5~20 min，使石榴叶芽失重率达 3% 左右，再移入室内继续摊凉，间隔 30 min 翻叶 1 次。若有阳光直照，则晒青时间可以稍短；若没有阳光直照，主要借助地面余热进行晒青，时间可稍长一些。晒青程度需达到叶面不再具有光泽，叶色慢慢变暗，叶质柔软，手触摸鲜叶稍暖，青气退掉、出现花香，失水率在 6%~10%。

（3）杀青。杀青是通过高温破坏鲜叶的组织，使内含物迅速转化，对石榴叶茶最终品质具有关键性影响。杀青条件需要考虑原料的实际情况，可在 100~105℃ 下处理 15min，也可在 200~240℃ 下处理 5min 左右，以叶色呈深绿、无青气、稍有清香味、叶片稍有皱边、叶梗折而不断为处理适宜。

（4）揉捻。揉捻是利用机械力使杀青叶在揉桶内受到推、压、扭和摩擦等多种力的相互作用形成紧结的条索，使叶片细胞组织破碎，促使部分多酚类物质氧化，减少石榴叶茶的涩味，增加浓醇味。揉捻石榴叶时间通常为 18~20 min，细胞破碎率达 45% 左右，芽叶卷曲程度好。

（5）炒制、冷却。炒制的目的是整理条索，塑造外形，发展茶香，增进滋味，蒸发水分，达到足干，便于贮藏，可以在 65~80℃ 下炒至水分含量低于 5%，自然冷却至室温。

（6）包装、贮藏。将冷却后的石榴叶茶用安全卫生、无味的茶叶专用包装袋包装，置于4℃冷库或冰柜中贮藏。

8.8.1.2　产品质量标准

参照《绿茶》（GB/T 14456.1—2017）执行。

8.8.2　石榴红茶

8.8.2.1　工艺流程

石榴红茶的工艺流程为：

鲜叶→萎凋→揉捻→发酵→干燥→包装

（1）萎凋。萎凋主要目的是将鲜叶中水分部分蒸发，降低细胞张力，软化鲜叶的叶梗，增强芽叶的韧性，方便揉捻成条，还可以提升茶叶中酶活性，从而促进内部物质的化学变化，使茶叶的青草味消失，是形成红茶香气的重要加工阶段。萎凋一般分为室内自然萎凋、日光萎凋和萎凋槽萎凋等，多采用室内自然萎凋的方式。萎凋叶的叶质比较柔软，嫩梗达到萎软的程度，折梗并不会断掉，用手握住萎凋叶促使其成团，一旦松手，便可慢慢恢复松散，叶的表面不再具有光泽，叶色成为暗淡的绿色，青草气逐渐退去。

（2）揉捻。红茶揉捻的目的与绿茶相同，茶叶在揉捻过程中成形并增进色、香、味浓度，同时由于叶片细胞被破坏，便于在酶的作用下进行必要的氧化，有利于发酵的顺利进行。

（3）发酵。发酵是红茶制作的独特阶段，叶子在揉捻作用下，由于组织细胞膜结构受到破坏而透性增大，经过发酵多酚类物质与氧化酶充分接触，在酶促作用下产生氧化聚合作用，其他化学成分也相应地发生变化，使绿色的茶叶产生红变，形成红茶特有的色、香、味品质。发酵时揉捻叶厚度控制在5~8 cm，在空气湿度90%~95%、温度30~32℃，发酵至叶片颜色由黄绿变成暗红色，青气消失，出现肉桂香气，一般发酵5~6 h。

（4）干燥。将发酵好的茶坯采用高温烘焙，能迅速蒸发水分，缩小体积，固定外形，保持干度以防霉变；干燥可改善风味，散发大部分低沸点青草气味，激化并保留高沸点芳香物质，获得红茶特有的甜香。红茶的干燥宜采用热风干燥，通常分两次进行，第1次干燥（毛火，如110~120℃）采用高温快速法，烘至茶条有刺手感，摊晾30 min，复揉10 min，第2次干燥（足火，如80~90℃）采取低温慢速法，烘至茶梗一折即断，用手指捏茶成碎末，含水量7%以下。

8.8.2.2　产品质量标准

参照《红茶》（GB/T 13738.2—2017）执行。

8.9　石榴籽加工利用

石榴籽是石榴果实加工成果酱、果汁、果酒等产品的副产品，约占果实总质量的 13%，含有纤维素、脂肪、粗蛋白、多酚、甾醇类、挥发油等多种成分，且石榴籽的含油量占种子干重较高，是一类含油量较高的木本油料产品。目前石榴籽大都被直接被丢弃，利用率较低，造成油料资源的浪费。

8.9.1　石榴籽油

利用石榴籽可加工石榴籽油相关产品，石榴籽油是膳食中高价值共轭亚麻酸–石榴酸以及其他不饱和脂肪酸、生育酚和植物甾醇的主要来源，具有较好的抗氧化、抗炎症、延缓衰老、降血糖、预防肿瘤等药理功效。由于石榴籽油的营养保健功效被不断被挖掘，目前主要应用于研发护肤品及作为食品补充剂制成软胶囊使用，相关产品在近十几年内急剧增加，在欧美国家具有一定的市场，但我国消费者普遍了解较少。关于油脂提取的方法目前报道很多，其中应用于石榴籽油的提取方法主要包括压榨法、冷榨法、水酶法、索氏提取法、超临界流体萃取法、亚临界流体萃取法、超声波辅助提取法、微波辅助提取法等。

8.9.2　石榴籽酥性饼干

8.9.2.1　工艺流程

石榴籽酥性饼干的工艺流程为：

石榴渣粉+辅料

↓

原料准备→制作面团→成形→焙烤→冷却、成品→包装

（1）石榴渣粉制备。将石榴籽粒榨汁后的果渣置于 60℃ 下烘制 36 h，初步破碎呈细颗粒状，装袋密封，保存备用。

（2）辅料预混。将称量好的木糖醇分 3 次加入软化的黄油中，再分 3 次加入打散的蛋液和无水柠檬酸混合，每次均充分搅打。

（3）制作面团。将适量低筋小麦粉过 80 目筛后加入辅料中，搅拌均匀，再依次加入食用小苏打、奶粉、食盐搅打均匀，最后加入石榴渣粉混匀。将调制好的面团装入袋中，置于 5℃ 下冷藏 1 h。

（4）成形。将面团压片成约 0.5 cm 饼胚，用模型压出饼干形状。

（5）焙烤。将成型的面团均匀放入烤盘，置于面火 170℃、底火 140℃先焙烤 9 min，再将底火调至 160℃焙烤 3 min。酥性饼干表面呈现金黄色泽，有细小红色颗粒分布。

（6）冷却、包装。焙烤后，置于室温下自然冷却，装袋密封，常温下贮藏。

8.9.2.2 配方优化

参考酥性饼干的配方，在前期试验的基础上确定石榴籽酥性饼干基本配方为：以 100g 的低筋小麦粉为基准，其他辅料按其质量百分比计，50%鸡蛋、1%无水柠檬酸、0.2%食盐、10%奶粉。单因素试验分别考察石榴渣粉添加量（10%、20%、30%、40% 和 50%）、黄油添加量（30%、35%、40%、45% 和 50%）、木糖醇添加量（10%、12.5%、15%、17.5% 和 20%）、食用小苏打添加量（0.1%、0.2%、0.3%、0.4% 和 0.5%）对石榴籽酥性饼干感官品质的影响，再进行正交试验优化。

单因素试验初步确定石榴籽酥性饼干配方为 40%石榴渣粉、45%黄油、17.5%木糖醇和 0.4%食用小苏打。在单因素试验结果的基础上，进一步进行正交试验优化，结果见表 8-54。由表 8-54 可知，各因素对石榴酥性饼干感官品质的影响依次为 A（石榴渣粉添加量）$>B$（黄油添加量）$>D$（食用小苏打添加量）$>C$（木糖添加量醇）；石榴渣粉酥性饼干最佳配方为 $A_2B_2C_3D_2$，即为石榴渣粉粒添加量 40%、黄油添加量 45%、木糖醇添加量 20% 和食用小苏打添加量 0.4%。由于该组合没有在正交设计中，按优化出的最佳组合进行 3 次试验，感官评分平均为 92.4，高于正交试验组中感官评分得分最高组合 $A_2B_1C_3D_3$。

表 8-54 石榴籽酥性饼干配方正交试验设计与结果

水平	A 石榴渣粉 添加量/%	B 黄油 添加量/%	C 木糖醇 添加量/%	D 食用小苏打 添加量/%	Y 感官评分
1	1 (30)	1 (40)	1 (15.0)	1 (0.3)	80.5
2	1	2 (45)	3 (20.0)	2 (0.4)	82.8
3	1	3 (50)	2 (17.5)	3 (0.5)	87.8
4	2 (40)	1	3	3	91.5
5	2	2	2	1	90.2
6	2	3	1	2	88.6
7	3 (50)	1	2	2	80.2
8	3	2	1	3	90.8

续表

水平	A 石榴渣粉 添加量/%	B 黄油 添加量/%	C 木糖醇 添加量/%	D 食用小苏打 添加量/%	Y 感官评分
9	3	3	3	1	86.1
K_1	251.10	252.20	259.90	256.80	—
K_2	270.30	263.80	258.20	350.30	—
K_3	257.10	262.50	260.40	171.40	—
$\bar{k}_1$	83.70	84.07	86.63	85.60	—
$\bar{k}_2$	90.10	87.93	86.07	87.58	—
$\bar{k}_3$	85.70	87.50	86.80	85.70	—
R	6.40	3.87	0.73	1.98	—
主次关系		$A>B>D>C$			
最佳组合		$A_2B_2C_3D_2$			—

8.9.2.3 产品质量标准

参照《食品安全国家标准 饼干》（GB 7100—2015）执行。

8.9.3 石榴籽曲奇饼干

8.9.3.1 工艺流程

石榴籽曲奇饼干的工艺流程为：

石榴渣粉+辅料
↓
原料准备→混合搅拌→成形→焙烤→冷却→包装

（1）石榴渣粉制备。将石榴籽粒榨汁后的果渣置于60℃烘箱中干燥36 h，初步破碎呈细颗粒状，装袋密封，保存备用。

（2）原料准备。将适量的低筋面粉与石榴渣粉按一定比例混合，搅拌均匀，备用。

（3）辅料准备。黄油加热融化后，搅打顺滑均匀，糖分两次加入，再加入蛋液，搅打至体积蓬松、呈白色。

（4）混合搅拌。将准备好的原料分两次加入预处理后的辅料中，搅拌均匀。

（5）成形。将混合后的原辅料装入裱花袋中，挤压成一定的形状。

（6）焙烤。焙烤温度设置为面火180℃、底火150℃，焙烤15 min。

（7）冷却、包装。取出自然冷却至室温，进行包装，即得成品。

8.9.3.2 配方优化

参考曲奇饼干基本配方，在前期试验的基础上，确定石榴曲奇饼干基本配方：面粉100g、石榴渣粉10g、糖粉20g、黄油50g、蛋液30g。单因素试验以面粉100g为基质，分别考察石榴渣粉添加量（6 g、10 g、14 g、18 g和22 g）、糖粉添加量（15 g、20 g、25 g、30 g和35 g）、黄油添加量（35 g、40 g、45 g、50 g和55 g）和蛋液添加量（25 g、30 g、35 g、40 g和45 g）对石榴籽曲奇饼干感官品质的影响，按正交实验设计表 $L_9(3^4)$ 进一步优化配方。

单因素试验初步确定石榴籽曲奇饼干配方为石榴渣粉添加量为18 g、糖粉添加量为25 g、黄油添加量为50 g和蛋液添加量为40 g。在单因素试验的基础上，进一步进行正交试验进行优化，结果见表8-55。如表8-55所示，各因素对石榴酥性饼干感官品质的影响依次为 A（石榴渣粉添加量）$>D$（蛋液添加量）$>B$（糖粉添加量）$>C$（黄油添加量）；最佳配方为 $A_2B_2C_2D_3$，即石榴渣粉添加量为18 g、糖粉添加量为25 g、黄油添加量为50 g和蛋液添加量为45 g。由于该组合没有在正交设计中，按优化出的最佳组合进行3次试验，感官评分平均为93.1，高于正交试验组中最高感官评分组 $A_2B_2C_2D_1$。

表8-55 石榴籽曲奇饼干配方正交试验设计与结果

编号	A 石榴籽粉添加量/g	B 糖粉添加量/g	C 黄油添加量/g	D 蛋液添加量/g	Y 感官评分
1	1（14）	1（20）	1（45）	1（35）	78.00
2	1	2（25）	3（55）	2（40）	78.67
3	1	3（30）	2（50）	3（45）	86.17
4	2（18）	1	3	3	87.17
5	2	2	2	1	92.50
6	2	3	1	2	80.83
7	3（22）	1	2	2	76.17
8	3	2	1	3	84.83
9	3	3	3	1	76.33
K_1	242.84	241.34	243.66	246.83	—
K_2	260.50	256.00	254.84	235.67	—
K_3	237.33	243.33	242.17	258.17	—

续表

编号	A 石榴籽粉 添加量/g	B 糖粉 添加量/g	C 黄油 添加量/g	D 蛋液 添加量/g	Y 感官评分
k_1	80.95	80.45	81.22	82.28	—
k_2	86.83	85.33	84.95	78.56	—
k_3	79.11	81.11	80.72	86.06	—
R	7.72	4.22	3.73	7.50	
主次因素			$A>D>B>C$		—
最佳组合			$A_2B_2C_2D_3$		—

8.9.3.3 产品质量标准

参照《食品安全国家标准 饼干》（GB 7100—2015）执行。

8.10 石榴皮渣加工利用

石榴皮占果实总重量的 20%~30%，实际生产中，作为石榴加工产业的下脚料大多被废弃，若对其进行开发利用，可大大提高石榴的附加值。石榴皮含有多种功能活性成分，在食品、医药等领域体现出极高的应用价值。《中国药典》记载，石榴皮性酸、温、涩，具有涩肠止泻、止血和驱虫等作用，在民间常被用于治疗痢疾、腹泻、溃疡、出血、寄生虫感染等疾病。此外，石榴皮提取物还具有抗氧化、抑菌活性强、抑菌谱广等优点，可作为一种潜在的天然抑菌防腐材料，在果蔬、植物油、肉类、调味品等方面的应用已得到证实，具有广阔的应用前景。Zhang 等研究表明，石榴皮提取物能延缓鱼片感官品质劣变，抑制腐败菌的生长，使鱼片的货架期延长 2 天左右，有望成为一种有前景的水产品绿色防腐剂。谢贞建等研究表明，石榴皮提取物对大豆油具有良好的抗氧化效果，且抗氧化效果随着添加量的增加而增强。徐鑫等先以艾叶-石榴皮提取液对板栗进行清洗，再与壳聚糖配合对其涂膜处理，结果表明板栗表面初始的菌落总数显著降低，减少了板栗组织结构的损伤，货架期达到 180 天以上，能有效延缓板栗衰老，使其保持较好感官品质。

8.11 石榴枝条利用前景

近年来，随着四川会理市石榴种植面积不断扩大，在石榴园每年管理中，冬季都会修剪产生大量的石榴枝条。经项目组近三年调查，一般每亩石榴有 80~90 株，通常在冬季修剪石榴枝条每株有 2.5~5 kg，当年冬季修剪后产生的枝条 0.2~0.45t，按相关部门统计公布的数据，现会理市有 40 万亩石榴，每年冬季修剪下来的枝条 8~18 万 t。绝大部分石榴枝条被随意堆放或焚烧，造成资源浪费、环境污染，同时也给冬、春季护林防火造成不小的压力。如何进行石榴枝条废弃物的生物降解及循环利用，是解决会理市石榴产业发展的关键性问题之一。

近几十年来，国内外食用菌产业发展迅速，是农业与工业、生产与消费、城市与农村紧密结合形成的新兴产业。食用菌产业的高效益发展，给现代农业经济快速步入新的生产轨道注入了强劲的动力。随着新品种的开发、新法栽培模式的创立、科技的不断进步、销售市场的不断拓宽，人们对食品向着高品位、营养保健方向的追求，为新、奇、特食用菌品种带来美好的前景和极具发展优势的平台，而其发展则需要大量优质、安全的培养基料供食用菌生长，这就为石榴枝条的应用提供了一条有效发展之路。可借鉴西昌市葡萄枝条利用的经验，进行石榴枝条的开发与应用。球盖菇（*Stropharia rugosoannulata Farl. ex Murrill*）是球盖菇科、球盖菇属真菌，是我国近几年来刚刚兴起的食用菌新秀，是国际菇类交易市场上较突出的十大菇类之一，也是世界粮农组织（FAO）向发展中国家推荐栽培的特色品种之一。球盖菇菇体色泽艳丽，腿粗盖肥，食味清香，细腻脆嫩，爽滑可口，营养丰富，干菇香味浓郁，有着野生菇的清香适口，维生素含量是甘蓝、西红柿、黄瓜的 10 倍，有预防冠心病、助消化、缓解精神疲劳和抗肿瘤活性等功效，色鲜味美，具有"素中之荤"的全价营养保健食品。通过项目组近几年研究攻关及在其他经济作物（如葡萄枝条、苹果枝条及桑枝条等）上的经验，现已初步了解和掌握了大球盖菇的实验室栽培技术，并将石榴枝条应用于大球盖菇等食用菌培养基配制中，已取得了一定的进展，不仅拓展了食用菌培养基原料的来源途径，对于推动会理市石榴产业发展、增加种植户的收益、助推新农村建设等也具有较大的经济与社会效益。

◆参考文献◆

［1］潘红军，茹先古丽·买买提依明，邢军，等．响应面优化石榴汁酶解工艺［J］．食品工业，2022，43（7）：26-30.

［2］茹先古丽·买买提依明，潘红军，邢军，等．不同澄清剂对石榴汁理化特性影响的研究及澄清工艺优化［J］．食品科技，2022，47（5）：135-141.

［3］卢聪．石榴汁特征呈香物质解析与异味形成机制研究［D］．西安：陕西师范大学，2022.

［4］马嫄，殷晓翠，罗钰嫒，等．发酵石榴汁工艺优化及成分分析［J］．西华大学学报（自然科学版），2020，39（6）：37-46.

［5］吕真真，焦中高，刘慧，等．不同制汁方式对石榴酒品质的影响［J］．果树学报，2020，37（12）：1941-1952.

［6］殷晓翠．发酵石榴汁的工艺研究及品质分析［D］．成都：西华大学，2020.

［7］袁铭，王慧慧，伍亚华，等．红枣石榴汁复合保健饮料制作及其感官评价［J］．农产品加工，2018（12）：6-8，13.

［8］吴庆智，毛晓英，糜唯玉，等．果胶酶澄清石榴汁的工艺优化［J］．保鲜与工，2018，18（1）：41-45，51.

［9］李涛，李昀哲，冯翰杰，等．不同发酵工艺对石榴酒香气质量的影响［J］．食品与发酵工业，2023，49（8）：137-147.

［10］彭潇，邹文静，邵清清，等．石榴酒发酵过程中真菌种群演替及风味物质代谢规律解析［J］．食品科学，2021，42（6）：157-163.

［11］唐柯，王茜，周霞，等．石榴酒发酵过程中香气动态变化规律［J］．食品与发酵工业，2019，45（6）：197-202，214.

［12］尹乐斌，周娟，李立才，等．石榴五味子保健酒发酵工艺优化及抗氧化活性研究［J］．食品与机械，2019，35（3）：202-208.

［13］邓红梅，庄依晴，马玉刚．石榴酒的酿造工艺研究与成分分析［J］．食品工业，2018，39（8）：164-167.

［14］吴昊，李秀秀．石榴枸杞酒发酵工艺的响应面优化分析［J］．食品与发酵工业，2018，44（3）：146-150.

［15］韩希凤．发酵型石榴果醋澄清剂的筛选及工艺条件优化［J］．中国调味品，2021，46（6）：83-86，98.

［16］赵文亚，张立华，孙中贯．石榴果醋酒精发酵工艺的研究［J］．食品研究与开发，2015，36（11）：76-78.

［17］段依梦，张卫华，邹小欠，等．菠萝石榴混合果醋的研制［J］．安徽农业科学，2019，47（19）：178-182.

［18］许世林，李佳川，何晓磊，等．响应面法优化石榴保健果醋发酵工艺及其降糖降脂活性［J］．中国酿造，2019，38（3）：99-103.

[19] 张永莉, 韩希凤, 孙慧娟, 等. 石榴果醋酒精发酵工艺条件的优化 [J]. 食品安全导刊, 2019 (6): 173-175.

[20] 吴晓菊, 申玉飞. 石榴糯米酒发酵工艺的研究 [J]. 农产品加工 (学刊), 2014 (1): 28-29, 31.

[21] 张瑞雪, 符鑫雨, 杨生玉, 等. 新型米酒的营养及其发展趋势研究 [J]. 轻工科技, 2022, 38 (1): 28-31.

[22] 艾晓莉. 复合型米酒发酵工艺优化及品质研究 [D]. 成都: 成都大学, 2021.

[23] 于华, 刘波, 陈珍艳, 等. 猕猴桃米酒酿造工艺优化 [J]. 中国酿造, 2022, 41 (2): 210-215.

[24] 郑瑞龙. 紫米酒的开发与工艺研究 [D]. 无锡: 江南大学, 2022.

[25] 彭春芳, 袁松林, 刘琨毅, 等. 响应面法优化玫瑰红豆复合米酒发酵工艺 [J]. 中国酿造, 2021, 40 (11): 203-208.

[26] 杨丽华, 鲁娜, 张雪春, 等. 黄芪米酒发酵的条件优化 [J]. 食品研究与开发, 2022, 43 (8): 106-111.

[27] 王鹏. 响应面法优化槐花枸杞复合米酒发酵工艺 [J]. 中国酿造, 2022, 41 (9): 209-214.

[28] 孔凡利, 秦炜欣, 冯莉, 等. 番石榴米酒酿造工艺优化 [J]. 食品研究与开发, 2023, 44 (10): 125-131.

[29] 王芙蓉, 赵益梅, 李靖, 等. 苦丁茶米酒的发酵工艺条件优化 [J]. 中国酿造, 2023, 42 (2): 205-209.

[30] 谭属琼, 谢勇武, 刘蒙佳, 等. 百香果大黄米酒酿发酵工艺优化 [J]. 农产品加工, 2023 (3): 26-30.

[31] 张阳阳, 侯贺丽, 王荣荣, 等. 桑葚米酒酿造工艺优化及其品质分析 [J]. 食品科技, 2021, 46 (11): 103-108.

[32] 王静, 刘孟格, 孙琳佳, 等. 两种酒曲制备大麦若叶米酒品质对比 [J]. 中国酿造, 2023, 42 (8): 166-171.

[33] Ribeiro-Filho Normando, Linforth Robert, et al. Influence of essential inorganic elements on flavour formation during yeast fermentation [J]. Food Chemistry, 2021: 361.

[34] 张金宝, 邓源喜, 童晓曼, 等. 山楂的营养保健功能及其应用进展 [J]. 安徽农学通报, 2021, 27 (19): 116-118.

[35] 李璐雨. 广西不同产地大果山楂主要营养成分比较分析 [J]. 现代食品, 2022, 28 (11): 185-188.

[36] 王霞. 山楂加工产业现状及发展建议 [J]. 中国果菜, 2020, 40 (6): 62-64, 82.

[37] 高远, 张立军. 我国山楂加工产业的现状及发展建议 [J]. 中国果菜, 2020, 40 (9): 36-39.

[38] 贾庆超, 孔欣欣. 模糊数学评价结合响应面法优化山楂黑蒜复合饮料 [J]. 食品安全质

量检测学报，2021，12（17）：6990-6998.

［39］雷磊．百合山楂糕制作工艺的研究［J］．粮食加工，2022，47（3）：69-71.

［40］杨虹，钟旭美，李悦珊，等．一款低糖山楂糕加工工艺的探究［J］．农产品加工，2022（12）：57-60.

［41］王波，赵贵红，荣珍珍，等．柿子葡萄复合果糕的研制［J］．中国果菜，2022，42（2）：65-69.

［42］冯卫华，丁度高，李小妮，等．果糕行业发展现状及建议［J］．现代农业科技，2019（21）：221-222.

［43］梁朋光，栾会燕，何雪梅，等．火龙果果糕生产工艺研究［J］．现代食品，2022，28（6）：94-96，101.

［44］傅志丰，张晓荣，周鹤，等．模糊数学感官评价法优化猕猴桃果糕制作配方［J］．食品工业科技，2020，41（19）：212-218，351.

［45］余洋洋，余元善，吴继军，等．刺梨果糕生产工艺的优化［J］．农产品加工，2020（23）：27-31.

［46］Pirzadeh Maryam, Caporaso Nicola, Rauf Abdur, et al. Pomegranate as a source of bio-active constituents: A review on their characterization, properties and applications［J］. Critical Reviews in Food Science and Nutrition, 2020, 61（6）: 982-999.

［47］Panagiotis Kandylis, Evangelos Kokkinomagoulos. Food applications and potential health benefits of pomegranate and its derivatives［J］. Food, 2020, 9（2）: 122-143.

［48］Hegazi Nesrine M., El-Shamy Sherine, Fahmy Heba, et al. Pomegranate juice as a super-food: A comprehensive review of its extraction, analysis, and quality assessment approaches［J］. Journal of Food Composition and Analysis, 2021, 97（1）: 103773-103783.

［49］陈静，戴梓茹，张自然，等．百香果雪梨果糕生产工艺及配方优化研究［J］．食品科技，2020，45（12）：92-97.

［50］周慧，胡永金，陶亮，等．均匀设计和模糊数学优化茯苓海棠果果糕配方［J］．食品研究与开发，2022，43（3）：123-128.

［51］傅志丰，张晓荣，周鹤，等．模糊数学感官评价法优化猕猴桃果糕制作配方［J］．食品工业科技，2022，41（19）：211-218，351.

［52］贾庆超，梁艳美．模糊数学感官评价结合响应面法优化黑枸杞-刺梨风味发酵乳发酵工艺［J］．中国酿造，2021，40（12）：125-132.

［53］袁芳，李丽，李想，等．基于模糊数学感官评价法优化紫色糯米饭的工艺研究［J］．粮食与油脂，2021，34（6）：112-117，123.

［54］郝利平．园艺产品贮藏加工学［M］．北京：中国农业出版社，2020.

［55］柯旭清．刺梨复合果糕的研制［J］．食品研究与开发，2020，41（24）：156-159.

［56］肖嘉琪，黄桂涛，顾采琴，等．桑葚果糕配方及加工工艺优化［J］．食品工业科技，2019，40（20）：154-159，166.

[57] 彭传友，李建凤，廖立敏，等．富含花色苷的桑葚果糕制备工艺优化 [J].食品研究与开发，2021，42（17）：81-85.

[58] 高金燕，陈红兵．草莓保健软糖的制作 [J].食品科技，2005（1）：43-44，47.

[59] 李子晗，杨名春，李庆鹏，等．模糊数学感官评价结合响应面法优化刺玫果苹果低糖复合果酱配方 [J].中国调味品，2021，46（6）：107-113.

[60] 余淼艳，何渺源，梁海龙，等．模糊数学评价番木瓜植物基酸奶工艺优化 [J].轻工科技，2022，38（3）：6-11.

[61] 谢玮，刘艳，崔少宁，等．槐花苹果复合果酱的研制及其定量描述分析 [J].食品研究与开发，2022，43（4）：76-81.

[62] 宋莺丽，吴洁郑，红英，等．低糖芒果柚子皮复合果酱的研发 [J].中国调味品，2022，47（4）：128-132.

[63] 刘飞．石榴汁粉对酸奶发酵及其品质影响的研究 [D].合肥：合肥工业大学，2019.

[64] 成妮妮，陈广艳．木糖醇石榴汁酸奶发酵工艺研究 [J].食品研究与开发，2017，38（2）：121-125.

[65] 宋娜，李竹生，张艳丽，等．模糊数学耦合响应面法研制石榴风味功能酸奶 [J].中国食品添加剂，2022，33（6）：122-128.

[66] 孟玉昆，高冬腊，吴斌，等．石榴风味酸奶的研制 [J].食品工业科技，2020，41（11）：226-233.

[67] 潘利华，刘飞，刘锐，等．石榴汁粉替代发酵基质中蔗糖提升酸奶品质 [J].农业工程学报，2019，35（13）：300-305.

[68] 耿吉，陈方鹏，苏夏青，等．响应面优化猴头菇牛肉酱加工工艺 [J].中国调味品，2021，46（7）：91-95.

[69] 聂相珍，刘荣汉，吴新润，等．红椎菌肉酱的加工工艺研究 [J].现代食品，2020（7）：108-111.

[70] 李云成，刘姝岩，孟凡冰，等．酸萝卜鸭肉酱及其工艺制备研究 [J].肉类工业，2021（3）：7-11.

[71] 王林，谷晨舒，廖永春，等．响应面法优化灰树花驴肉酱加工工艺与配方研制 [J].中国调味品，2021，46（8）：96-100.

[72] 张莉，刘凤玲，石磊，等．响应面法优化槐花杏鲍菇酱工艺的研究 [J].中国调味品，2022，47（3）：112-116.

[73] 爱苗，张晓艺，武开荣，等．风味马齿苋野菜酱的研制 [J].农产品加工，2021（5）：28-31.

[74] 周泽林，陈一萌，张其圣，等．特色川竹辣椒酱配方优化及其挥发性风味物质分析 [J].食品研究与开发，2021，42（24）：99-106.

[75] 管庆林，周笑犁，王瑞，等．基于模糊数学综合评价法优化香菇油辣椒酱的制作配方 [J].食品工业科技，2021，42（21）：173-181.

［76］张莹丽，田鹏翔，李伟民 . 紫薯魔芋酥性饼干的研制 ［J］. 粮食与油脂，2022，34：109-112.

［77］安玉红，任廷远，刘嘉，等 . 炒青石榴叶茶加工工艺的关键技术研究 ［J］. 贵州农业科学，2014，42（5）：202-205.

［78］张卜升，李铁柱，成妮妮，等 . 加工工艺对石榴叶茶酚类物质及挥发性成分的影响 ［J］. 湖北农业科学，2019，58（7）：99-104.

［79］张岩，康明丽，张志杰，等 . 不同制茶工艺对酸石榴叶茶抗氧化活性的影响 ［J］. 保鲜与加工，2019，19（1）：72-77.

［80］张立华，王玉海，赵桂美，等 . 加工工艺对石榴叶茶酚类物质及抗氧化活性的影响 ［J］. 湖北农业科学，2013，52（20）：5037-5040，5108.

［81］安玉红，任廷远，刘嘉，等 . 炒青石榴叶茶干燥工艺关键技术研究 ［J］. 北方园艺，2014（12）：116-118.

［82］安玉红，任廷远，刘嘉，等 . 蒸青石榴叶茶加工关键技术的研究 ［J］. 食品工业，2015，36（2）：115-117.

［83］尹乐斌，杨爱莲，刘丹，等 . 石榴籽水提物的制备及其体外抗氧化活性 ［J］. 食品工业，2019，40（10）：221-224.

［84］徐佳亨，张佳蒙，李远鹏，等 . 石榴籽营养成分提取及其功能和应用研究进展 ［J］. 山东化工，2021，50（9）：61-63，65.

［85］杭志奇，韩清波，许景松 . 石榴籽成分分析 ［J］. 安徽农业科学，2010，38（33）：18740-18741.

［86］杨万政，周瑜，杨晓霞，等 . 石榴籽油脂的提取及脂肪酸组成研究 ［J］. 内蒙古工业大学学报（自然科学版），2013，32（2）：96-100.

［87］Yu Dawei，Zhao Wenyu，Dong Junli，et al. Multifunctional bioactive coatings based on water-soluble chitosan with pomegranate peel extract for fish flesh preservation ［J］. Food chemistry，2021（374）：131619-131619.

［88］张茂栖，涂倩，杨育静，等 . 响应面优化石榴皮多酚提取物提取工艺及其活性研究 ［J］. 甘肃农业大学学报，2023，58（3）：228-238.

［89］何宇 . 石榴皮提取液涂膜法对冬枣采后贮藏品质的影响研究 ［J］. 陕西农业科学，2023，69（2）：30-33，73.

［90］谢贞建，卢玉容，程锟，等 . 石榴皮提取物对大豆油的抗氧化作用研究 ［J］. 中国油脂，2019，44（8）：82-86.

［91］徐鑫，顾仁勇，陶宏志，等 . 弱酸性电位水结合艾叶-石榴皮提取物对板栗涂膜保鲜效果的影响 ［J］. 食品与发酵工业，2021，47（20）：239-246.